ÉLÉMENTS

DE

MÉCANIQUE

A L'USAGE DES CANDIDATS

A L'ÉCOLE POLYTECHNIQUE ET A L'ÉCOLE NORMALE

RÉDIGÉS CONFORMÉMENT AU PROGRAMME PRESCRIT PAR ARRÊTÉ
DU 26 JANVIER 1853;

PAR H. GARCET

ANCIEN ÉLÈVE DE L'ÉCOLE NORMALE, AGRÉGÉ DES SCIENCES,
PROFESSEUR DE MATHÉMATIQUES AU LYCÉE NAPOLÉON.

PARIS

DEZOBRY, E. MAGDELEINE ET Cᵉ, LIBRAIRES-ÉDITEURS

RUE DU CLOITRE SAINT-BENOIT, 10,
Quartier de la Sorbonne.

—

1856

ÉLÉMENTS

DE

MÉCANIQUE

PARIS.—IMPRIMÉ CHEZ BONAVENTURE ET DUCESSOIS.
55, quai des Augustins.

PRÉFACE.

L'enseignement de la *Mécanique*, dans nos établissements d'instruction secondaire, a été pendant longtemps limité à la partie de cette science qui porte le nom de *Statique*. Toutes les questions relatives à la composition et à la décomposition des forces, aux conditions de leur équilibre, à la détermination des centres de gravité, étaient traitées dans les cours avec les développements nécessaires ; mais l'on ne se préoccupait nullement des mouvements que ces forces pouvaient produire. A ce point de vue abstrait, les élèves trouvaient un guide sûr dans un livre écrit par un de nos maîtres les plus illustres, aussi remarquable par la forme et par l'élégance du style, que par le fond et par la clarté des démonstrations [1]. Adopté par tous, sans concurrence possible, ce livre a initié, pendant quarante ans, les candidats aux Écoles spéciales aux considérations élevées de la Mécanique.

Mais la Commission chargée de coordonner le nouveau plan d'études a modifié considérablement, sous ce rapport, les habitudes traditionnelles de l'enseignement. Elle a prescrit, en effet, de commencer l'étude de la Mécanique par celle de la *cinématique*, c'est-à-dire, par l'étude du mouvement en lui-

---

[1] Les *Éléments de Statique*, de M. *Poinsot*.

même, indépendamment des causes qui le produisent. Puis, attachant une importance extrême au côté pratique des questions, elle a consacré une partie du cours à la considération du *travail ;* sans négliger les abstractions de la Mécanique rationnelle, elle a voulu que les élèves ne restassent pas étrangers aux premières applications de la science, et elle a introduit dans le programme l'énoncé des questions élémentaires que l'on peut résoudre sur le frottement dans les machines.

Nous avons cherché, en rédigeant cet ouvrage, à mettre en lumière les idées qui ont prévalu dans les nouveaux plans d'études. Nous avons, en conséquence, suivi pas à pas le programme détaillé, publié par la Commission ; et nous avons fait tous nos efforts pour exposer les théories dont il renferme l'énoncé, au point de vue où elle s'est placée. Ce n'est donc pas un *Traité de Mécanique* que nous publions aujourd'hui : nous eussions reculé devant une tâche aussi difficile; notre but a été plus modeste, nous avons voulu simplement offrir à nos élèves le développement complet, aussi clair que possible, de toutes les questions mentionnées au programme.

Chacun des cinq livres qui composent cet ouvrage est terminé par un chapitre d'exercices choisis. Nous espérons que ces applications, que nous avons multipliées autant que possible, rendront moins aride et plus fructueuse l'étude des théories délicates de la Mécanique, et que nos jeunes candidats aux Écoles spéciales trouveront dans ces nombreux exercices la solution de la plupart des questions qui peuvent les embarrasser dans les concours et dans les examens qu'ils ont à subir.

Nous comptons sur la bienveillance de nos collègues, qui

ne nous a pas fait défaut pour un autre ouvrage [1], et nous les prions de nous signaler les taches et les lacunes qu'ils pourraient apercevoir dans cette nouvelle publication. Nous serons heureux de leur témoigner notre déférence, en mettant à profit leurs avis et leurs observations.

Nous devons dire, dès aujourd'hui, combien nous sommes redevable à l'amitié de M. *J. Bertrand,* notre collègue depuis quelques années au lycée Napoléon, actuellement professeur à l'École Polytechnique et membre de l'Académie des Sciences. Nos conversations ont souvent roulé, depuis trois ans, sur les matières qui font l'objet de nos travaux habituels, et nous avons pu recueillir, dans ce commerce de tous les jours, quelques méthodes élégantes qui ne seront pas le moindre mérite de cet ouvrage. Nous signalerons spécialement une méthode nouvelle pour la composition des mouvements (livre Ier, chap. VI), une démonstration élémentaire du principe de l'attraction universelle comme conséquence des lois de Képler (livre III, chap. IV), et les énoncés de plusieurs problèmes disséminés dans les diverses parties de ce livre.

---

[1] *Leçons nouvelles de Cosmographie,* 1 vol. in-8, fig. chez MM. Dezobry, E. Magdeleine et Ce, éditeurs.

ÉLÉMENTS
DE MÉCANIQUE

INTRODUCTION.

1. DÉFINITION ET OBJET DE LA MÉCANIQUE.—La *mécanique* a été, à l'origine, comme l'indique son nom[1], la *science des machines*. Mais cette science a pris plus tard une extension considérable. On comprend généralement aujourd'hui sous ce nom 1° l'étude des lois et des causes du *mouvement* des corps, 2° celle des conditions de leur *équilibre*, c'est-à-dire de leur *repos* en présence de diverses causes de mouvement qui se combattent, 3° enfin l'application de ces principes généraux aux machines de toute espèce.

Nous exposerons, dans cet ouvrage, les premiers principes de cette science et ses applications les plus élémentaires.

2. MOUVEMENT, REPOS.—On dit qu'un corps est en *mouvement*, lorsqu'il occupe successivement plusieurs positions dans l'espace.

On dit qu'il est en *repos*, lorsqu'il conserve la même position dans l'espace.

Nous ne pouvons constater le mouvement d'un corps qu'en le comparant à des objets qui nous servent de repère, et que nous regardons comme *fixes*. Si le terme de comparaison nous manque, nous jugeons que le corps est immobile. C'est ainsi que, sur la terre, les arbres, les édifices, etc., nous semblent en repos.

---

[1] Du grec μηχανή, machine.

3. MOUVEMENT RELATIF, MOUVEMENT ABSOLU.—Si les points de repère, à l'aide desquels nous estimons que le corps se déplace, sont eux-mêmes en mouvement, le mouvement observé n'est pas le mouvement réel. On lui donne le nom de mouvement *relatif*.

Tous les mouvements que nous observons autour de nous sont des mouvements relatifs : car la terre, qui nous paraît en repos, possède un mouvement de rotation sur elle-même, et un mouvement de translation autour du soleil ; le soleil lui-même est emporté dans l'espace, en entraînant avec lui la terre et tout son cortége de planètes. Mais on verra plus tard que, dans la plupart des cas, il sera permis de considérer ces mouvements comme des mouvements *absolus*, c'est-à-dire de faire abstraction du mouvement de la terre.

4. ESPACE ET TEMPS.—La notion de mouvement résulte des deux notions élémentaires d'*espace* et de *temps*. Pour pouvoir apprécier un mouvement, il faut savoir mesurer l'espace parcouru et le temps employé à le parcourir.

5. TRAJECTOIRE.—Lorsqu'on parle du mouvement d'un corps, on suppose souvent que ses dimensions se réduisent à un seul point qu'on appelle *point matériel*, et dans lequel serait condensée toute la matière qui le compose. Les positions successives du point forment alors dans l'espace une ligne *continue;* car le mobile ne peut passer d'une position à une autre sans occuper toutes les positions intermédiaires. Cette ligne se nomme la *trajectoire*. Le mouvement est dit *rectiligne* ou *curviligne*, selon que la trajectoire est une ligne droite ou une ligne courbe.

La trajectoire est complétement déterminée, quand on connaît ses équations rapportées à trois plans coordonnés. D'ailleurs les coordonnées d'un point quelconque de la courbe sont des longueurs évaluées en mètres, et affectées de signes convenables, suivant l'usage de la géométrie analytique.

6. DU TEMPS ET DE SA MESURE.—Le *temps* ne se définit pas ; on dit que *deux intervalles de temps sont égaux, lorsque deux corps identiques, placés dans les mêmes circonstances, parcourent des espaces identiques pendant la durée de ces inter-*

valles : deux, trois, quatre intervalles égaux et successifs constituent un temps double, triple, quadruple, etc., de l'un d'eux. Le temps est donc une grandeur susceptible d'être mesurée à l'aide d'une grandeur de même espèce, prise pour terme de comparaison. Nous n'avons pas à exposer ici comment certains phénomènes astronomiques déterminent des intervalles successifs, égaux entre eux, qu'on appelle des *jours ;* et comment, à l'aide des horloges, on a réussi à partager ces intervalles en un grand nombre de parties égales. Qu'il nous suffise de dire que le jour a été subdivisé en 24 heures, l'heure en 60 minutes, la minute en 60 secondes : ainsi le jour vaut 1440 minutes, ou 86400 secondes ; l'heure vaut 3600 secondes.

7. UNITÉ DE TEMPS, INSTANT INITIAL.—On prend ordinairement la seconde pour *unité de temps* dans les calculs de la mécanique. Le temps est alors le nombre de secondes comptées à partir d'un instant qu'on nomme l'*instant initial* : ce nombre est affecté du signe $+$ ou du signe $-$, suivant que le temps dont il s'agit a suivi ou précédé l'instant initial.

8. DÉTERMINATION DU MOUVEMENT D'UN POINT.—Le mouvement d'un point matériel est complétement déterminé, lorsqu'on sait 1° quelle est sa trajectoire, 2° quelle est, à un instant quelconque, sa position sur cette courbe.

Si les équations de la courbe sont connues, il suffit, pour arriver à ce résultat, d'avoir une relation entre l'espace parcouru à partir d'un point donné, et le temps employé à le parcourir. Si les équations de la courbe ne sont pas données *à priori*, il est nécessaire de connaître les trois équations qui lient, à chaque instant, au temps t, les coordonnées x, y, z, du point mobile : on obtient ainsi, point par point, pour les diverses valeurs données à t, les positions du mobile dans l'espace.

9. REMARQUE.—On étudie d'abord le mouvement en lui-même, indépendamment des causes qui le produisent. Lorsqu'on connaît bien les diverses circonstances qu'il peut présenter, les variations qu'il peut subir, on est plus apte à étudier son origine, et à reconnaître le rôle que jouent les *forces* dans sa production et dans ses modifications successives.

LIVRE PREMIER.

DU MOUVEMENT D'UN POINT

CONSIDÉRÉ GÉOMÉTRIQUEMENT, INDÉPENDAMMENT DE SES CAUSES.

CHAPITRE I.

DU MOUVEMENT UNIFORME D'UN POINT MATÉRIEL.

PROGRAMME : Mouvement uniforme.—Vitesse.

10. DÉFINITION.—Le mouvement d'un point matériel, sur une ligne droite ou courbe, est dit *uniforme, lorsque ce point parcourt des espaces égaux en temps égaux, quelque petits que soient ces temps*. Il résulte de cette définition que *les espaces parcourus sont proportionnels aux temps employés à les parcourir.*

11. VITESSE.—La *vitesse* du mouvement uniforme est *l'espace constant parcouru par le mobile pendant chaque unité de temps.*

Ainsi, dans un même mouvement, la vitesse est d'autant plus grande que l'unité de temps est plus grande. Le nombre qui la mesure est d'autant plus grand, que l'unité de longueur est plus petite.

12. ÉQUATION DU MOUVEMENT.—*Le mouvement uniforme d'un point sur une ligne indéfinie XY (fig. 1), peut être représenté par une équation du premier degré entre l'espace et le temps.* En effet, soit O *l'origine des espaces*, c'est-à-dire le point à partir duquel on compte les chemins parcourus : soient M_0 et

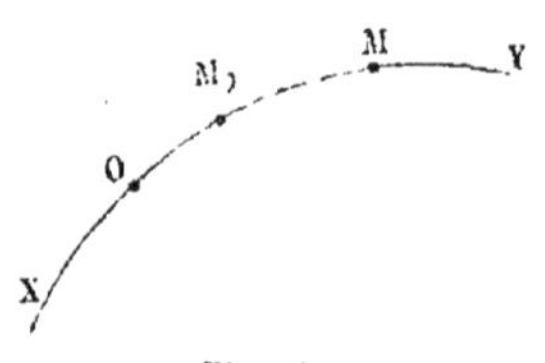

Fig. 1.

M les positions du mobile à l'instant initial et à l'époque t :

posons $OM_o = e_o$ et $OM = e$. Désignons enfin par v la vitesse du mouvement; on voit immédiatement que l'espace $e - e_o$ est parcouru dans le temps t : donc on a, d'après la définition,

$$\frac{e - e_o}{v} = \frac{t}{1}, \text{ d'où } e - e_o = vt,$$

ou $$e = e_o + vt. \qquad (1)$$

Telle est l'équation du mouvement uniforme : elle fournit, à tout instant donné, la position du mobile sur sa trajectoire.

13. GÉNÉRALITÉ DE LA FORMULE.—Pour que cette formule soit générale, il faut attribuer aux quantités qui y entrent des valeurs positives et des valeurs négatives. Après avoir fixé le sens positif des distances sur la courbe, on donnera à e_o le signe $+$ ou le signe $-$, suivant que la distance de l'origine au point M_o sera comptée dans ce sens ou en sens contraire : de même la vitesse v sera positive ou négative, suivant qu'elle fera marcher le mobile dans le premier sens ou dans le second, à mesure que le temps s'écoule. On verra aisément que la valeur et le signe de e résulteront de ces conventions, dans tous les cas possibles.

14. HOMOGÉNÉITÉ DE LA FORMULE.—Il n'est pas inutile de faire observer que l'équation (1) est homogène, c'est-à-dire qu'elle subsiste, comme toutes les formules de la mécanique, quelles que soient les unités de longueur et de temps. En effet, $e - e_o$ est une longueur dont la valeur numérique ne dépend que de l'unité de longueur; mais v dépend en outre de l'unité de temps. Si l'on prend d'abord une unité de longueur m fois plus grande, sans changer l'unité de temps, les nombres $e - e_o$ et v seront remplacés par $\dfrac{e - e_o}{m}$ et $\dfrac{v}{m}$ (n° 11), et la formule subsistera évidemment entre les nouveaux nombres. Si l'on prend ensuite une unité de temps n fois plus grande, la vitesse devra être représentée par nv (n° 11), et le temps par $\dfrac{t}{n}$; leur produit sera donc $nv \times \dfrac{t}{n}$, ou vt comme auparavant, et la formule subsistera encore.

15. PROPRIÉTÉS DU MOUVEMENT UNIFORME.—L'équation (1) démontre immédiatement que, dans tout mouvement uniforme, 1° *l'espace parcouru pendant un temps t, avec une vitesse v, s'obtient en multipliant la vitesse par le temps:* 2° *la vitesse s'obtient en divisant l'espace parcouru par le temps employé à le parcourir:* 3° *le temps s'obtient en divisant l'espace par la vitesse.*

16. SIMPLIFICATION DE LA FORMULE.—Si l'on prend pour origine des espaces le point M_0 où se trouve le mobile à l'origine du temps, on a $e_0 = o$, et la formule se réduit à

$$e = vt. \qquad (2)$$

Ainsi *l'espace parcouru est proportionnel au temps.*

17. REPRÉSENTATION GRAPHIQUE DU MOUVEMENT UNIFORME.—
Si l'on considère les variables t et e comme les coordonnées d'un point rapporté à deux axes fixes OT, OE (fig. 2), l'équation (1), qui est du premier degré, représente une ligne droite AB inclinée sur l'axe des espaces. L'ordonnée OI à l'origine est la distance e_0. L'abscisse OG du point où la droite rencontre l'axe OT, donne l'instant où le mobile passe à l'origine des espaces. Le coefficient d'inclinaison de la droite sur l'axe des espaces est la vitesse v du

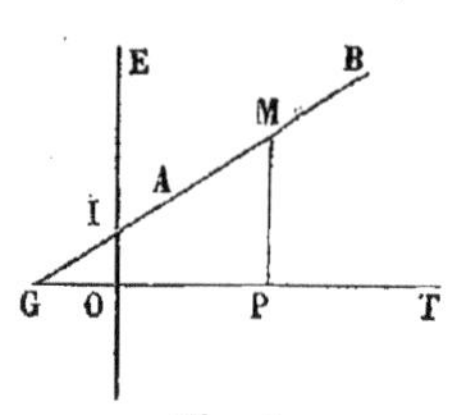

Fig. 2.

l'axe des espaces est la vitesse v du mouvement uniforme : cette vitesse est positive ou négative, et le mouvement est *direct* ou *rétrograde*, selon que la droite est inclinée dans un sens ou dans l'autre.

18. REMARQUE.—Cette construction est très-propre à donner une idée nette du mouvement dont il s'agit : elle suppose que l'on a choisi la même longueur pour représenter l'unité de temps et l'unité d'espace. Si, pour construire la droite, on rapporte le temps et l'espace à des échelles différentes, cette droite a, dans le plan, une toute autre position, et l'on ne peut plus se rendre compte des circonstances du mouvement que par un calcul. Si l'on a pris, par exemple, une longueur de 2 millimètres pour représenter la seconde, et une longueur de 5 millimètres pour représenter le mètre, il faudra, pour avoir l'inclinaison ou la vitesse v, mesurer MP et PG en millimètres, diviser MP par 5, et PG par 2, et prendre le rapport des deux quotients obtenus.

19. PROBLÈME.—Le mode de représentation graphique du mouvement uniforme fait comprendre l'analogie qui existe entre les questions que l'on peut proposer sur cette espèce de mouvement, et les problèmes que l'on résout sur la ligne droite, en géométrie analytique. Nous en donnerons un exemple :

Un point matériel M *se meut uniformément sur une ligne connue : on donne ses positions à deux instants déterminés, c'est-à-dire qu'aux époques* t_1 *et* t_2 *ses distances à l'origine des espaces sont* e_1 *et* e_2, *et l'on propose de trouver l'équation du mouvement.*

Cette équation est de la forme

$$e = e_0 + vt,$$

et l'on a, pour déterminer e_0 et v, les deux conditions,

$$e_1 = e_0 + vt_1, \qquad e_2 = e_0 + vt_2.$$

Or, en appliquant, sans modification, le procédé d'élimination qui permet d'obtenir *l'équation d'une droite passant par deux points donnés*, on obtient successivement, par soustraction,

$$e - e_1 = v (t - t_1); \qquad e_2 - e_1 = v (t_2 - t_1),$$

et par suite $\qquad e - e_1 = \dfrac{e_2 - e_1}{t_2 - t_1} (t - t_1); \qquad (3)$

c'est l'équation cherchée.

CHAPITRE II.

DU MOUVEMENT VARIÉ D'UN POINT MATÉRIEL.

PROGRAMME : *Mouvement varié.*—Vitesse à un moment donné ; comment elle se détermine par le calcul ou par le tracé d'une tangente à une courbe, quand l'espace est une fonction donnée du temps.

20. DÉFINITION.—On dit que le mouvement d'un point est *varié, lorsqu'il n'est ni uniforme, ni composé de mouvements uniformes ayant des durées finies.*

Le mouvement est *périodiquement uniforme,* si certains espaces égaux sont parcourus en temps égaux, sans que la même condition soit remplie pour les parties de ces mêmes espaces. Tels sont le mouvement de l'aiguille d'une montre à secondes, le mouvement de marche d'un animal, etc.

21. ÉQUATION DU MOUVEMENT.—Le mouvement varié d'un point sur sa trajectoire est complétement déterminé, lors-qu'on connaît, pour chaque instant, la relation qui existe entre la distance variable e de ce point à l'origine des espaces, et le temps correspondant t écoulé depuis un instant initial jusqu'au moment considéré. Nous supposerons d'abord que cette relation soit traduite analytiquement par une équation donnée

$$e = f(t), \qquad (1)$$

qui sera l'*équation du mouvement.*

22. DÉFINITION DE LA VITESSE ET DE SA DIRECTION.—On ne peut plus dire que, dans le mouvement varié, la vitesse, à un moment donné, est, comme dans le mouvement uniforme, l'espace que parcourt le mobile, à partir de cet instant, pendant l'unité de temps ; car on ferait ainsi dépendre cette vitesse des variations *ultérieures* du mouvement, ce qui n'est pas admissible. Voici par quelles considérations on est arrivé à la définir.

Soit M la position du mobile sur sa trajectoire (fig. 3), à

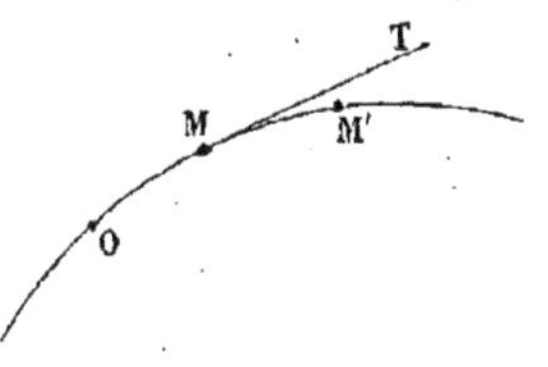

Fig. 3.

l'époque t; soit $MM' = \Delta e$ l'espace qu'il parcourt ensuite dans un temps Δt; on peut supposer ce temps assez petit, pour que, pendant tout cet intervalle, le point matériel s'éloigne constamment du point M. Si l'espace Δe avait été décrit d'un mouvement uniforme, $\dfrac{\Delta e}{\Delta t}$ eût été la vitesse du mouvement (n° 15) : ce rapport représente donc la *vitesse moyenne* avec laquelle l'arc MM' a été parcouru, ou la vitesse constante qu'il eût fallu donner au mobile pour lui faire parcourir uniformément l'arc MM' dans le temps Δt. Si l'on suppose que l'intervalle Δt diminue indéfiniment, Δe décroît aussi sans limite : par suite, le rapport $\dfrac{\Delta e}{\Delta t}$ varie, sans cesser de représenter la vitesse moyenne, et il converge vers une limite déterminée, que nous appelons la *vitesse* du mobile *au point* M.

Ainsi la *vitesse* du mobile, en un point donné de sa trajectoire, est la limite du rapport de l'accroissement de l'espace à l'accroissement du temps, lorsque ce dernier diminue jusqu'à zéro, c'est-à-dire, *la dérivée de l'espace considéré comme fonction du temps*. Si l'équation du mouvement est

$$e = f(t), \qquad (1)$$

la vitesse v est donnée par la formule

$$v = f'(t). \qquad (2)$$

Le calcul des dérivées fournira donc l'expression analytique de la vitesse, toutes les fois que l'équation du mouvement sera connue.

La *direction* de la vitesse est celle de la tangente MT au point M.

23. REMARQUE.—On arrive à la même définition, en considérant un intervalle Δt assez court pour que le mouvement, pendant ce temps, puisse être regardé comme uniforme : car alors on a $\Delta e = v\Delta t$, d'où l'on tire $v = \dfrac{\Delta e}{\Delta t}$. C'est dans ce sens que l'on dit que *la vitesse du mouvement varié, à un instant donné, est le quotient de la division de l'espace infiniment petit par le temps infiniment petit employé à le décrire.* On peut encore dire que la vitesse du point matériel, en un instant donné, est *la vitesse du mouvement uniforme qui succéderait au mouvement varié, si, à l'instant considéré, ce dernier cessait tout à coup de s'accélérer ou de se ralentir.*

24. REPRÉSENTATION GRAPHIQUE DU MOUVEMENT ET DE LA VITESSE : COURBE DES ESPACES.—Les principes de la géométrie analytique permettent de représenter le mouvement varié et

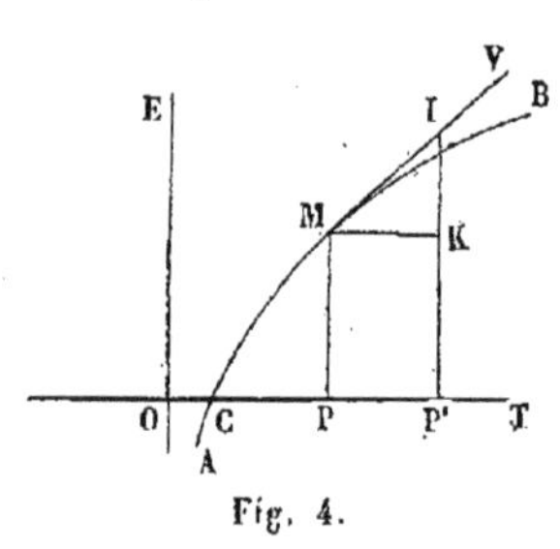

Fig. 4.

sa vitesse à l'aide de constructions graphiques. Car si l'on trace deux axes rectangulaires OT, OE (fig. 4), on peut, en considérant les temps comme des abscisses, et les espaces comme des ordonnées, construire la courbe qui a pour équation

$$e = f(t). \qquad (1)$$

Soit AB cette courbe qu'il faut éviter avec soin de confondre avec la trajectoire. Les coordonnées MP et OP d'un point M représentent la distance du point mobile à l'origine des espaces et le temps qui s'est écoulé depuis l'instant initial. La vitesse du mobile, à l'époque considérée, est *le coefficient d'inclinaison de la tangente à la courbe* AB *au point* M ; car on sait que ce coefficient n'est autre que la dérivée $f'(t)$. Ainsi, pour déterminer la vitesse, il suffit de mener la tangente MV au point M, de prendre $PP' = 1$, d'élever l'ordonnée P'I jusqu'à la rencontre de la tangente, et de mener MK parallèle à l'axe OT ; on aura $v = \dfrac{IK}{MK}$, ou $v = IK$, puisque $MK = 1$.

Il faut, comme nous l'avons déjà dit, supposer qu'on a représenté par la même longueur les unités de temps et d'espace, si l'on veut éviter tout calcul de transformation des longueurs mesurées.

25. CAS OU L'ÉQUATION DU MOUVEMENT N'EST PAS DONNÉE.— Il arrive souvent que la relation entre les espaces et les temps, au lieu d'être fournie par une équation, n'est définie que par des données expérimentales. Par exemple, certains appareils, à indications continues, décrivent eux-mêmes, mécaniquement, la *courbe des espaces*. Dans ce cas, le tracé de la tangente à la courbe en chaque point fait connaître la vitesse à chaque instant.

Dans d'autres cas, les données se réduisent à une *table*, qui renferme un certain nombre de valeurs correspondantes de e et de t. Ces valeurs fournissent un même nombre de points de la courbe inconnue des espaces : et si ces points sont suffisamment rapprochés, on peut construire approximativement cette courbe et ses tangentes. Ou bien, on peut, en appliquant l'une des méthodes ordinaires d'interpolation, déterminer l'équation d'une courbe algébrique qui passe par les points donnés, et que l'on substitue à la courbe des espaces : en calculant la dérivée de l'ordonnée de la courbe ainsi obtenue, on trouve encore la valeur approchée de la vitesse.

26. EXEMPLE.—Quelles que soient les données qui aient servi à construire la courbe, la discussion de l'ordonnée et de la tangente est très-propre à faire connaître toutes les circonstances du mouvement. Sans entrer dans les détails que nécessiterait cette discussion, et sur lesquels nous appelons l'attention réfléchie des élèves, nous dirons seulement que le mouvement est *direct* ou a lieu dans le sens des espaces positifs, lorsque la valeur de l'ordonnée augmente algébriquement, et qu'il est *rétrograde* dans le cas contraire; que, dans le mouvement direct, la vitesse va en augmentant si la courbe tourne sa convexité vers la région inférieure du plan, et en diminuant si la convexité est tournée vers la région supérieure, et que le résultat est inverse dans le mouvement rétrograde.

Soit par exemple (fig. 5), AIBC..., la courbe qui représente le mouvement d'un point matériel sur sa trajectoire; ce point passe à l'origine des espaces, avant l'instant initial, à une époque représentée par OA ; son mouvement est direct, et sa vitesse diminue. A l'origine des temps, il est à une distance OI de

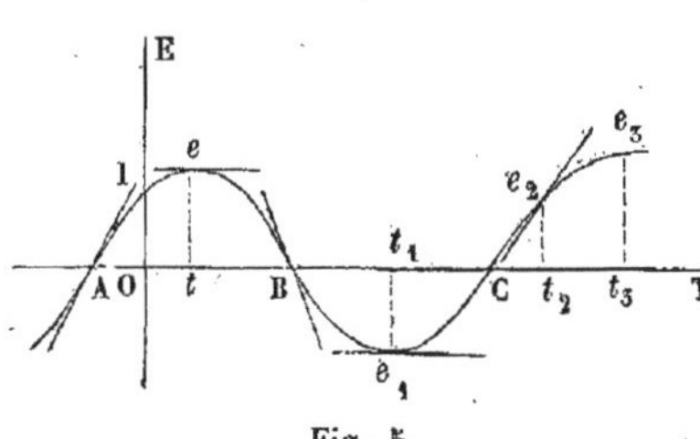

Fig. 5.

l'origine des espaces. Au bout du temps Ot, la vitesse s'est annulée ; elle devient alors négative, et croît en valeur absolue jusqu'à l'époque représentée par OB : le mouvement est rétrograde, et va s'accélérant ; à ce moment, la vitesse a atteint son maximum, et le mobile est revenu à l'origine des espaces. Le mouvement rétrograde continue avec une vitesse décroissante jusqu'à l'époque Ot_1 : il redevient alors direct, et la vitesse, nulle un instant, prend des valeurs positives croissantes. Le mobile, dans cette nouvelle période, passe par l'origine pour la troisième fois, à l'époque OC : la vitesse atteint son maximum à l'époque Ot_2, puis le mouvement direct se perpétue avec une vitesse décroissante, etc.

27. EXERCICES.—On appliquera les considérations précédentes aux exemples suivants :

$$1^o \quad e = t - \frac{t^2}{4};$$

$$2^o \quad e = 8 \sin^2 \frac{t}{4};$$

$$3^o \ table :$$

$t=$	0s	1s	2s	3s	4s	5s	6s	7s	8s	9s	10s	11s	12
$e=$	$+1$	$+0,3$	$-0,5$	$-0,9$	$-0,2$	$+0,8$	$+1,4$	$+2,1$	$+2,3$	$+2$	$+1,5$	$+1,2$	$+0,5$

28. PROBLÈME.—Pour montrer l'application des définitions précédentes, nous résoudrons le problème suivant :

Un point matériel se meut uniformément sur un cercle O de rayon r, avec une vitesse donnée a (fig. 6) : on projette chacune de ses positions sur l'un des diamètres AB du cercle ; et considérant la projection comme un point mobile, on propose de trouver les circonstances de son mouvement.

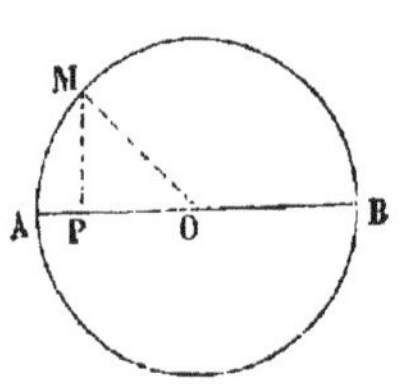

Fig. 6.

Prenons pour instant initial le moment où le point matériel passe en A : et soit M sa position à l'époque t. L'espace parcouru par la projection est AP ; désignons-le par e.

On a : $$AP = OA - OP = r - r \cos AOM.$$

Or l'arc AM est parcouru dans le temps t avec la vitesse constante a ; donc $$\text{arc AM} = at,$$

et l'angle AOM a pour mesure $\dfrac{at}{r}$. Substituant cette valeur, il vient :

$$e = r - r \cos \dfrac{at}{r}. \qquad (3)$$

C'est l'équation du mouvement. Pour avoir la vitesse, on prend la dérivée de e, et l'on a :

$$v = r \sin \dfrac{at}{r} \times \dfrac{a}{r} \qquad \text{ou} \quad v = a \sin \dfrac{at}{r}. \qquad (4)$$

On reconnaît aisément, par la discussion de ces formules, que la vitesse v, nulle au départ, augmente; qu'elle atteint son maximum a, lorsque $\dfrac{at}{r} = \dfrac{\pi}{2}$, c'est-à-dire, lorsque $t = \dfrac{\pi r}{2a}$, ou lorsque $e = r$; qu'ensuite elle diminue en repassant par les mêmes valeurs dans l'ordre inverse, et qu'elle redevient nulle, lorsque $\dfrac{at}{r} = \pi$, ou lorsque $t = \dfrac{\pi r}{a}$, c'est-à-dire, lorsque $e = 2r$.

A partir de ce moment, la vitesse devient négative, et reprend, au signe près, les mêmes valeurs, tandis que l'espace e diminue jusqu'à zéro. Ainsi la projection P va de A en O avec une vitesse croissante, de O en B avec une vitesse décroissante; puis elle revient de B en A avec les mêmes vitesses variables, et ainsi de suite. Son mouvement est périodiquement uniforme, et la durée de la période est $\dfrac{\pi r}{a}$.

On arriverait aux mêmes conséquences en construisant et en discutant la courbe des espaces représentée par l'équation (3).

CHAPITRE III.

DU MOUVEMENT UNIFORMÉMENT VARIÉ D'UN POINT MATÉRIEL.

PROGRAMME : Mouvement uniformément varié. —La vitesse s'accroît de quantités proportionnelles aux temps écoulés. — L'expérience sur la chute des corps dans le vide en fournit un exemple.—Valeur de l'accélération g dans ce cas.

---

§ 1. *Propriétés du mouvement uniformément varié.*

29. DÉFINITIONS.—On dit que le mouvement d'un point matériel sur une ligne droite ou courbe est *uniformément varié*, lorsque *la vitesse croît ou décroît de quantités proportionnelles aux temps écoulés.*

Il est *uniformément accéléré* quand la vitesse *augmente, uniformément retardé* dans le cas contraire.

30. VITESSE DU MOUVEMENT, ÉQUATION DU MOUVEMENT.— Désignons par v_0 la *vitesse initiale*, c'est-à-dire la vitesse du mobile à l'origine du temps, et par v la vitesse au bout du temps t; soit, en outre, γ la variation de la vitesse en une seconde. La variation, pendant le temps t, est γt. Si donc le mouvement est accéléré, on a,

$$v - v_0 = \gamma t \qquad \text{ou} \quad v = v_0 + \gamma t;$$

et si le mouvement est retardé, on a,

$$v_0 - v = \gamma t \qquad \text{ou} \quad v = v_0 - \gamma t.$$

Ces deux formules se réduisent à une seule,

$$v = v_0 + \gamma t, \qquad (1)$$

si l'on convient de donner à γ le signe $+$ dans le premier cas, le signe $-$ dans le second.

31. REMARQUE.—Nous supposons, dans ce qui précède, que les vitesses v_0 et v sont positives; mais il est facile de voir, que la formule (1) est, dans tous les cas, la formule du mouvement uniformément varié; que ce mouvement est accéléré, quand v_0 et γ sont de même signe : que, si v_0 et γ sont de signes contraires, le mouvement est retardé jusqu'à ce que l'on ait $v_0 + \gamma t = o$, d'où $t = -\dfrac{v_0}{\gamma}$; et qu'à partir de ce moment, il devient accéléré, en changeant de sens.

32. ACCÉLÉRATION.—La quantité constante γ, qui mesure la variation de la vitesse pendant l'unité de temps, se nomme l'*accélération;* c'est une longueur, comme v_0 et v, qui dépend, comme elles, des deux unités. Les divers mouvements uniformément variés se distinguent les uns des autres par la grandeur et par le signe de l'accélération.

33. EXPRESSION DE L'ESPACE PARCOURU.—On peut déduire de la formule (1) l'expression de l'espace parcouru dans ce mouvement, en fonction du temps. Car la vitesse étant la dérivée de l'espace (n° 22), il suffit de remonter à la fonction dont $v_0 + \gamma t$ est la dérivée, ce qui donne

$$e = e_0 + v_0 t + \tfrac{1}{2}\gamma t^2; \quad (2)$$

e_0 est la constante qu'amène toute opération de cette nature : elle représente ici la distance du mobile à l'origine des espaces, au moment où $t = o$. Ainsi, *dans tout mouvement uniformément varié, l'espace parcouru est une fonction du second degré du temps employé à le parcourir.*

34. RÉCIPROQUE.—*Si le chemin parcouru est une fonction du second degré du temps, le mouvement est uniformément varié.* Car, si l'on a,

$$e = a + bt + ct^2,$$

on trouve pour la vitesse, en prenant la dérivée,

$$v = b + 2ct,$$

formule qui exprime que la vitesse varie proportionnellement au temps.

35. L'équation (2) renfermant trois constantes e_0, v_0, γ, il suffit de connaître trois positions du mobile sur sa trajectoire donnée, pour déterminer son mouvement.

36. HOMOGÉNÉITÉ DES FORMULES.—Ces formules sont homogènes. On voit d'abord aisément qu'elles sont indépendantes de l'unité de longueur : car si l'on prend une unité n fois plus grande, les nombres v_0, v, γ, e_0, e, doivent être remplacés par

$\dfrac{v_0}{n}, \dfrac{v}{n}, \dfrac{\gamma}{n}, \dfrac{e_0}{n}, \dfrac{e}{n}$, et les formules subsistent avec ces nouveaux nombres. Pour prouver qu'elles ne dépendent pas de l'unité de temps, il faut remarquer que, si l'on prend une unité n fois plus grande, 1° le temps est représenté par le nombre n fois plus petit $\dfrac{t}{n}$; 2° une vitesse étant le rapport $\dfrac{\Delta e}{\Delta t}$ d'un espace à un temps, son dénominateur devient n fois plus petit, et par suite les vitesses v_0, v doivent être remplacées par nv_0, nv ; 3° quant à l'accélération γ, qui est la vitesse acquise en une seconde, ou, si l'on veut, le rapport de la vitesse acquise en t secondes au temps t employé à l'acquérir, son numérateur doit être multiplié par n, puisque c'est une vitesse, et son dénominateur doit être divisé par n, puisque l'unité de temps est n fois plus grande. Sa valeur primitive doit donc être, en définitive, multipliée par n^2, c'est-à-dire être remplacée par $n^2\gamma$. En opérant ces changements dans les formules (1) et (2), elles deviennent

$$nv = nv_0 + n^2\gamma\,\frac{t}{n}, \qquad \text{ou} \quad v = v_0 + \gamma t.$$

$$e = e_0 + nv_0\,\frac{t}{n} + \tfrac{1}{2}\,n^2\gamma\,\frac{t^2}{n^2}, \qquad \text{ou} \quad e = e_0 + v_0 t + \tfrac{1}{2}\,\gamma t^2;$$

elles ne dépendent donc pas du rapport n des unités de temps.

37. SIMPLIFICATION DES FORMULES.—Les deux formules (1) et (2), dont chacune représente le mouvement uniformément varié, peuvent se simplifier. Si l'on compte le temps à partir du moment où la vitesse est nulle, la formule (1) devient :

$$v = \gamma t; \qquad (3)$$

et si, en outre, on compte les espaces à partir du point où se trouve alors le mobile, la formule (2) se réduit à

$$e = \tfrac{1}{2}\,\gamma t^2. \qquad (4)$$

Ainsi les vitesses sont proportionnelles aux temps écoulés, et les espaces parcourus aux carrés de ces temps.

38. COROLLAIRE.—La formule (4), pour $t = 1$, donne $\gamma = 2e$: donc *l'accélération est le double de l'espace parcouru dans la première seconde*, quand le mobile part du repos.

39. THÉORÈME.—Le mouvement uniformément varié jouit de la propriété suivante : *Le chemin parcouru pendant un* *certain temps, à partir de la position initiale du mobile, est le même que si ce mobile eût été animé pendant ce temps d'une vitesse constante, égale à la moyenne arithmétique entre la vitesse initiale et la vitesse finale.*

En effet la formule (2) peut s'écrire sous la forme suivante :

$$e - e_0 = t \left\{ v_0 + \frac{\gamma t}{2} \right\},$$

ou
$$e - e_0 = t \left\{ \frac{v_0}{2} + \frac{v_0 + \gamma t}{2} \right\}.$$

Or
$$v_0 + \gamma t = v,$$

donc
$$e - e_0 = t \left\{ \frac{v_0 + v}{2} \right\}. \qquad (5) \quad \text{C. Q. F. D.}$$

40. REPRÉSENTATION GRAPHIQUE DU MOUVEMENT ; COURBE DES ESPACES.—La *courbe des espaces*, donnée par l'équation du second degré, $\qquad e = e_0 + v_0 t + \frac{1}{2}\gamma t^2,$ $\qquad$ (2) représente une parabole dont l'axe est parallèle à l'axe des espaces, et dont la concavité est tournée vers le haut ou vers le bas, selon que γ est positive ou négative. La construction de cette courbe, qui n'offre aucune difficulté, fera connaître les circonstances du mouvement, et le coefficient d'inclinaison de la tangente en chaque point donnera la vitesse du mobile à l'époque correspondante.

41. COURBE DES VITESSES. —On peut aussi construire la *courbe des vitesses*, c'est-à-dire la ligne représentée par l'équation
$$v = v_0 + \gamma t, \qquad (1)$$
en prenant les temps pour abscisses et les vitesses pour ordonnées. Cette ligne est une droite inclinée sur l'axe des temps : son coefficient d'inclinaison est la valeur de l'accélération ; elle coupe l'axe des vitesses en un point qui donne la vitesse initiale ; elle coupe l'axe des temps en un point qui fournit le moment où la vitesse est nulle, et où le mouvement change de sens.

§ II. *Application au mouvement vertical des corps pesants dans le vide.*

42. VALEUR DE L'ACCÉLÉRATION DANS LA CHUTE DES CORPS.— L'expérience a démontré que le mouvement d'un corps pesant,

qui tombe dans le vide, est uniformément accéléré. L'accélération γ est la même pour tous les corps, *dans le même lieu ;* on
la représente ordinairement par la lettre g, première lettre du
mot *gravité* : à Paris, on a trouvé

$$g = 9^m, 8088.$$

Ainsi un corps pesant, partant, sans vitesse initiale, acquiert
une vitesse de 9^m, 8088 dans la première seconde de sa chute
dans le vide ; il parcourt par conséquent, dans cette seconde,
la moitié de cet espace, c'est-à-dire 4^m, 9044.

43. ÉQUATIONS DU MOUVEMENT DANS LA CHUTE DES CORPS.—Si
l'on désigne par v la vitesse acquise au bout du temps t, et
par h la hauteur de laquelle le mobile est tombé pendant ce
temps, les équations du mouvement sont (n° 37) :

$$(6) \qquad v = gt, \qquad\qquad h = \tfrac{1}{2}gt^2. \qquad (7)$$

On en tire, en éliminant t, $\qquad\qquad v = \sqrt{2gh}.\qquad (8)$

On dit que v est *la vitesse due à la hauteur* h.

44. Plus généralement, si le mobile est animé d'une
vitesse initiale v_0, les équations sont :

$$(9) \qquad v = v_0 + gt, \qquad\qquad h = v_0 t + \tfrac{1}{2}gt^2, \qquad (10)$$

d'où, en éliminant t, $\qquad\qquad v^2 - v_0^2 = 2gh. \qquad (11)$

45. PROBLÈMES ÉLÉMENTAIRES.—Si l'on donne une quelconque des trois quantités t, h, v, les formules (6), (7), (8), fournissent les valeurs des deux autres. On obtient ainsi immédiatement les solutions des trois problèmes élémentaires sur la
chute des corps, et dont voici les énoncés.

1° Connaissant la durée de la chute, calculer l'espace parcouru et la vitesse acquise, on a :

$$h = \tfrac{1}{2}gt^2, \qquad\qquad v = gt.$$

2° Connaissant la hauteur d'où le mobile est tombé, calculer
la durée de la chute et la vitesse acquise, on a :

$$t = \sqrt{\frac{2h}{g}}, \qquad\qquad v = \sqrt{2gh}.$$

3° Connaissant la vitesse acquise à la fin de la chute, calculer la durée et la hauteur de la chute, on a :

$$t = \frac{v}{g}, \qquad\qquad h = \frac{v^2}{2g}.$$

46. AUTRES PROBLÈMES.—Comme application de ces formules, nous résoudrons les problèmes suivants :

1° *Un corps, tombant le long de la verticale Ox (fig. 7), a parcouru la longueur donnée* AB $= h$ *en un temps donné* θ; *on demande de quel point il est parti sans vitesse initiale?*

Soit O le point de départ : posons OA $= x$, et désignons par t le temps inconnu pendant lequel le corps est tombé du point O au point A ; nous aurons :

$$x = \tfrac{1}{2} g t^2, \qquad x + h = \tfrac{1}{2} g (t + \theta)^2 ;$$

on tire de là, par soustraction,

Fig. 7.

$$h = \tfrac{1}{2} g (2 t\theta + \theta^2) = g t\theta + \frac{g\theta^2}{2} ;$$

par suite,

$$t = \frac{2 h - g\theta^2}{2 g\theta}.$$

Substituant cette valeur de t, dans l'expression d'x, il vient :

$$x = \frac{(2 h - g\theta)^2}{8 g\theta^2}.$$

Pour que le problème soit possible, il faut que t soit positif, ce qui exige que l'on ait : $h > \dfrac{g\theta^2}{2}$; condition évidente *à priori*.

47. 2° *Deux corps pesants* C_0, C_1, *tombent, l'un de* A, *l'autre de* B, *avec des vitesses initiales données* v_0, v_1; *le premier part* θ *secondes avant l'autre; la distance* AB *est donnée égale à* h. *On demande en quel point et à quel moment ils se rencontreront (fig. 7)?*

Soient R le point de rencontre, x la distance BR, et t le temps qui s'écoule pendant la chute de C_1. Les équations sont :

$$h + x = v_0 (\theta + t) + \tfrac{1}{2} g (\theta + t)^2,$$
$$x = v_1 t + \tfrac{1}{2} g t^2.$$

La soustraction donne : $h = v_0 \theta + (v_0 - v_1) t + \tfrac{1}{2} g (\theta^2 + 2 \theta t)$,

d'où

$$t = \frac{h - v_0 \theta - \tfrac{1}{2} g\theta^2}{v_0 - v_1 + g\theta}.$$

En substituant cette valeur de t dans l'expression d'x, on aura la distance cherchée. Il sera utile de discuter les formules, et d'en conclure les conditions de possibilité du problème.

48. 3° Nous indiquerons encore l'énoncé du problème

suivant : *Deux corps pesants partent d'un même point O à des époques différentes et données, sans vitesses initiales; on demande à quel moment ils seront séparés l'un de l'autre par une distance donnée, et quels chemins ils auront parcourus dans leur chute?*

49. ÉQUATIONS DU MOUVEMENT ASCENSIONNEL DES CORPS PESANTS. —Lorsqu'un corps pesant est lancé verticalement de bas en haut dans le vide, avec une vitesse initiale v_0, l'expérience démontre que son mouvement est d'abord uniformément retardé, et que la valeur de l'accélération est la même, au signe près, que dans le mouvement de haut en bas.

Par conséquent, si l'on prend comme positif le sens du mouvement ascensionnel, les équations, dans ce cas, seront :

$$(12) \qquad v = v_0 - gt, \qquad h = v_0 t - \tfrac{1}{2} g t^2; \qquad (13)$$

d'où, en éliminant t, $\qquad v^2 - v_0^2 = -2\,gh.$ $\qquad (14)$

50. PROPRIÉTÉS DE CE MOUVEMENT. — 1° D'après la formule (12), la vitesse v diminue, et elle devient nulle lorsque $t = \dfrac{v_0}{g}$ (15). Pendant cette première période, la hauteur h augmente et atteint sa valeur maximum : cette valeur s'obtient en remplaçant t par $\dfrac{v_0}{g}$ dans la formule (13), et l'on trouve ainsi :

$$h = \frac{v_0^2}{2g}. \qquad (16)$$

C'est *la hauteur due à la vitesse v_0.* En comparant cette formule avec la formule (8), on reconnaît que *cette hauteur est celle de laquelle il faudrait laisser tomber le corps, sans vitesse initiale, pour lui faire acquérir, à la fin de sa chute, la vitesse v_0.*

2° A partir de ce moment, la vitesse v devient négative : le corps redescend d'un mouvement uniformément accéléré, et lorsque $v = -v_0$, on a $t = 2\,\dfrac{v_0}{g}$ (17), et par suite, $h = o$. *Le mobile met donc à descendre le même temps qu'à monter.*

3° En résolvant l'équation (13) par rapport à t, on a :

$$t = \frac{v_0}{g} \mp \frac{\sqrt{v_0^2 - 2\,gh}}{g}, \qquad (18)$$

et substituant cette valeur dans la formule (12), on trouve :

$$v = \pm \sqrt{v_0^2 - 2\,gh}. \qquad (19)$$

Ainsi le mobile passe deux fois par le même point situé à une même distance h du point de départ (pourvu que l'on ait $h < \dfrac{v_0^2}{2g}$), une première fois en montant, une seconde fois en descendant. *Les instants des passages sont également distants du moment où la hauteur est maximum, et les vitesses en ce point sont égales et de signe contraire.*

4° Enfin, comme le corps emploie le même temps $\dfrac{v_0}{g}$ à parcourir la longueur totale $\dfrac{v_0^2}{2g}$ dans les deux sens, et qu'il emploie aussi le même temps $\dfrac{\sqrt{v_0^2 - 2\,gh}}{g}$ à passer d'une position donnée au point le plus haut et à revenir du point le plus haut à la position donnée, on en conclut qu'*il emploie encore un même temps à passer du point de départ à la position donnée, et à revenir de cette position au point de départ.*

51. PROBLÈME.—Comme application, nous résoudrons le problème suivant : *Une bombe, lancée verticalement de bas en haut, est revenue au point de départ au bout de θ secondes ; on* demande (en faisant abstraction de la résistance de l'air) *quelle était sa vitesse initiale, et à quelle hauteur elle s'est élevée?*

La formule (17) nous donne

$$v_0 = \tfrac{1}{2}\, g\theta;$$

c'est la vitesse initiale. En substituant cette valeur dans la formule (16), il vient :

$$h = \tfrac{1}{8}\, g\theta^2,$$

c'est la hauteur cherchée.

CHAPITRE IV.

DE L'ACCÉLÉRATION DANS LE MOUVEMENT RECTILIGNE VARIÉ.

Programme : De l'accélération dans le mouvement rectiligne varié en général, quand la vitesse est donnée, en fonction du temps, par une équation ou par une courbe.

---

52. Jusqu'à présent, nous avons supposé que la trajectoire du point matériel était une courbe quelconque. Nous admettrons, dans ce qui va suivre, que le mouvement est rectiligne, afin de séparer les difficultés, et nous donnerons à la notion d'accélération une extension analogue à celle qui a généralisé la notion de vitesse (n° 22).

53. DÉFINITION DE L'ACCÉLÉRATION DANS LE MOUVEMENT VARIÉ RECTILIGNE.—Soit v la vitesse du mobile, au bout du temps t, sur sa trajectoire rectiligne : désignons par Δv la variation positive ou négative de cette vitesse pendant le temps Δt, en supposant ce temps assez court, pour que la vitesse n'ait pas cessé de varier dans le même sens, pendant tout cet intervalle.

Si le mouvement était uniformément varié, on sait que $\dfrac{\Delta v}{\Delta t}$ représenterait l'accélération constante de ce mouvement (n° 30); ce rapport est donc une sorte d'*accélération moyenne*. Lorsque Δt décroît indéfiniment, il en est de même de Δv; et le rapport variant, sans cesser de représenter l'accélération moyenne, converge vers une limite déterminée; c'est cette limite que l'on nomme l'accélération au bout du temps t.

Ainsi l'*accélération* d'un point matériel, qui *se meut en ligne droite*, est, à un instant donné, la limite du rapport de la variation de la vitesse à l'accroissement du temps, c'est-à-dire, *la dérivée de la vitesse considérée comme fonction du temps.*

54. EXPRESSION ANALYTIQUE DE L'ACCÉLÉRATION.—Si l'espace parcouru est représenté par la formule

$$e = f(t), \qquad (1)$$

on sait que la vitesse est fournie par la première dérivée

$$v = f'(t), \qquad (2)$$

et l'on voit que l'accélération, dérivée de la vitesse, sera la deuxième dérivée de l'espace, ou

$$\gamma = f''(t). \qquad (3)$$

Ainsi toutes les fois que l'on connaîtra l'expression analytique de l'espace ou de la vitesse en fonction du temps on saura trouver, par le calcul des dérivées, celle de l'accélération.

Par exemple, dans le problème du n° 28, où la vitesse est $v = a \sin \dfrac{at}{r}$, l'accélération est

$$\gamma = a \cos \frac{at}{r} \times \frac{a}{r}, \qquad \text{ou} \qquad \gamma = \frac{a^2}{r} \cos \frac{at}{r}.$$

55. REMARQUE.—Si l'intervalle Δt est assez court, pour qu'on puisse regarder le mouvement pendant ce temps comme uniformément varié, on aura (n° 30) :

$$\Delta v = \gamma \Delta t, \quad \text{d'où } \gamma = \frac{\Delta v}{\Delta t}.$$

C'est ce que l'on exprime en disant que l'*accélération*, dans un mouvement varié rectiligne, à un instant donné, est *le quotient de la division de la variation infiniment petite de la vitesse à ce moment par le temps infiniment petit employé à produire cette variation.*

56. NATURE DE L'ACCÉLÉRATION.—L'accélération γ est une longueur, comme la vitesse, dépendant à la fois de l'unité d'espace et de l'unité de temps. Lorsque l'unité de temps devient n fois plus grande, Δv et Δt doivent être remplacés par $n\Delta v$ et $\dfrac{\Delta t}{n}$ (n° 36); donc l'accélération est mesurée par un nombre n^2 fois plus grand.

L'accélération peut être positive ou négative. Le mouvement est *accéléré* quand la vitesse et l'accélération sont de même signe; *retardé* quand elles sont de signe contraire.

57. REPRÉSENTATION GRAPHIQUE DE L'ACCÉLÉRATION.—On peut

aussi, à l'aide de constructions graphiques, représenter l'accélération d'un mouvement varié quelconque. Si l'équation des vitesses $v = f'(t)$ est donnée, on tracera la courbe représentée par cette équation, en prenant les temps pour abscisses et les vitesses pour ordonnées. Le coefficient d'inclinaison de la tangente à cette courbe en chaque point sera l'accélération du mobile à l'instant correspondant : on l'obtiendra par une construction et un calcul identiques à ceux qui ont servi pour déterminer la vitesse (n° 24) au moyen de la courbe des espaces.

Si la formule de la vitesse n'est pas connue, et si l'on ne donne qu'une table renfermant un certain nombre de valeurs correspondantes des temps et des espaces, on devra commencer par construire la courbe des espaces (n° 25); puis on s'en servira pour déterminer les vitesses aux mêmes époques (n° 24); on construira alors, à l'aide de ces nouvelles données, la courbe des vitesses, laquelle fournira, à son tour, par une construction analogue, les valeurs cherchées de l'accélération.

58. EXEMPLE.—Si, par exemple, la courbe des vitesses est représentée (fig. 5, p. 11) par la ligne AIBC...., on reconnaît aisément, qu'à l'époque $t = -OA$, la vitesse est nulle, et l'accélération positive a une valeur assez grande; que la vitesse va d'abord en croissant, tandis que l'accélération diminue; qu'à l'origine du temps, le mouvement est encore accéléré et direct; qu'à l'époque Ot, la vitesse est maximum et l'accélération nulle; qu'à partir de ce moment, la vitesse décroissant et l'accélération devenant négative, le mouvement est retardé quoique toujours direct; qu'à l'époque $t = OB$, la vitesse est nulle de nouveau, tandis que l'accélération atteint son maximum en valeur absolue; qu'ainsi le mouvement redevient accéléré, mais rétrograde; qu'à l'époque Ot_1, l'accélération devenant nulle et la vitesse maximum, le mouvement rétrograde cesse d'être accéléré; qu'à l'époque $t = OC$, la vitesse est nulle pour la troisième fois, et le mouvement redevient accéléré et direct; que l'accélération continue à augmenter jusqu'à l'époque Ot_2, où elle atteint son maximum; qu'enfin, à partir de ce moment, l'accélération diminue, sans que le mouvement cesse d'être accéléré et direct.

59. DÉTERMINATION ANALYTIQUE DES VITESSES A L'AIDE DES ACCÉLÉRATIONS, ET DES ESPACES A L'AIDE DES VITESSES.—Lorsque l'équation $e = f(t)$ (1), qui lie les espaces aux temps, est connue, les règles du calcul des dérivées permettent, dans tous les cas, de trouver les formules (2) et (3) qui fournissent les expressions analytiques de la vitesse et de l'accélération. Mais le problème inverse, qui consiste à revenir de l'expression connue de l'accélération à celle de la vitesse, et de cette dernière à celle de l'espace parcouru, est souvent insoluble ; ou bien les méthodes ordinaires conduisent à des calculs trop compliqués pour que leur emploi puisse être avantageux. Ces méthodes d'ailleurs ne sauraient être d'aucun usage, lorsqu'au lieu d'avoir une équation $\gamma = \varphi(t)$ entre le temps et l'accélération, on ne possède qu'une table contenant un certain nombre de valeurs correspondantes de ces deux variables.

On pourrait, il est vrai, dans ce dernier cas, où $(n+1)$ systèmes de valeurs de γ et de t sont donnés, calculer, à l'aide des formules d'interpolation, la fonction entière et de degré n, qui est vérifiée par ces systèmes, et substituer cette fonction à la relation inconnue entre γ et t. On aurait ainsi, par exemple,

$$\gamma = at^n + bt^{n-1} + ct^{n-2} + \ldots + kt + l; \quad (4)$$

et alors le calcul inverse des dérivées donnerait immédiatement :

$$v = \frac{a}{n+1} t^{n+1} + \frac{b}{n} t^n + \frac{c}{n-1} t^{n-1} + \ldots + \frac{k}{2} t^2 + \frac{l}{1} t + v_0, \quad (5)$$

$$\left. \begin{array}{l} e = \dfrac{a}{(n+1)(n+2)} t^{n+2} + \dfrac{b}{n(n+1)} t^{n+1} + \dfrac{c}{(n-1)n} t^n + \ldots \\[2mm] \qquad\qquad + \dfrac{k}{2.3} t^3 + \dfrac{l}{1.2} t^2 + v_0 t + e_0 \end{array} \right\}, \quad (6)$$

v_0 et e_0 étant la vitesse initiale et l'espace parcouru à l'origine du temps, quantités supposées connues à l'avance.

Mais on sait combien les formules d'interpolation sont fastidieuses à appliquer ; et il reste utile de connaître une méthode graphique qui permette de suppléer avec avantage à l'insuffisance de l'analyse, ou à la longueur des calculs. Cette méthode repose sur le lemme suivant.

60. LEMME.—Si l'on rapporte à des axes rectangulaires

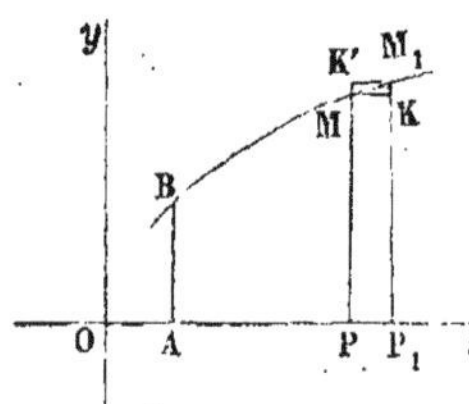

Fig. 8.

Ox, Oy (fig. 8), la courbe que représente l'équation $y = f(x)$, et si l'on construit les ordonnées $AB = y_0$ et $MP = y$, correspondantes à une abscisse donnée $OA = x_0$ et à une abscisse quelconque $OP = x$, *l'aire du trapèze mixtiligne* ABMP *compris entre la courbe, l'axe des abscisses et les ordonnées y_0 et y, a pour dérivée l'ordonnée extrême y, considérée comme fonction d'x.*

En effet, lorsque l'abscisse x augmente d'une quantité $PP_1 = \Delta x$, l'ordonnée y varie d'une quantité $KM_1 = \Delta y$, et l'aire σ croît d'une quantité $PMM_1P_1 = \Delta \sigma$. La dérivée de l'aire est donc la limite du rapport $\dfrac{\Delta \sigma}{\Delta x}$, quand Δx converge vers zéro.

Or on peut supposer Δx assez petit, pour qu'en passant de la position MP à la position M_1P_1, l'ordonnée n'ait pas cessé de croître ou de décroître. Par suite l'aire $\Delta \sigma$ est comprise entre les rectangles $y\Delta x$ et $(y + \Delta y) \Delta x$, et le rapport $\dfrac{\Delta \sigma}{\Delta x}$ est compris entre y et $y + \Delta y$. Comme ces deux limites se réduisent à y quand $\Delta x = o$, il en résulte que $\lim. \dfrac{\Delta \sigma}{\Delta x} = y$: ce qu'il fallait démontrer.

61. REMARQUE.—On arrive au même résultat, en remarquant que le trapèze élémentaire $PMM_1P_1 = \Delta \sigma$ se compose du rectangle $PMKP_1 = y\Delta x$ et du triangle $MKM_1 = \frac{1}{2}\Delta x\Delta y$; mais ce triangle, ayant ses deux dimensions infiniment petites, peut être négligé vis-à-vis du rectangle : on a donc $\Delta \sigma = y\Delta x$; d'où l'on déduit :
$$y = \frac{\Delta \sigma}{\Delta x}.$$

62. DÉTERMINATION GRAPHIQUE DES VITESSES AU MOYEN DES ACCÉLÉRATIONS.—L'application de ce lemme est facile à comprendre. Si la courbe BM est *la courbe des accélérations*, c'est-à-dire une courbe ayant pour abscisses les temps et pour ordonnées les accélérations, AB étant une accélération initiale, et MP étant l'accélération à l'époque t, l'aire ABMP de cette courbe, et la vitesse v à l'époque t, auront toutes deux pour dérivée la valeur de l'accélération à cet instant : elles ne différeront donc que par une constante, et l'on aura :

$$v = \text{aire ABMP} + \text{const.}$$

Cette constante est évidemment arbitraire, *à priori*, puisque la dérivée de l'aire reste la même, quelle que soit la position de l'ordonnée initiale AB ; pour la déterminer, il faudra connaître une valeur particulière de la vitesse, par exemple, celle qui correspond au temps OA. Si v_0 est cette valeur, on devra avoir, à la fois, $v = v_0$, et aire ABMP $= o$, d'où l'on conclut : const. $= v_0$; et la formule complétement déterminée est :

$$v = v_0 + \text{aire ABMP.} \qquad (7)$$

Ainsi, pour évaluer les valeurs de la vitesse à différentes époques, il suffira de *construire la courbe des accélérations et de mesurer les aires correspondantes à ces époques.*

63. REMARQUE.—Il n'est pas inutile de faire observer, que

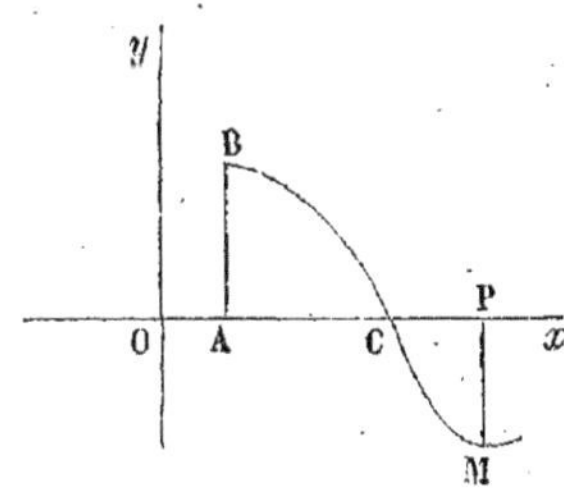

Fig. 9.

si la courbe BM coupe l'axe des temps (fig. 9), de sorte que les ordonnées extrêmes AB et MP soient de signe contraire, l'aire placée au-dessous de l'axe devra être regardée comme négative, et l'on aura dans ce cas, pour expression de la vitesse à l'époque t,

$$v = v_0 + \text{aire ABC} - \text{aire CMP.} \qquad (8)$$

Car la vitesse, à l'époque OC, est, d'après ce qui précède, $v_0 +$ aire ABC. A partir de ce moment, l'accélération devenant négative, diminue la vitesse d'une quantité variable, qui, à l'époque t, est mesurée, d'après les mêmes considérations, par l'aire CMP. La vitesse finale est donc bien mesurée par la formule (8), et pour la grandeur et pour le signe.

64. DÉTERMINATION DES ESPACES AU MOYEN DES VITESSES.—De même, si la courbe BM (fig. 8) représente la *courbe des vitesses*, construite, soit directement à l'aide de son équation, soit indirectement à l'aide de celle des accélérations et de la formule (8), l'aire ABMP et l'espace e parcouru à l'époque t auront tous deux la même dérivée, c'est-à-dire, la vitesse à cet instant :

donc ils ne différeront que par une constante, et l'on aura :

$$e = \text{aire ABMP} + \text{const.}$$

D'ailleurs cette constante sera déterminée si l'on connaît une valeur particulière de e, par exemple, celle qui correspond au temps OA. Soit e_0 cette valeur, on aura :

$$e = e_0 + \text{aire ABMP.} \qquad (9)$$

Ainsi *les aires de la courbe des vitesses fourniront les espaces parcourus par le point matériel.*

Il n'est pas nécessaire d'ajouter que, si la courbe coupe l'axe des temps (fig. 9), on devra regarder comme négatifs les espaces mesurés par les aires situées au-dessous de l'axe, et prendre la formule

$$e = e_0 + \text{aire ABC} - \text{aire CMP.} \qquad (10)$$

65. MÉTHODES DE QUADRATURE APPROXIMATIVE.—Il résulte des développements qui précèdent, que la recherche des espaces à l'aide des vitesses, et celle des vitesses à l'aide des accélérations, sont des problèmes de même espèce dont la solution dépend d'une *quadrature*. Nous n'aurions pas résolu complétement cette question, si nous n'indiquions maintenant d'une manière succincte quelques-uns des procédés simples et rapides que l'on emploie pour obtenir cette quadrature avec une approximation suffisante.

66. MÉTHODE DE M. PONCELET.—Parmi les méthodes en usage, nous choisirons d'abord l'une des plus élégantes et des plus faciles à comprendre ; elle est due à M. PONCE-LET. Soit $B_0 B_1 \ldots B_{2n}$ la courbe dont on veut évaluer l'aire $A_0 B_0 B_{2n} A_{2n}$ (fig. 10), et supposons d'abord qu'elle soit, en chaque point, concave vers l'axe Ox. Admettons que la distance $A_0 A_{2n}$ ait été partagée

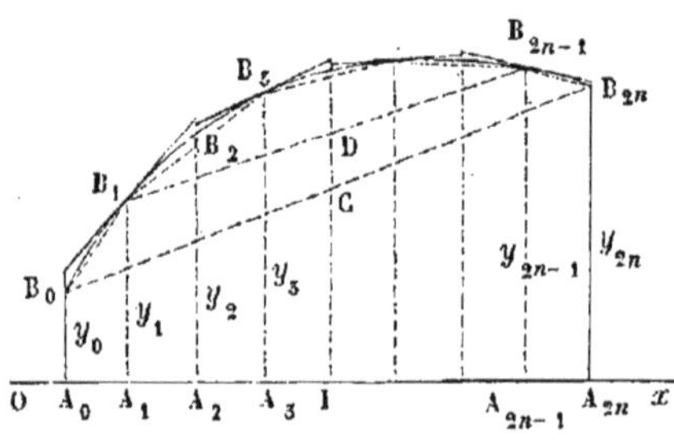

Fig. 10.

en un nombre pair $2n$ de parties égales : soit ε l'une des divisions. Élevons aux points de division les ordonnées $y_1, y_2, \ldots y_{2n-1}$; joignons les extrémités $B_0 B_1$ des deux premières, et les extrémités $B_{2n-1}B_{2n}$ des deux dernières ; joignons ensuite les extrémités des ordonnées dont les indices sont impairs, c'est-à-dire, B_1B_3, B_3B_5, ... Les trapèzes extrêmes ont pour mesure $\varepsilon\dfrac{y_0+y_1}{2}$ et $\varepsilon\dfrac{y_{2n-1}+y_{2n}}{2}$; les autres, $\varepsilon(y_1+y_3)$, $\varepsilon(y_3+y_5)$.... La somme de ces trapèzes, a, moindre que l'aire cherchée, est

$$a = \varepsilon\left\{ \frac{y_0+y_1}{2} + y_1 + y_3 + \ldots + y_{2n-1} + \frac{y_{2n-1}+y_{2n}}{2} \right\}.$$

Si l'on ajoute et retranche dans la parenthèse $\dfrac{y_1+y_{2n-1}}{2}$, il vient :

$$a = \varepsilon\left\{ \frac{y_0+y_{2n}}{2} + 2y_1 + 2y_3 + \ldots + 2y_{2n-1} - \frac{y_1+y_{2n-1}}{2} \right\},$$

ou, en posant, $y_1 + y_3 + y_5 + \ldots + y_{2n-1} = S$,   (11).

$$a = \varepsilon\left(2S + \frac{y_0+y_{2n}}{2} - \frac{y_1+y_{2n-1}}{2} \right). \quad (12)$$

D'un autre côté, si l'on mène, à l'extrémité de chaque ordonnée d'indice impair, une tangente terminée à l'ordonnée qui la précède et à celle qui la suit immédiatement, les trapèzes ainsi formés ont pour surface $2\,\varepsilon y_1$, $2\,\varepsilon y_3$ ...., et leur somme A, plus grande que l'aire cherchée, est

$$A = \varepsilon(2y_1 + 2y_3 + \ldots + 2y_{2n-1}),$$

ou $$A = 2\,\varepsilon S. \quad (13)$$

L'aire cherchée σ est donc comprise entre a et A, et si l'on prend pour valeur approchée de σ la moyenne arithmétique $\dfrac{a+A}{2}$, c'est-à-dire,

$$\sigma = \varepsilon\left\{ 2S + \frac{y_0+y_{2n}}{4} - \frac{y_1+y_{2n-1}}{4} \right\}, \quad (14)$$

l'erreur commise e sera moindre que la demi-différence $\dfrac{A-a}{2}$, c'est-à-dire,

$$e < \varepsilon\left\{ \frac{y_1+y_{2n-1}}{4} - \frac{y_0+y_{2n}}{4} \right\}. \quad (15)$$

Des formules (11), (14) et (15), on conclut que, *pour obtenir une valeur approchée de l'aire, il faut partager la base rectiligne comprise entre les ordonnées limites en un nombre pair*

de parties égales, élever aux points de division d'ordre impair
(A_1, A_3, ...) les ordonnées de la courbe, doubler la somme de
ces ordonnées, ajouter au produit le quart de la somme des
ordonnées limites, et en retrancher le quart de la somme
de celles qui les avoisinent immédiatement; puis enfin mul-
tiplier le résultat par la longueur de l'une des divisions de la
base.

Et *pour obtenir une limite supérieure de l'erreur commise, il*
faut retrancher le quart de la somme des ordonnées limites du
quart de la somme de celles qui les avoisinent immédiatement,
et multiplier la différence par la longueur de l'une des divisions
de la base.

67. On peut remarquer d'ailleurs sur la figure, qu'en
joignant B_0, B_{2n}, et B_1, B_{2n-1} par des lignes droites qui coupent
l'ordonnée moyenne en C et en D, les deux trapèzes $A_0 B_0 B_{2n} A_{2n}$
et $A_1 B_1 B_{2n-1} A_{2n-1}$ donnent évidemment :

$$\frac{y_0 + y_{2n}}{2} = IC, \qquad \frac{y_1 + y_{2n-1}}{2} = ID,$$

d'où
$$\frac{y_1 + y_{2n-1}}{2} - \frac{y_0 + y_{2n}}{2} = CD;$$

ce qui permet d'écrire les formules (14) et (15) sous cette forme
plus simple :
$$\sigma = \varepsilon \left(2\,S - \frac{CD}{2} \right), \qquad (16)$$

$$e < \varepsilon . \frac{CD}{2}. \qquad (17)$$

On peut ainsi apprécier à vue, pour ainsi dire, l'erreur que l'on
commet, en appliquant la méthode, et déterminer à l'avance
la valeur convenable de l'intervalle ε.

68. REMARQUES.—Si la courbe est entièrement convexe vers
l'axe Ox, on voit aisément que a devient plus grand que A, que
la moyenne arithmétique reste la même, et que la limite de
l'erreur change de signe, et est $\dfrac{a - A}{2}$.

Si la courbe offre des changements de sens dans sa courbure,
on devra mener les ordonnées correspondantes aux points
d'inflexion, et partager ainsi l'aire en plusieurs parties, à chacune desquelles on appliquera la méthode précédente. L'aire

cherchée sera la somme des aires partielles, et l'erreur finale sera la somme des erreurs.

69. MÉTHODE DE THOMAS SIMPSON.—Cette méthode, antérieure à la précédente, exige aussi que la distance des ordonnées extrêmes soit partagée en un nombre pair de parties égales ; et elle est fondée sur ce que l'on peut toujours faire passer par trois points donnés, non en ligne droite, un arc de parabole dont l'axe serait parallèle à une direction donnée.

Soit $A_0 B_0 A_{2n} B_{2n}$ (fig. 11) l'aire à mesurer, et soit $A_0 A_{2n} = 2n\varepsilon$.

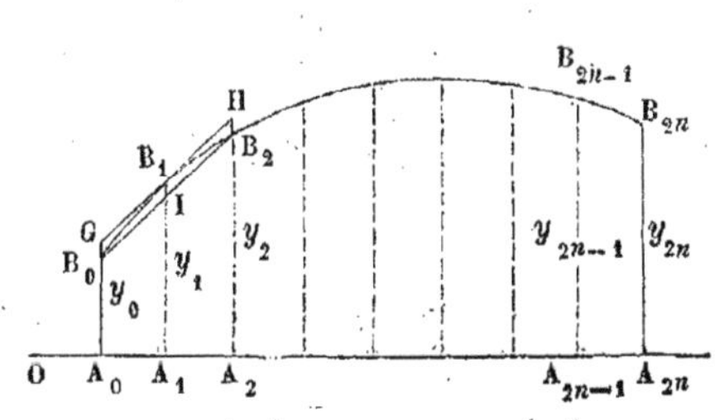

Fig. 11.

Supposons que l'on fasse passer par les trois points B_0, B_1, B_2, un arc de parabole dont l'axe soit parallèle à $A_0 B_0$; on pourra substituer cet arc à l'arc donné avec une approximation convenable. Or on sait que l'ordonnée $A_1 B_1$ est un diamètre de la parabole, que la tangente GH en B_1 est parallèle à la corde $B_0 B_2$, et que l'aire du segment parabolique $B_0 B_1 B_2 B_0$ est les $\frac{2}{3}$ du parallélogramme $B_0 B_2 HG$. On a donc :

$$\text{segment parabol.} = \tfrac{2}{3} B_1 I \times 2\varepsilon = \tfrac{4}{3}\varepsilon . B_1 I.$$

D'un autre côté,   trapèze rectiligne $A_0 B_0 B_2 A_2 = 2\varepsilon . A_1 I$;
donc,

$$\text{trap. curv. } A_0 B_0 B_1 B_2 A_2 = \varepsilon(\tfrac{4}{3}B_1 I + 2A_1 I) = \varepsilon(\tfrac{4}{3}A_1 B_1 - \tfrac{4}{3}A_1 I + 2A_1 I)$$
$$= \varepsilon(\tfrac{4}{3} A_1 B_1 + \tfrac{2}{3} A_1 I).$$

Or $2 A_1 I = y_0 + y_2$ et $A_1 B_1 = y_1$; donc

$$\text{trapèze curviligne } A_0 B_0 B_1 B_2 A_2 = \tfrac{1}{3}\varepsilon (y_0 + y_2 + 4 y_1).$$

On verra de même que le trapèze suivant, dont les bases sont y_2 et y_4, a pour mesure $\frac{1}{3}\varepsilon (y_2 + y_4 + 4 y_3)$, et ainsi de suite. Donc l'aire totale σ a pour expression :

$$\sigma = \tfrac{1}{3}\varepsilon \left\{ \begin{array}{l} (y_0 + y_{2n}) + 4(y_1 + y_3 + \cdots + y_{2n-1}) \\ \quad + 2(y_2 + y_4 + \cdots + y_{2n-2}) \end{array} \right\} . \quad (18)$$

Ainsi, l'aire s'obtient, par cette méthode, en ajoutant à la somme des ordonnées extrêmes, quatre fois la somme des ordon-

nées d'indice impair, et deux fois la somme des ordonnées intermédiaires d'indice pair, et en multipliant la somme totale par la longueur d'une des divisions de la base.

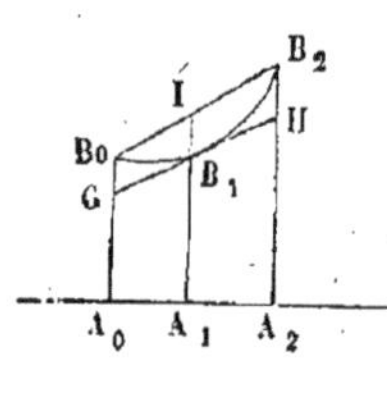

Fig. 12.

70. REMARQUES.—On a supposé l'arc parabolique $B_0B_1B_2$ concave vers l'axe Ox. La formule serait la même si l'arc était convexe (fig. 12). Car on a :

$$\text{segment parabolique } B_0B_1B_2B_0 = \tfrac{4}{3}\varepsilon.B_1I,$$
$$\text{et } \text{trapèze rectiligne } A_0B_0B_2A_1 = 2\varepsilon.A_1I ;$$

donc,

$$\text{trap. curv. } A_0B_0B_1B_2A_2 = \varepsilon(2A_1I - \tfrac{4}{3}B_1I) = \varepsilon(2A_1I - \tfrac{4}{3}A_1I + \tfrac{4}{3}A_1B_1)$$

$$= \varepsilon(\tfrac{2}{3}A_1I + \tfrac{4}{3}A_1B_1) = \frac{\varepsilon}{3}(y_0 + y_2 + 4y_1)\text{C.Q.F.D.}$$

Si la courbe est sinueuse, on partage l'aire en plusieurs parties qu'on évalue séparément, comme dans la méthode précédénte.

La méthode de Thomas Simpson exige, comme on le voit, l'emploi de toutes les ordonnées ; en outre, elle ne fournit pas de limite de l'erreur commise. A ce double point de vue, elle est inférieure à celle de M. Poncelet. Cependant elle donne, dans les applications, une approximation suffisante.

71. AUTRES MÉTHODES.—Il existe d'autres méthodes de quadrature approximative. La méthode dite *des trapèzes* consiste à remplacer la courbe par un polygone, et à calculer l'aire comprise dans ce polygone; elle n'offre qu'une approximation insuffisante, à moins qu'on rapproche considérablement les ordonnées, ce qui rend le calcul très-laborieux.

Gauss a perfectionné une méthode indiquée par *Newton*, et développée par *Côtes*; cette méthode, fondée sur les formules d'interpolation, est celle qui offre les calculs les plus courts et l'approximation la plus grande. Mais les développements qu'exige son exposition nous entraîneraient trop loin, et nous renonçons à la faire connaître ici.

On peut d'ailleurs consulter, pour plus de détails, un article sur les diverses méthodes de quadratures, inséré dans les *Nouvelles Annales de Mathématiques* (octobre 1855), par *M. Parmentier.*

72. **EXERCICES PROPOSÉS.** — 1° *Calculer l'aire d'un quart de cercle, dont le rayon est égal à* 1. On partagera le rayon de base en dix parties égales $(\varepsilon = 0,1)$: on calculera les ordonnées correspondantes, et on appliquera successivement les deux méthodes. Puis on calculera l'aire, *à priori*, car elle est égale à $\frac{1}{4}\,\pi$, et l'on connaîtra ainsi les erreurs commises dans chaque méthode.

2° *Calculer l'aire d'une hyperbole équilatère dont l'équation est* $xy = 1$, *en prenant pour limites* $x_0 = 1$ *et* $x = 2$. Lorsqu'on aura appliqué les deux méthodes à cet exemple, on calculera l'aire directement. Car l'aire de l'hyperbole est la fonction dont $y = \frac{1}{x}$ est la dérivée (n° 60) ; elle est donc égale à *log. nép.* $x +$ *const.* D'ailleurs, pour $x = 1$, l'aire est nulle ; donc *const.* $= 0$. Donc enfin l'aire cherchée est le logarithme népérien de 2.

3° *Calculer l'aire de la courbe,* $y = \dfrac{\text{l. nép. } (1 + x)}{1 + x^2}$, *en prenant pour limites* $x_0 = 0$, $x = 1$. On calculera encore cette aire par les deux méthodes. Puis, pour en avoir directement la valeur, on changera d'abord de variable, en posant $x = \operatorname{tg}\varphi$; d'où $\quad 1 + x^2 = \dfrac{1}{\cos^2\varphi}, \quad$ et $y = \cos^2\varphi.\ l.\ (1 + \operatorname{tg}\varphi)$.

On remarquera ensuite que la dérivée de l'aire, prise par rapport à φ, est le produit de la dérivée de l'aire, prise par rapport à x, par la dérivée de x, prise par rapport à φ. Comme cette dernière dérivée est $\dfrac{1}{\cos^2\varphi}$, la dérivée de l'aire, prise par rapport à φ, sera $l.\ (1 + \operatorname{tg}\varphi)$. Or on a :

$$1 + \operatorname{tg}\varphi = \frac{\cos\varphi + \sin\varphi}{\cos\varphi} = \frac{2\cos\frac{\pi}{4}\cos\left(\frac{\pi}{4} - \varphi\right)}{\cos\varphi} = \frac{\sqrt{2}\,\cos\left(\frac{\pi}{4} - \varphi\right)}{\cos\varphi};$$

donc $l.\ (1 + \operatorname{tg}\varphi) = l.\ \sqrt{2} + l.\cos\left(\dfrac{\pi}{4} - \varphi\right) - l.\cos\varphi$: et il faut trouver la fonction dont cette expression est la dérivée, en prenant les limites $\varphi_0 = 0$ et $\varphi = \dfrac{\pi}{4}$, qui correspondent à $x_0 = 0$ et $x = 1$. Or le premier terme donne $\varphi.l.\sqrt{2}$; les fonctions relatives aux deux derniers termes se détruisent, car $l.\cos\left(\dfrac{\pi}{4} - \varphi\right)$ et $l.\cos\varphi$ prennent les mêmes valeurs en sens inverse, quand φ varie de 0 à $\dfrac{\pi}{4}$. Donc l'aire a pour expression générale $\varphi.\ l.\ \sqrt{2} +$ *const.* D'ailleurs elle est nulle pour $\varphi = 0$; donc *const.* $= 0$. L'aire cherchée s'obtiendra donc en faisant $\varphi = \dfrac{\pi}{4}$, et elle sera $\dfrac{\pi}{4}\ l.\ \sqrt{2}$, ou $\dfrac{\pi}{8}\ l.\ 2$.

CHAPITRE V.

DE LA PROJECTION DES VITESSES.

PROGRAMME : Projection sur un axe d'un point mobile dans l'espace. La vitesse de la projection du point est égale à la projection de sa vitesse dans l'espace.

73. PROJECTION D'UN POINT MOBILE SUR UN AXE FIXE.—Consi-

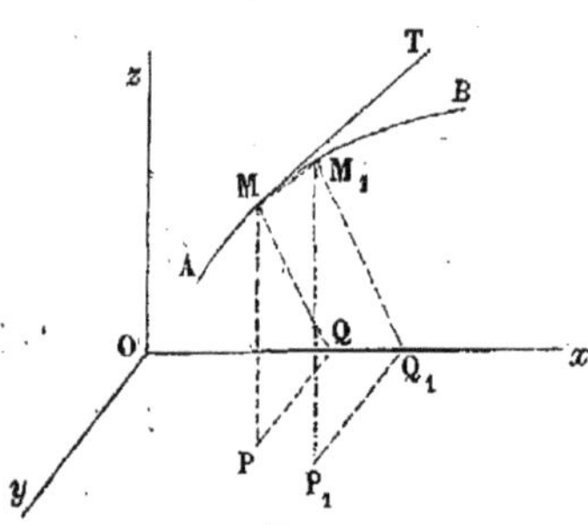

Fig. 13.

dérons (fig. 13) un mobile en mouvement sur sa trajectoire AB ; et soit M sa position à l'époque t. Soit, d'ailleurs, OX un axe fixe donné : on peut projeter à chaque instant le point M sur l'axe, parallèlement à un plan donné yOz (en menant successivement MP parallèle à Oz, PQ parallèle à Oy, et en joignant MQ). Le point Q, projection du point M, peut être considéré, à son tour, comme un mobile en mouvement sur l'axe Ox ; et ces deux mouvements sont évidemment liés entre eux par une relation dont il s'agit de déterminer ici la nature. Or cette liaison est énoncée dans le théorème suivant :

74. THÉORÈME.—*La vitesse de la projection d'un point mobile sur un axe fixe est égale à la projection de la vitesse du mobile sur le même axe.*

En effet, soit $MM_1 = \Delta e$ l'espace parcouru pendant le temps Δt par le mobile sur sa trajectoire, et soit $QQ_1 = \Delta x$ sa projection sur l'axe Ox ; Δx est l'espace parcouru par le point Q pendant le temps Δt : par suite, les vitesses respectives du point M et de sa projection Q, à l'époque t (vitesses que nous désignons par v et v_x), sont les limites des rapports $\dfrac{\Delta e}{\Delta t}, \dfrac{\Delta x}{\Delta t}$. Or, si l'on mène la corde MM_1, on sait qu'il existe, entre cette corde et sa projection QQ_1, un rapport qui dépend de l'angle de cette corde avec l'axe Ox, et de la direction du plan yOz : on a donc QQ_1 ou $\Delta x = k$. corde MM_1, égalité que l'on peut écrire ainsi :

$$\frac{\Delta x}{\Delta t} = k \times \frac{\text{corde } MM_1}{\Delta e} \times \frac{\Delta e}{\Delta t}.$$

Lorsqu'on passe à la limite, le rapport de la corde à l'arc est égal à 1; les rapports $\dfrac{\Delta e}{\Delta t}$, $\dfrac{\Delta x}{\Delta t}$, deviennent v et v_x; le nombre k varie et converge vers une certaine limite l, qui dépend des angles de la tangente MT en M à la courbe (direction de la vitesse v) avec l'axe Ox et avec le plan yOz, et la relation précédente devient :

$$v_x = lv. \qquad (1)$$

Or, si une longueur quelconque, dirigée suivant la tangente MT, est projetée sur Ox, parallèlement au plan yOz, le rapport de la projection à la longueur est, comme on sait, le nombre constant l : donc lv est bien la projection de la vitesse v sur l'axe. C. Q. F. D.

75. REMARQUE.—Si le temps Δt est infiniment petit, l'arc parcouru Δe est une ligne droite infiniment petite, dont la direction est celle de la tangente MT au point M : la géométrie donne donc immédiatement,

$$\Delta x = l . \Delta e, \quad \text{ou} \quad \frac{\Delta x}{\Delta t} = l . \frac{\Delta e}{\Delta t}, \quad \text{ou} \quad v_x = lv.$$

76. CAS PARTICULIER OÙ LE MOUVEMENT EST RECTILIGNE.—Si le mouvement dans l'espace est rectiligne, la même démonstration s'applique, sans qu'il soit nécessaire de recourir aux infiniment petits : car, quels que soient l'espace e parcouru dans le temps t, par le point M, sur sa trajectoire rectiligne, et l'espace h parcouru dans le même temps par sa projection Q sur l'axe Ox, il existe entre ces deux longueurs la relation constante $\qquad h = le \qquad (2)$;

on en déduit $\qquad \dfrac{h}{t} = l \dfrac{e}{t}$,

et, en passant à la limite, $v_x = lv$.

77. THÉORÈME SUR LES ACCÉLÉRATIONS DANS LE MOUVEMENT RECTILIGNE.—On voit même que, dans le cas du mouvement rectiligne, les accélérations γ et γ_x des points M et Q sont liées par la même relation. En effet, soient v et v_x leurs vitesses à l'époque t, Δv et Δv_x les variations de ces vitesses pendant le temps Δt; $v + \Delta v$ et $v_x + \Delta v_x$ seront les vitesses à l'époque $t + \Delta t$. On aura donc, d'après le théorème démontré :

$$v_x = lv, \qquad v_x + \Delta v_x = l\,(v + \Delta v),$$

car le rapport l est ici invariable. On en tire, par soustraction,

$$\Delta v_x = l.\Delta v; \quad \text{puis} \quad \frac{\Delta v_x}{\Delta t} = l.\frac{\Delta v}{\Delta t},$$

et, en passant aux limites,

$$\gamma_x = l\gamma. \qquad (3)$$

78. REMARQUE.—Ainsi, dans le mouvement rectiligne, les espaces parcourus, les vitesses et les accélérations ont, avec leurs projections respectives sur un axe fixe, la même relation indiquée par les équations (2), (1) et (3). Mais lorsque le mouvement dans l'espace est curviligne, si les vitesses vérifient la relation (1), il n'en est évidemment pas de même pour les espaces parcourus qui ne sont pas des lignes droites. Quant aux accélérations, nous verrons au chapitre VII, lorsque nous nous occuperons de l'accélération dans le mouvement curviligne, à quelles conditions le théorème leur est applicable.

79. COROLLAIRES.—1° S'il s'agit de projections orthogonales, la géométrie apprend que le rapport l est le cosinus de l'angle que forme la direction de la vitesse v avec l'axe Ox; nous désignerons cet angle par (v, x), et la relation (1) s'écrira :

$$v_x = v \cos (v, x).$$

La vitesse v_x s'appelle, dans ce cas, la vitesse du mobile *estimée* suivant l'axe Ox. On aurait aussi, dans le cas du mouvement rectiligne,

$$e_x = e \cos (e, x), \quad \text{et} \quad \gamma_x = \gamma \cos (\gamma, x).$$

80. 2° Si l'on suppose les axes Ox, Oy, Oz, rectangulaires (fig. 13), et si l'on désigne par v_x, v_y, v_z, les projections orthogonales de la vitesse v sur ces axes, on a, en vertu du corollaire précédent :

$$v_x = v \cos (v, x), \quad v_y = v \cos(v, y), \quad v_z = v \cos (v, z) : \quad (4)$$

en ajoutant les carrés de ces trois formules, il vient :

$$v^2 = v_x{}^2 + v_y{}^2 + v_z{}^2, \quad (5)$$

car on sait que $\cos^2 (v, x) + \cos^2 (v, y) + \cos^2 (v, z) = 1$.

Ces formules (4) et (5) font connaître l'intensité et la direction de la vitesse v du mobile dans l'espace, quand on connaît les vitesses de ses projections sur trois axes rectangulaires. Elles montrent que cette vitesse est, en grandeur et en direction, la diagonale du parallélipipède construit sur trois arêtes contiguës, menées par le point M, parallèlement aux axes, et égales en longueur aux vitesses v_x, v_y, v_z.

81. 3° Si la trajectoire est plane, on peut prendre son plan pour plan des xy ; alors $v_z = 0$, et les formules (4) et (5) se réduisent à

$$v_x = v \cos (v, x), \quad v_y = v \cos(v, y), \quad v^2 = v_x{}^2 + v_y{}^2. \quad (6)$$

La vitesse v est alors, en grandeur et en direction, la diagonale du rectangle construit sur deux droites parallèles aux axes, et égales en longueur aux vitesses v_x et v_y.

CHAPITRE VI.

DE LA COMPOSITION ET DE LA DÉCOMPOSITION
DES MOUVEMENTS ET DES VITESSES [1].

PROGRAMME : Composition et décomposition des vitesses, déduite de la considération des mouvements relatifs.

---

§ I. *Composition et décomposition des mouvements.*

82. DES MOUVEMENTS SIMULTANÉS.—On dit que deux mobiles possèdent des mouvements *simultanés*, lorsque chacun de ces mouvements s'accomplit *dans le même temps*. Ainsi le mouvement d'un point dans l'espace et celui de sa projection sur un axe fixe, dont nous nous occupions dans le chapitre V, sont deux mouvements simultanés.

On dit quelquefois qu'un point matériel possède au même instant plusieurs mouvements simultanés, ou bien qu'il est animé de plusieurs vitesses simultanées. Ces locutions sont mauvaises : car il est évident, qu'à un instant donné, un mobile ne peut posséder qu'un seul mouvement, qu'une vitesse unique dirigée suivant une droite déterminée. Il nous paraît convenable de débarrasser le langage de la mécanique de ces expressions vicieuses, et nous croyons possible d'exposer, sans y avoir recours, les règles de la *composition* et de la *décomposition* des mouvements et des vitesses.

83. DES MOUVEMENTS IDENTIQUES.—On dit que deux points matériels ont des mouvements *identiques*, lorsque les cordes qui joignent leurs points de départ aux points où ils arrivent après un même temps t, sont constamment égales et parallèles, quel que soit t.

Lorsque le mouvement d'un point matériel est connu, on

---

[1] Nous empruntons ce qu'il y a de neuf dans ce chapitre à l'excellent cours qu'a fait, cette année (1855), *M. Bertrand* aux élèves du lycée Napoléon.

peut toujours donner un *mouvement identique* à un autre point matériel partant d'un point déterminé.

84. DÉFINITION DU MOUVEMENT RÉSULTANT DE DEUX MOUVE-MENTS.—Cela posé, considérons trois mobiles M, M_1, M_2, en mouvement, de la manière suivante. Le premier M part du point O, à un instant donné (fig. 14), et se trouve en S au bout d'un temps t, de sorte que la droite qui joint le point de départ au point d'arrivée est

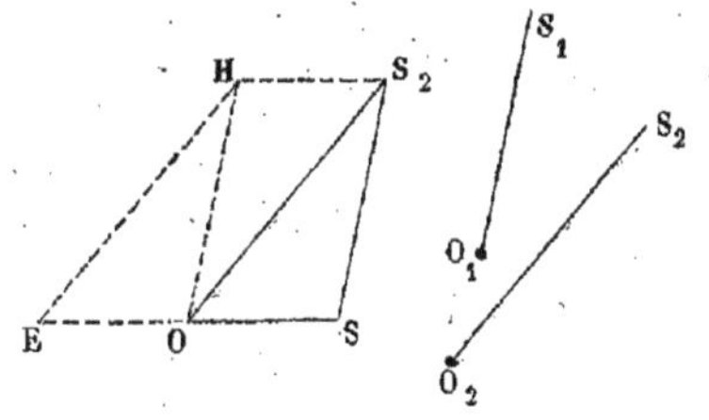

Fig. 14.

égale à OS. Le second M_1 et le troisième M_2 partent de même, l'un du point O_1, l'autre du point O_2, au même instant, et se trouvent, l'un en S_1, l'autre en S_2, à l'époque t, de sorte que les droites qui joignent leur point de départ à leur point d'arrivée sont O_1S_1 et O_2S_2. On mène par le point S une droite SS_1 égale et parallèle à O_1S_1, et par le point O une droite OS_2 égale et parallèle à O_2S_2. S'il arrive que cette dernière droite OS_2 ferme le triangle formé par OS et SS_1, et si cette condition est remplie quel que soit t, c'est-à-dire à toutes les époques du mouvement, on dit que le mouvement du mobile M_2 est le *mouvement résultant* des mouvements des mobiles M et M_1 ; ces derniers se nomment les mouvements *composants* de celui du mobile M_2. On voit, qu'à l'époque t, le mobile M_2 se trouve au même point que s'il avait possédé *successivement* deux mouvements identiques à ceux des mobiles M et M_1 ; c'est en ce sens que le premier mouvement *résulte* des deux autres.

85. DÉFINITION DU MOUVEMENT RELATIF.—On dit encore que le mouvement du second point M_1 est le mouvement *relatif* du point M_2 par rapport au point M ; car, pour un observateur animé du mouvement du point M, et se croyant immobile, le point M_2 aurait, en apparence, le mouvement que possède, en réalité, le point M_1.

86. EXEMPLE.—Pour faire comprendre ces *définitions générales*, imaginons qu'un bateau descende une rivière avec le mouvement du point M, et qu'une personne, placée en un point O sur le pont, s'y déplace avec le mouvement du point M_1, c'est-à-dire décrive *sur le pont* le chemin dont la corde OH est égale et parallèle à SS_1; comme, pendant le temps t, le point O du bateau sera venu en S, et que la corde OH se sera transportée en SS_1, la personne se trouvera réellement en S_1 ou S_2. Un observateur placé sur le rivage, et ne participant à aucun des deux mouvements, aura vu la personne aller de O en S_2; et, pour lui, elle aura été animée du mouvement *résultant* (mouvement de M_2). Un observateur, au contraire, placé au point O sur le pont, et ne participant qu'au mouvement du bateau (mouvement de M), aura cru voir la personne aller de S en S_1 (mouvement de M_1), puisqu'il se trouve en S, lorsqu'elle est en S_1. Ce mouvement de S en S_1 n'est pas le mouvement véritable de la personne, car elle va, en réalité, de O en S_2; c'est son mouvement *relatif* par rapport au point O.

Le mouvement OS du bateau s'appelle souvent *mouvement d'entraînement;* on peut donc dire que le *mouvement réel* OS_2 *est le mouvement résultant du mouvement d'entraînement* OS *et du mouvement relatif* SS_1.

87. COMPOSITION DE DEUX MOUVEMENTS; PARALLÉLOGRAMME DES MOUVEMENTS.—*Composer* deux mouvements, c'est trouver le mouvement *résultant* de ces deux mouvements; c'est-à-dire, connaissant, en grandeur et en direction, les lignes droites qui joignent le point de départ au point d'arrivée, pour chacun des deux mouvements donnés, trouver la grandeur et la direction de la droite qui joint le point de départ au point d'arrivée dans le mouvement résultant.

Il est inutile, sans doute, de dire que les mouvements dont il s'agit ne sont pas rectilignes, et que les droites dont nous parlons ne sont que les cordes des arcs décrits par les mobiles.

Les *définitions* qui précèdent conduisent immédiatement à la règle à suivre pour composer deux mouvements. On remarque, en effet, que OH étant égale et parallèle à SS_1, la figure OSS_1H est un parallélogramme, et que OS_1 est une de ses diagonales; et l'on conclut l'énoncé suivant :

Si l'on mène par un même point O *deux droites égales et parallèles à celles qui joignent les points de départ aux points d'arrivée dans chacun des deux mouvements composants, et si l'on construit un parallélogramme sur ces deux côtés adjacents, la diagonale qui, dans ce parallélogramme, part du point O, est égale et parallèle à la droite qui joint le point de départ au point d'arrivée dans le mouvement résultant.*

C'est ce que l'on exprime plus succinctement, en disant que *le mouvement résultant est, en grandeur et en direction, la diagonale du parallélogramme construit sur les mouvements composants.* Cette proposition porte le nom de *parallélogramme des mouvements.*

88. COROLLAIRE : DÉCOMPOSITION D'UN MOUVEMENT EN DEUX AUTRES.—Il résulte de là, que l'on peut toujours considérer un mouvement quelconque dans un plan comme résultant de deux mouvements effectués suivant deux droites données dans ce plan ; car on peut toujours construire un parallélogramme, connaissant la longueur et la direction de sa diagonale (qui représente le mouvement donné), et les directions des deux côtés qui partent de l'une de ses extrémités. Cette opération se nomme *décomposition du mouvement.*

89. REMARQUES.—1º Connaissant le mouvement d'entraînement et le mouvement relatif d'un mobile, la règle de la composition des mouvements fait connaître le mouvement résultant, c'est-à-dire, le mouvement réel dans l'espace.

2º Si l'on prolonge OS (fig. 14) d'une longueur égale OE, et qu'on joigne EH, OH est la diagonale du parallélogramme $OEHS_1$. On peut donc dire que *le mouvement relatif* OH *est le mouvement résultant du mouvement réel* OS_1 *et d'un mouvement* OE *égal et contraire au mouvement d'entraînement* OS. Si donc on connaît le mouvement réel et le mouvement d'entraînement d'un mobile, la règle fait connaître son mouvement relatif.

90. DÉFINITION DU MOUVEMENT RÉSULTANT DE PLUSIEURS MOUVEMENTS.—Le *mouvement résultant de plusieurs mouvements donnés* se définit de la manière suivante. On compose deux des mouvements entre eux, puis le mouvement résultant avec un troisième, puis le nouveau mouvement résultant avec un quatrième, et ainsi de suite. Le dernier mouvement résultant ainsi obtenu est le mouvement résultant du système.

Cette définition conduit à la règle à suivre pour composer plusieurs mouvements.

91. COMPOSITION DE TROIS MOUVEMENTS ; PARALLÉLIPIPÈDE DES MOUVEMENTS.—En premier lieu, si l'on veut trouver le mouvement résultant de trois mouvements donnés, on peut mener par le point O (fig. 15) trois droites OA, OB, OC, égales et parallèles à celles qui joignent les points de départ des trois mobiles à leurs points d'arrivée : en composant les deux premiers mouvements, d'après la règle du n° 87, on obtient un mouvement résultant représenté par la diagonale OI du parallélogramme OAIB : en com-

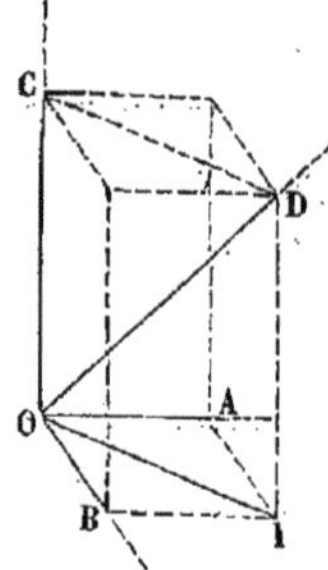

Fig. 15.

posant ce dernier avec le troisième, d'après la même règle, on obtient le mouvement résultant final, qui est représenté par la diagonale OD du parallélogramme OIDC. Or cette droite OD est la diagonale du parallélipipède construit sur les trois droites OA, OB, OC, comme arêtes contiguës. On en conclut cette règle, connue sous le nom de *parallélipipède des mouvements*.

Si les trois arêtes contiguës d'un parallélipipède sont des droites égales et parallèles à celles qui joignent les points de départ aux points d'arrivée dans chacun des trois mouvements composants, la diagonale de ce parallélipipède, partant du même sommet, représente le mouvement résultant, c'est-à-dire, qu'elle est égale et parallèle à la droite qui joint le point de départ au point d'arrivée dans le mouvement résultant.

92. COMPOSITION DE PLUSIEURS MOUVEMENTS ; POLYGONE DES MOUVEMENTS.—En second lieu, si le nombre des mouvements composants est quelconque, on compose les deux premiers en menant par un point O (fig. 16) une droite OA égale et parallèle à celle qui joint le point de départ au point d'arrivée dans le premier mouvement, puis

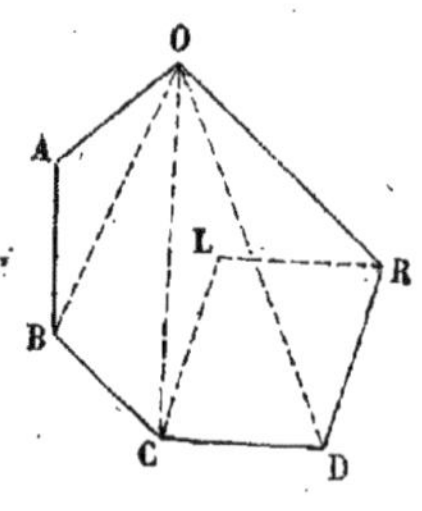

Fig. 16.

par le point A une droite AB égale et parallèle à celle qui joint les points homologues dans le second

mouvement, et en joignant OB : on compose ce dernier avec
le troisième, en menant par le point B une droite BC égale et
parallèle à celle qui joint les points homologues dans le troisième mouvement, et en joignant OC : on continue de la sorte
jusqu'à la fin ; et la droite OR, que l'on obtient en dernier lieu,
représente le mouvement résultant cherché.

On voit que, dans cette construction, il est inutile, pour avoir
OR, de tracer les droites OB, OC, OD ; et l'on arrive ainsi à la
construction suivante, connue sous le nom de *polygone des
mouvements.*

*On trace, à la suite les unes des autres, des droites égales et
parallèles à celles qui, dans chaque mouvement composant, joignent le point de départ au point d'arrivée : la droite qui ferme
le contour polygonal ainsi obtenu représente le mouvement
résultant, c'est-à-dire, qu'elle est égale et parallèle à celle qui,
dans le mouvement résultant, joint le point de départ au point
d'arrivée.*

93. REMARQUE.—Remarquons avec soin que la grandeur et
la direction de la droite qui représente le mouvement résultant
ne saurait dépendre, en aucune sorte, de l'ordre dans lequel
se succèdent les côtés du polygone. En effet, supposons qu'on
ait déjà composé dans un certain ordre tous les mouvements
donnés moins deux, et trouvé ainsi le mouvement résultant
représenté par MC. Pour trouver le mouvement résultant final,
on peut, ou mener, comme nous l'avons fait, CD égale et parallèle à la corde du quatrième mouvement, puis DR égale et
parallèle à la corde du cinquième, et joindre OR ; ou bien
mener CL égale et parallèle à la corde du cinquième, puis LR
égale et parallèle à la corde du quatrième ; et l'on retrouve
ainsi le même point R et la même droite OR, qu'en suivant
l'ordre précédent, puisque CDRL est un parallélogramme. Il
est donc possible d'intervertir les deux derniers côtés du polygone, et le mouvement résultant reste le même. On conclut
aisément de là que l'on peut intervertir deux côtés consécutifs,
et par suite deux côtés quelconques d'une manière quelconque,
à l'aide de ce raisonnement bien connu, qui démontre que la
valeur d'un produit est indépendante de l'ordre des facteurs.

94. COROLLAIRE : DÉCOMPOSITION D'UN MOUVEMENT EN TROIS AUTRES. —Il résulte de la règle du n° 91, que l'on peut toujours considérer un mouvement quelconque dans l'espace, comme résultant de trois mouvements effectués suivant trois axes donnés non situés dans le même plan. Car si la droite qui représente, à un moment quelconque t, le mouvement donné, est OD (fig. 15), et que les axes soient OA, OB, OC, il est toujours possible de construire un parallélipipède, dont on connaît la diagonale OD et les directions des trois arètes qui aboutissent à l'une de ses extrémités.

Par conséquent un mouvement quelconque peut être représenté par trois équations de la forme

$$x = f_1(t), \quad y = f_2(t), \quad z = f_3(t). \quad (1)$$

95. REMARQUE.—On peut appliquer le calcul à la détermination analytique de la grandeur et de la direction de la droite qui représente le mouvement résultant de deux ou de plusieurs mouvements donnés. Mais les formules auxquelles on arrive n'ont pas d'utilité réelle : d'ailleurs elles sont identiques à celles qui servent à la composition des vitesses ; et nous ne les donnerons qu'en traitant cette dernière question, que nous allons d'ailleurs aborder.

§ II. *Composition et décomposition des vitesses.*

96. DÉFINITION DE LA VITESSE RÉSULTANTE DE DEUX VITESSES DONNÉES.—Considérons deux mouvements quelconques, et leurs vitesses à un même instant t. Menons par un point quelconque A (fig. 17) une droite égale et parallèle à la première, c'est-à-dire une droite AV, dont la longueur mesure l'intensité de cette vitesse, et dont la direction soit celle de la tangente à la trajectoire : menons

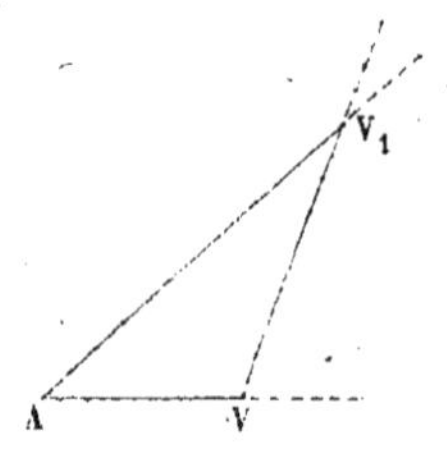

Fig. 17.

ensuite par son extrémité V une droite VV$_1$ égale et parallèle à la seconde, et joignons AV$_1$. La vitesse qui est représentée, en grandeur et en direction, par la droite AV$_1$, se nomme la *résultante* des deux vitesses données : celles-ci sont les *composantes* de la vitesse AV$_1$.

97. THÉORÈME FONDAMENTAL.—*La vitesse du mouvement résultant de deux mouvements donnés est la résultante des vitesses des mouvements composants.* Ainsi, si AV et VV$_1$ représentent, en grandeur et en direction, les vitesses des deux mouvements composants, la droite AV$_1$, qui ferme le triangle, représente, en grandeur et en direction, la vitesse du mouvement résultant.

Pour le démontrer, considérons deux mouvements quelconques et le mouvement résultant, à deux époques très-voi-

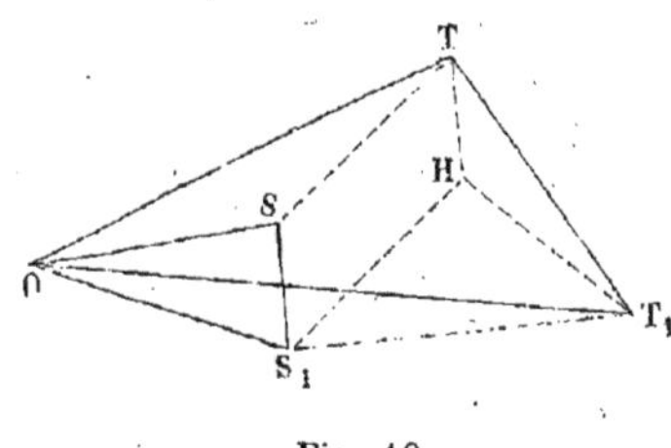

Fig. 18.

sines t et $t+\Delta t$. Soient (fig. 18) OS, SS$_1$ et OS$_1$ des droites égales et parallèles à celles qui joignent le point de départ au point d'arrivée dans chacun des trois mouvements (n° 84), à l'époque t : soient aussi OT, TT$_1$ et OT$_1$ les droites correspondantes à l'époque $t+\Delta t$. Puisque OS et OT sont égales et parallèles aux droites qui joignent le point de départ au point d'arrivée dans le premier mouvement, aux époques t et $t+\Delta t$, il en résulte que ST est égale et parallèle à la corde de l'arc que parcourt le mobile, dans ce mouvement, pendant le temps Δt. Par la même raison, S$_1$T$_1$ est égale et parallèle à la corde de l'arc décrit dans le mouvement résultant, pendant le même temps Δt. De plus, si l'on mène TH égale et parallèle à SS$_1$, TH et TT$_1$ sont de même égales et parallèles aux droites qui joignent le point de départ au point d'arrivée, dans le second mouvement, aux époques t et $t+\Delta t$; donc HT$_1$ est égale et parallèle à la corde de l'arc décrit dans le second mouvement, pendant le temps Δt. Si donc on joint HS$_1$, qui est égale et parallèle à ST, on peut dire que les trois côtés S$_1$H, HT$_1$, S$_1$T$_1$, du triangle S$_1$HT$_1$, sont égaux et parallèles aux cordes des arcs décrits dans les trois mouvements, pendant le temps Δt.

Cela posé, on peut prendre pour valeur de la vitesse v du premier mouvement, à l'époque t, la limite du rapport $\dfrac{S_1 H}{\Delta t}$; car on a identiquement, $\dfrac{\text{arc}}{\Delta t} = \dfrac{\text{arc}}{S_1 H} \times \dfrac{S_1 H}{\Delta t}$: or $\lim. \dfrac{\text{arc}}{S_1 H} = 1$, et

$\lim. \dfrac{\mathrm{arc}}{\Delta t} = v$: donc $v = \lim. \dfrac{S_1 H}{\Delta t}$. De plus, la direction de la corde $S_1 H$ est, à la limite, celle de la vitesse, puisqu'elle devient alors celle de la tangente à la trajectoire. Par la même raison, $\lim. \dfrac{HT_1}{\Delta t}$, et $\lim. \dfrac{S_1 T_1}{\Delta t}$, sont les vitesses v_1 et V, à la même époque, dans le second mouvement et dans le mouvement résultant ; et leurs directions sont les limites de celles des cordes HT_1 et $S_1 T_1$.

Or le triangle dont les côtés sont $\dfrac{S_1 H}{\Delta t}$, $\dfrac{HT_1}{\Delta t}$, $\dfrac{S_1 T_1}{\Delta t}$, est semblable de forme et de position au triangle $S_1 HT_1$: et cette similitude subsiste, quelque petit que soit Δt : elle subsiste donc encore à la limite. Mais alors les côtés sont devenus les vitesses, et leurs directions, constamment parallèles aux directions variables des trois cordes $S_1 H$, HT_1, $S_1 T_1$, sont devenues les tangentes. Donc, le triangle formé par les trois vitesses v, v_1, V, a ses côtés parallèles à leurs directions respectives : donc enfin la vitesse V du mouvement résultant ferme le triangle formé par les vitesses des mouvements composants. C. Q. F. D.

98. REMARQUES.—On voit que les vitesses de deux mouvements *se composent* comme ces mouvements eux-mêmes, c'est-à-dire, que la vitesse du mouvement résultant est la résultante des vitesses des mouvements composants. Ainsi, dans l'exemple du n° 86, *la vitesse du mouvement réel du mobile est la résultante des vitesses du mouvement d'entraînement et du mouvement relatif. De même, la vitesse du mouvement relatif est la résultante de la vitesse du mouvement réel et d'une vitesse égale et contraire à celle du mouvement d'entraînement.*

99. PARALLÉLOGRAMME DES VITESSES.—Le théorème important, que nous venons de démontrer, se traduit par la règle du *parallélogramme des vitesses.*

Si l'on mène par un même point deux droites, dont les longueurs mesurent les intensités des vitesses de deux mouvements donnés, et dont les directions sont celles de ces vitesses, et si l'on construit un parallélogramme sur ces deux côtés adjacents, la vitesse du mouvement résultant est représentée, en grandeur et en direction, par celle des diagonales du parallélogramme qui part du même point.

100. CORÓLLAIRE : DÉCOMPOSITION D'UNE VITESSE EN DEUX AUTRES.—Il résulte de là, que, lorsqu'un mouvement a lieu dans un plan, on peut toujours regarder sa vitesse, à un moment donné, comme résultante de deux vitesses dirigées suivant deux axes donnés situés dans ce plan. On peut aussi considérer l'une des deux vitesses composantes comme connue en grandeur et en direction. On peut enfin se donner les intensités des deux composantes, et chercher leurs directions. Dans chaque cas, on a à construire un triangle avec des données suffisantes.

101. CAS PARTICULIER.—*Si les deux vitesses composantes sont parallèles, la vitesse du mouvement résultant est égale à leur somme ou à leur différence, suivant qu'elles sont de même sens ou de sens contraire. Dans ce dernier cas, elle est dirigée dans le sens de la plus grande.*

102. RELATIONS ANALYTIQUES ENTRE LES DEUX VITESSES ET LEUR RÉSULTANTE.—Lorsqu'on traite par le calcul la question de la composition de deux vitesses, on introduit dans les formules les intensités de ces vitesses v, v_1, et de leur résultante V, et les angles que leurs directions font entre elles. Pour définir ces angles, on conçoit que l'on trace, à partir d'un point fixe, des droites parallèles aux vitesses considérées, prolongées seulement dans le sens de chaque mouvement. D'après cela, dans le triangle AVV_1 (fig. 17), où $AV = v$, $VV_1 = v_1$, et $AV_1 = V$, l'angle de la résultante V avec v, angle que l'on note (V, v), est l'angle V_1AV; l'angle (V, v_1) est égal à AV_1V comme opposé par le sommet, et l'angle (v, v_1) est le supplément de AVV_1.

Les formules de la trigonométrie rectiligne, appliquées à ce triangle, donnent immédiatement :

$$\frac{v}{\sin(v_1,\, V)} = \frac{v_1}{\sin(v,\, V)} = \frac{V}{\sin(v,v_1)}, \quad (2)$$

$$V^2 = v^2 + v_1^2 + 2vv_1 \cos(v,\, v_1). \quad (3)$$

On voit aisément que ces formules résolvent le double problème dans tous les cas.

103. COROLLAIRE.—Dans le cas particulier où les vitesses

composantes ont des directions perpendiculaires entre elles,
l'angle $(v, v_1) = \dfrac{\pi}{2}$, et les formules deviennent :

$$v = V \sin(v_1, V), \quad \text{ou} \quad v = V \cos(v, V) \ \Big\rbrace$$
$$v_1 = V \sin(v, V), \quad \text{ou} \quad v_1 = V \cos(v_1, V) \ \Big\rbrace \quad (4)$$
$$V^2 = v^2 + v_1^2. \quad (5)$$

Ainsi *chacune des composantes est, dans ce cas, la projection orthogonale de la résultante sur la direction de cette composante.*

104. REMARQUE.—Les formules (2) montrent que, dans le cas général, *chacune des trois vitesses est proportionnelle au sinus de l'angle que forment les directions des deux autres.*

105. COMPOSITION DE PLUSIEURS VITESSES. —Considérons maintenant le cas de plusieurs mouvements. Si l'on construit un polygone OABCDR (fig. 16, p. 42), en traçant, à la suite les unes des autres, des droites égales et parallèles aux vitesses données, la droite OR, qui ferme le polygone, est, par définition, en grandeur et en direction, la *résultante* de ces vitesses. Or *cette résultante est la vitesse du mouvement résultant.* Car, d'après le théorème fondamental (n° 97), OB est, en grandeur et en direction, la vitesse du mouvement résultant des deux premiers mouvements, OC est la vitesse du mouvement résultant de ce dernier et du troisième, et ainsi de suite. Donc, etc.

On démontre d'ailleurs, comme au n° 93, que la grandeur et la direction de la résultante ne dépendent pas de l'ordre dans lequel on trace les côtés du polygone.

106. PARALLÉLIPIPÈDE DES VITESSES.—Le théorème précédent, appliqué à trois mouvements, conduit à la règle connue sous le nom de *parallélipipède des vitesses,* laquelle se démontre comme celle du n° 91.

Si les trois arêtes contiguës OA, OB, OC (fig. 15, p. 42) d'un parallélipipède représentent, en grandeur et en direction, les vitesses de trois mouvements composants, la diagonale OD de ce parallélipipède représente, en grandeur et en direction, la vitesse du mouvement résultant.

107. COROLLAIRE : DÉCOMPOSITION D'UNE VITESSE EN TROIS AUTRES.—Il suit de là, que l'on peut toujours considérer la vitesse d'un mouvement quelconque dans l'espace, à une époque t, comme résultante des vitesses de trois mouvements dirigés parallèlement à trois axes donnés.

108. RELATIONS ANALYTIQUES ENTRE TROIS VITESSES RECTANGULAIRES ET LEUR RÉSULTANTE.—On peut encore traiter le problème par le calcul : mais les formules ne sont pas employées dans le cas où les directions des vitesses sont quelconques. Nous nous contenterons de les établir dans le cas où les directions sont perpendiculaires entre elles. Alors le parallélipipède est rectangle, chaque vitesse est la projection de la résultante sur sa direction, et l'on a :

$$v = \mathrm{V} \cos (v, \mathrm{V}), \quad v_1 = \mathrm{V} \cos(v_1, \mathrm{V}), \quad v_2 = \mathrm{V} \cos(v_2, \mathrm{V}), \quad (6)$$
$$\mathrm{V}^2 = v^2 + v_1^2 + v_2^2. \quad (7)$$

109. APPLICATION.—Si, par exemple, un mouvement est représenté par les trois équations,

$$x = f(t), \quad y = \varphi(t), \quad z = \psi(t),$$

les vitesses des mouvements composants sont,

$$v_x = f'(t), \quad v_y = \varphi'(t), \quad v_z = \psi'(t);$$

par suite la vitesse résultante V est

$$\mathrm{V} = \sqrt{v_x^2 + v_y^2 + v_z^2},$$

et les angles α, β, γ, qu'elle fait avec les axes, sont donnés par les formules

$$\cos \alpha = \frac{v_x}{\mathrm{V}}, \quad \cos \beta = \frac{v_y}{\mathrm{V}}, \quad \cos \gamma = \frac{v_z}{\mathrm{V}}.$$

110. POLYGONE DES VITESSES.—Le théorème du n° 105 donne immédiatement la règle du *polygone des vitesses*.

Si les côtés consécutifs d'une ligne polygonale représentent, en grandeur et en direction, les vitesses de plusieurs mouvements composants, la droite qui ferme le polygone représente, en grandeur et en direction, la vitesse du mouvement résultant.

111. COROLLAIRE.—*Si toutes les vitesses sont parallèles, la vitesse du mouvement résultant est égale à leur somme algébrique.*

112. CONSTRUCTION GRAPHIQUE DE LA RÉSULTANTE.—Le polygone des vitesses est ordinairement gauche, et l'on ne peut le construire qu'à l'aide des procédés de la géométrie descriptive. Comme deux droites égales et parallèles ont pour projections sur un même plan deux autres droites égales et parallèles, la projection du polygone est un autre polygone, dont les côtés sont les projections des vitesses composantes et de la résultante. Donc, *la projection de la résultante sur un plan quelconque est la résultante des projections des composantes :* et cette remarque fournit immédiatement la construction très-simple à effectuer, pour obtenir, dans le cas général, la grandeur et la direction de cette résultante.

113. RELATIONS ANALYTIQUES ENTRE LES VITESSES ET LEUR RÉSULTANTE.—Pour appliquer le calcul à la recherche de la résultante, on conçoit trois axes rectangulaires Ox, Oy, Oz, dans l'espace; on décompose chaque vitesse en trois autres dirigées parallèlement à ces axes ; on compose entre elles, par une addition algébrique, toutes les composantes dirigées parallèlement au même axe ; et l'on compose les trois résultantes partielles en une seule, qui est évidemment la résultante cherchée.

Ainsi, soient v_1, v_2, v_3,... les intensités des vitesses données; a_1, b_1, c_1, les angles aigus ou obtus que la direction de v_1 fait avec les axes positifs Ox, Oy, Oz; a_2, b_2, c_2, les angles analogues pour v_2, etc. Soient, en outre, V la résultante, et A, B, C, les angles qu'elle fait avec les axes.

La vitesse v_1 a pour composantes parallèles aux axes $v_1 \cos a_1$, $v_1 \cos b_1$, $v_1 \cos c_1$ (n° 108) : celles de v_2 sont $v_2 \cos a_2$, $v_2 \cos b_2$, $v_2 \cos c_2$, et ainsi des autres. Les vitesses v_1, v_2,... n'ont pas de signe ; mais chaque cosinus donne à la composante correspondante le signe convenable. Les résultantes partielles, dirigées parallèlement aux trois axes, sont donc (n° 111),

$$v_1 \cos a_1 + v_2 \cos a_2 + \ldots \quad \text{ou} \quad \Sigma v \cos a,$$
$$v_1 \cos b_1 + v_2 \cos b_2 + \ldots \quad \text{ou} \quad \Sigma v \cos b,$$
$$v_1 \cos c_1 + v_2 \cos c_2 + \ldots \quad \text{ou} \quad \Sigma v \cos c.$$

Ces trois vitesses étant les composantes de la résultante définitive V, sont égales à $V \cos A$, $V \cos B$, $V \cos C$. On a donc :

$$V \cos A = \Sigma v \cos a, \quad V \cos B = \Sigma v \cos b, \quad V \cos C = \Sigma v \cos c; \quad (8)$$

d'où l'on tire : $V^2 = (\Sigma v \cos a)^2 + (\Sigma v \cos b)^2 + (\Sigma v \cos c)^2.$ (9)

La formule (9) donne la valeur de V, et les formules (8) fournissent les valeurs des angles A, B, C.

114. CAS PARTICULIER.—Si les vitesses composantes sont toutes parallèles à un même plan, on prend ce plan pour plan xy, et les formules deviennent :

$$V \cos A = \Sigma v \cos a,$$

et
$$\left. \begin{array}{l} V \cos B = \Sigma v \cos b, \quad \text{ou} \quad V \sin A = \Sigma v \sin a, \\ V^2 = (\Sigma v \cos a)^2 + (\Sigma v \sin a)^2. \end{array} \right\} (10)$$

Les deux premières donnent d'ailleurs

$$\operatorname{tang} A = \frac{\Sigma v \sin a}{\Sigma v \cos a}. \quad (11)$$

CHAPITRE VII.

DE L'ACCÉLÉRATION EN GÉNÉRAL.

Programme : Ce qu'on entend par accélération totale et par accélération tangentielle dans le mouvement curviligne d'un point. Composition et décomposition des accélérations.

§ I. *Notions générales sur l'accélération.*

115. Nous ne nous sommes occupés, dans le chapitre IV, que de l'accélération dans le mouvement rectiligne : la vitesse conserve, dans ce cas, une direction constante, et l'accélération est employée tout entière à faire varier son intensité. Mais lorsque le mobile se meut sur une ligne courbe, la vitesse, constamment dirigée suivant la tangente, varie à la fois en grandeur et en direction, et de nouvelles définitions deviennent nécessaires.

116. DÉFINITION DE L'ACCÉLÉRATION TOTALE.—Soit AB la trajectoire d'un mobile (fig. 19) : soient M et M_1 ses positions aux époques t et $t + \Delta t$; v et v_1 ses vitesses à ces instants, représentées, en grandeur et en direction, par les tangentes MV, $M_1 V_1$. Menons, par le point M_1, $M_1 H$ égale et parallèle à MV, et joignons HV_1. Nous pouvons considérer (n⁰ˢ 96, etc.) la vitesse $M_1 V_1$ comme la résultante de la vitesse MV et d'une autre vitesse HV_1. Nous pouvons donc dire que cette dernière vitesse est celle qui, par son intensité et sa direction, a transformé, pendant le temps Δt, la grandeur et la direction

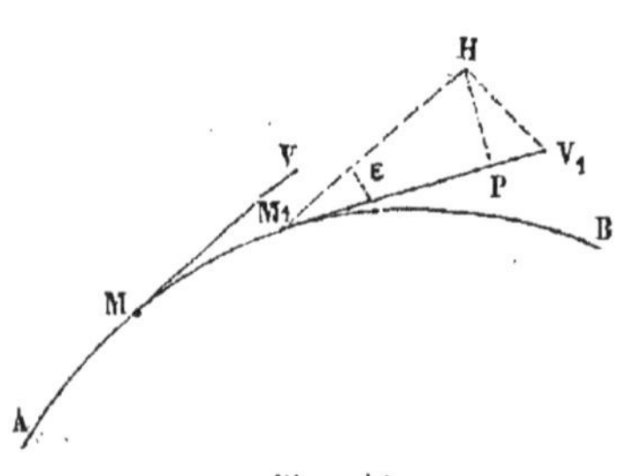

Fig. 19.

de la vitesse v, et qui en a fait la vitesse v_1.

Il sera donc naturel de considérer le rapport $\dfrac{HV_1}{\Delta t}$ comme l'*accélération moyenne* pendant le temps Δt (no 53), et la direction de HV_1 comme la direction de cette accélération. Si le temps Δt diminue et converge vers zéro, ce rapport varie et converge vers une limite finie : c'est cette limite que l'on nomme l'*accélération totale* ou *proprement dite* du mobile au point M, à l'époque t. La *direction* de l'accélération est la limite de la direction de HV_1 dans les mêmes circonstances.

Si le mouvement est rectiligne, cette accélération agit dans la direction de la trajectoire, et elle est la limite du rapport $\dfrac{v_1 - v}{\Delta t}$ (no 53). Mais si le mouvement est curviligne, elle n'est pas dirigée dans le sens de la tangente à la courbe, et elle agit pour changer à la fois la grandeur et la direction de la vitesse.

117. DÉCOMPOSITION DE L'ACCÉLÉRATION TOTALE. —On *décompose* ordinairement l'accélération totale en deux accélérations, l'une *tangentielle* et l'autre *normale*. Pour cela, concevons qu'à l'époque $t + \Delta t$, on abaisse la perpendiculaire HP sur $M_1 V_1$. On peut considérer la vitesse HV_1 comme la résultante des deux vitesses HP et PV_1. D'après cela, il est naturel de considérer l'accélération moyenne $\dfrac{HV_1}{\Delta t}$ comme la résultante (pour la grandeur et pour la direction) des deux accélérations moyennes $\dfrac{HP}{\Delta t}$ et $\dfrac{PV_1}{\Delta t}$; et cette relation subsistant quelque petit que soit Δt, subsiste encore à la limite. On regarde donc l'accélération totale, au point M, comme la résultante des deux accélérations $\lim. \dfrac{HP}{\Delta t}$ et $\lim. \dfrac{PV_1}{\Delta t}$ [1]. La première se nomme l'*accélération normale :* elle est dirigée suivant la normale à la courbe au point M, du côté de la concavité. La seconde est l'*accélération tangentielle ;* elle est dirigée suivant la tangente, dans le sens du mouvement ou en sens contraire.

118. COURBURE ET RAYON DE COURBURE D'UNE COURBE.—Avant de donner les expressions analytiques de ces deux accéléra-

---

[1] Cette décomposition sera d'ailleurs justifiée dans le paragraphe suivant.

tions, nous rappellerons que le *cercle osculateur* d'une courbe AB, au point M, est celui qui passe par ce point et par deux autres points de la courbe infiniment voisins; que son centre est sur la normale au point M, et que son rayon ρ se nomme le *rayon de courbure* de la courbe. Notre intention n'est pas de démontrer par quels calculs on arrive à la valeur de ρ : nous dirons seulement que l'on a pris son inverse $\dfrac{1}{\rho}$ pour mesurer la *courbure* au point M, et nous ajouterons que cette courbure a pour expression la limite du rapport $\dfrac{\varepsilon}{\Delta s}$, ε étant l'angle des deux tangentes MV, $M_1 V_1$, et Δs l'arc MM_1 compris entre les points de contact.

119. EXPRESSION DE L'ACCÉLÉRATION NORMALE.—Dans le triangle $M_1 HP$, $HP = v \sin \varepsilon$; or on a évidemment :

$$\frac{HP}{\Delta t} = \frac{v \sin \varepsilon}{\Delta t} = v \cdot \frac{\sin \varepsilon}{\varepsilon} \cdot \frac{\varepsilon}{\Delta s} \cdot \frac{\Delta s}{\Delta t}.$$

Comme, à la limite, le premier membre est l'accélération normale γ_n, et comme, en outre, les limites de $\dfrac{\sin \varepsilon}{\varepsilon}$, $\dfrac{\varepsilon}{\Delta s}$, $\dfrac{\Delta s}{\Delta t}$, sont respectivement 1, $\dfrac{1}{\rho}$, v, il vient : $\gamma_n = \dfrac{v^2}{\rho}.$ (1)

Ainsi *l'accélération normale en un point est le quotient du carré de la vitesse en ce point par le rayon de courbure de la trajectoire.*

120. EXPRESSION DE L'ACCÉLÉRATION TANGENTIELLE. — Le triangle HPV_1 donne, de son côté,

$$PV_1 = v_1 - v \cos \varepsilon = v_1 - v + 2v \sin^2 \tfrac{1}{2} \varepsilon \, ;$$

donc $\dfrac{PV_1}{\Delta t} = \dfrac{v_1 - v}{\Delta t} + \dfrac{2v \sin^2 \tfrac{1}{2} \varepsilon}{\Delta t},$

donc $lim. \dfrac{PV_1}{\Delta t} = lim. \dfrac{v_1 - v}{\Delta t} + lim. \dfrac{2v \sin^2 \tfrac{1}{2} \varepsilon}{\Delta t}.$

Or le dernier terme est nul; car on peut écrire

$$\frac{2v \sin^2 \tfrac{1}{2} \varepsilon}{\Delta t} = v \cdot \frac{\sin \tfrac{1}{2} \varepsilon}{\tfrac{1}{2} \varepsilon} \cdot \frac{\varepsilon}{\Delta s} \cdot \frac{\Delta s}{\Delta t} \cdot \sin \tfrac{1}{2} \varepsilon.$$

Mais chacun des facteurs du second membre a une limite finie connue, à l'exception du dernier, dont la limite est zéro : donc

ce produit est nul ; et, en désignant par γ_t l'accélération tangentielle, il vient : $\qquad \gamma_t = \lim. \dfrac{v_1 - v}{\Delta t}$ (2)

Ainsi *l'accélération tangentielle est la dérivée de la vitesse considérée comme fonction du temps.* On remarquera que l'accélération tangentielle, dans le mouvement curviligne, a la même
expression que l'accélération totale dans le mouvement rectiligne.

121. EXPRESSION DE L'ACCÉLÉRATION TOTALE.—Il résulte de
ce qui précède que, si l'on représente par γ l'accélération totale,
et par δ l'angle qu'elle fait avec l'accélération tangentielle,

on a : (3) $\gamma^2 = \gamma_n{}^2 + \gamma_t{}^2,$ $\qquad \cos \delta = \dfrac{\gamma_t}{\gamma}.$ (4)

On reconnaît aisément, en appliquant les principes du n° 36,
que les formules (1), (2), (3), (4), sont homogènes.

§ II. *Composition et décomposition des accélérations.*

122. DÉFINITION DE LA RÉSULTANTE DE DEUX ACCÉLÉRATIONS.
—Considérons encore deux mouvements quelconques, et leurs
accélérations totales à l'époque t. Si nous menons, par un point
quelconque M, une droite MA (fig. 20) égale et parallèle à l'accélération du premier mouvement, et
par le point A une droite AA_1 égale et
parallèle à l'accélération du second mouvement, la droite MA_1 qui ferme le triangle MAA_1 est dite *la résultante* des deux
accélérations données : celles-ci sont ses
composantes.

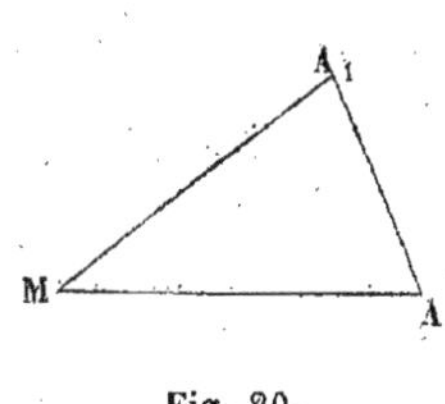

Fig. 20.

123. THÉORÈME.—*L'accélération du mouvement résultant
de deux mouvements donnés est la résultante des accélérations
des deux mouvements composants.*

En effet, considérons les vitesses de deux mouvements quelconques et leur résultante, à deux époques très-voisines t et
$t + \Delta t$. Soient OV, VV_1 et OV_1 des droites égales et parallèles à
ces vitesses, à l'époque t, dans chacun des trois mouve-
ments (fig. 21). Soient de même OU, UU_1, et OU_1 des droites
égales et parallèles aux vitesses correspondantes à l'époque

$t+\Delta t$. Puisque OV et OU représentent, en grandeur et en direction, les vitesses du premier mouvement aux époques t et $t+\Delta t$, $\dfrac{VU}{\Delta t}$ représente (n° 116) l'accélération moyenne de ce mouvement pendant le temps Δt. Par la même raison, $\dfrac{V_1 U_1}{\Delta t}$ est l'accéléra-

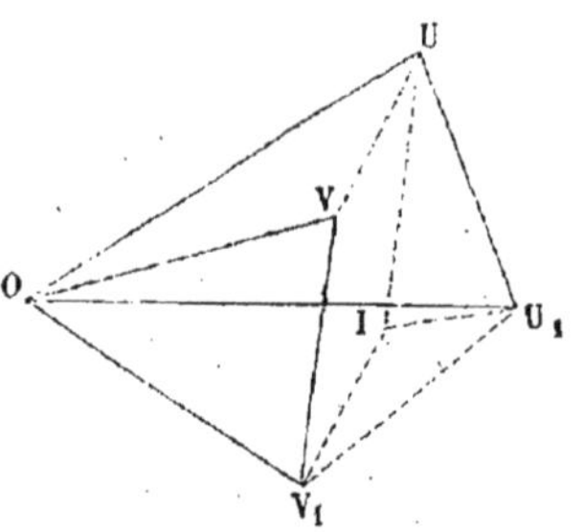

Fig. 21.

tion moyenne, pendant le même temps, dans le mouvement résultant. De plus, si l'on mène UI égale et parallèle à VV_1, et qu'on joigne IU_1, le rapport $\dfrac{IU_1}{\Delta t}$ représente l'accélération moyenne du second mouvement pendant le même temps. D'ailleurs la droite IV_1 est égale et parallèle à UV. On peut donc dire que les accélérations moyennes dans les trois mouvements sont représentées, en grandeur et en direction, par les trois côtés $V_1 I$, IU_1, $V_1 U_1$ du triangle $V_1 IU_1$, divisés respectivement par Δt. Le triangle qui a pour côtés ces trois accélérations moyennes est donc semblable de forme et de position avec le triangle $V_1 IU_1$, et cette similitude subsiste, quelque petit que soit Δt. Or, à la limite, les trois accélérations moyennes sont devenues, en grandeur et en direction, les accélérations proprement dites à l'époque t. Donc l'accélération du mouvement résultant ferme le triangle formé par les accélérations des deux mouvements composants : donc elle est leur résultante. C. Q. F. D.

124. REMARQUE.—Le lecteur aura remarqué que cette démonstration ne diffère pas de celle du n° 97, qui est relative à la composition des vitesses. Les conséquences doivent donc être les mêmes. Ainsi les accélérations se composent comme les vitesses, et comme les mouvements. Il nous semble inutile de développer ces corollaires ; il nous suffira d'énoncer les règles auxquelles on parvient, règles dites du *parallélogramme*, du *parallélipipède*, et du *polygone* des accélérations.

125. PARALLÉLOGRAMME DES ACCÉLÉRATIONS.—*Si l'on construit un parallélogramme, ayant pour côtés adjacents deux* *droites qui représentent, en grandeur et en direction, les accéléra-tions de deux mouvements à l'époque t, la diagonale de ce paral-lélogramme (partant du même sommet) représente, en grandeur et en direction, l'accélération du mouvement résultant* (n° 99).

126. COROLLAIRE.—De cette règle résulte le moyen de décomposer une accélération donnée en deux autres (n° 100).

127. DÉFINITION DE LA RÉSULTANTE DE PLUSIEURS ACCÉLÉRA-TIONS.—Si l'on appelle *accélération résultante* l'accélération mesurée par la droite qui ferme le polygone construit en tra-çant, les unes à la suite des autres, les diverses accélérations composantes, on démontre, comme aux n°s 105, etc., les deux règles suivantes :

128. PARALLÉLIPIPÈDE DES ACCÉLÉRATIONS.—*Si trois arêtes contiguës d'un parallélipipède représentent, en grandeur et en direction, les accélérations de trois mouvements donnés, la dia-gonale, partant du même sommet, représente, en grandeur et en direction, l'accélération du mouvement résultant* (n° 106).

129. COROLLAIRE.—De là résulte la possibilité de considérer l'accélération d'un mouvement quelconque dans l'espace, comme la résultante des accélérations de trois mouvements dirigés suivant trois axes donnés (n° 107).

130. POLYGONE DES ACCÉLÉRATIONS. — *Si les côtés con-sécutifs d'une ligne polygonale représentent, en grandeur et en direction, les accélérations de plusieurs mouvements donnés, la droite qui ferme le polygone représente, en grandeur et en direction, l'accélération du mouvement résultant* (n° 110).

131. COROLLAIRE.—*Quand les accélérations sont parallèles, l'accélération du mouvement résultant est leur somme algé-brique* (n° 111).

132. RELATIONS ANALYTIQUES ENTRE LES ACCÉLÉRATIONS.—Les formules qui établissent les relations entre les accélérations composantes et l'accélération résultante sont celles que nous avons démontrées pour les vitesses. En voici le tableau :

1° Cas de deux accélérations γ, γ_1, ayant une résultante Γ

$$\text{(n° 102) :} \quad \frac{\gamma}{\sin(\gamma_1, \Gamma)} = \frac{\gamma_1}{\sin(\gamma, \Gamma)} = \frac{\Gamma}{\sin(\gamma, \gamma_1)}, \quad (5)$$

$$\Gamma^2 = \gamma^2 + \gamma_1^2 + 2\gamma\gamma_1 \cos(\gamma, \gamma_1). \quad (6)$$

Si les deux accélérations composantes ont des directions perpendiculaires entre elles, on a (n° 103) :

$$\gamma = \Gamma \cos (\gamma, \Gamma), \qquad \gamma_1 = \Gamma \cos (\gamma_1, \Gamma), \qquad (7)$$

$$\Gamma^2 = \gamma^2 + \gamma_1^2. \qquad (8)$$

2° Cas de trois accélérations rectangulaires γ, γ_1, γ_2 (n° 108) :

$$\gamma = \Gamma \cos (\gamma, \Gamma), \quad \gamma_1 = \Gamma \cos (\gamma_1, \Gamma), \quad \gamma_2 = \Gamma \cos (\gamma_2, \Gamma), \quad (9)$$

$$\Gamma^2 = \gamma^2 + \gamma_1^2 + \gamma_2^2. \qquad (10)$$

3° Cas d'un nombre quelconque d'accélérations γ_1, γ_2,..., faisant, avec trois axes rectangulaires, des angles a_1, b_1, c_1; a_2, b_2, c_2;... et ayant une résultante Γ, faisant les angles A, B, C, avec les axes (n° 113) :

$$\Gamma \cos A = \Sigma \gamma \cos a, \quad \Gamma \cos B = \Sigma \gamma \cos b, \quad \Gamma \cos C = \Sigma \gamma \cos c, \quad (11)$$

$$\Gamma^2 = (\Sigma \gamma \cos a)^2 + (\Sigma \gamma \cos b)^2 + (\Sigma \gamma \cos c)^2. \qquad (12)$$

Cas particulier où les accélérations composantes sont parallèles à un même plan (n° 114) :

$$\Gamma \cos A = \Sigma \gamma \cos a, \quad \Gamma \sin A = \Sigma \gamma \sin a, \qquad (13)$$

$$\Gamma^2 = (\Sigma \gamma \cos a)^2 + (\Sigma \gamma \sin a)^2, \qquad (14)$$

$$\operatorname{tg} A = \frac{\Sigma \gamma \sin a}{\Sigma \gamma \cos a}. \qquad (15)$$

133. APPLICATION.—Un mouvement est défini par les trois équations $\quad x = f(t), \quad y = \varphi(t), \quad z = \psi(t),$ déterminer la grandeur et la direction de l'accélération à l'époque t. Puisque les mouvements dirigés suivant les axes sont rectilignes, leurs accélérations sont (n° 54) :

$$\gamma_x = f''(t), \quad \gamma_y = \varphi''(t), \quad \gamma_z = \psi''(t).$$

Or l'accélération du mouvement résultant est la résultante de ces accélérations; donc, en désignant sa valeur par Γ, et les angles que sa direction fait avec les axes, par α, 6, γ, on a :

$$\Gamma^2 = \gamma_x^2 + \gamma_y^2 + \gamma_z^2,$$

$$\cos \alpha = \frac{\gamma_x}{\Gamma}, \quad \cos 6 = \frac{\gamma_y}{\Gamma}, \quad \cos \gamma = \frac{\gamma_z}{\Gamma}.$$

CHAPITRE VIII.

EXERCICES ET APPLICATIONS.

---

154. PREMIER PROBLÈME : MOUVEMENT CIRCULAIRE.—Comme premier exemple, reprenons, à un point de vue général, le problème du n° 28 :

Un point matériel se meut sur un cercle O de rayon r *(fig. 22), avec une vitesse constante* a : *on propose d'étudier ce mouvement.*

Équation du mouvement.—Soit A l'origine du mouvement : menons les axes Ox, Oy. Soit M la position du mobile à l'époque t : on a AM $= at$; donc l'angle AOM $= \dfrac{at}{r}$. Le mouvement peut être considéré comme résultant de deux mouvements dirigés suivant Ox et Oy, et dont les équations sont (n° 94) :

$$x = r \cos \frac{at}{r}, \quad y = r \sin \frac{at}{r} : \quad (1)$$

en élevant au carré, et ajoutant membre à membre, on trouve

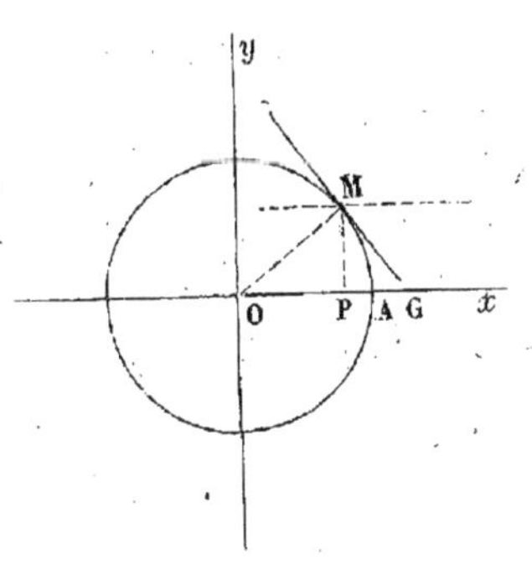

Fig. 22.

$$x^2 + y^2 = r^2, \quad (2)$$

équation de la trajectoire, comme cela devait être.

Vitesse.—Les vitesses des mouvements composants s'obtiennent en prenant les dérivées (n° 22), et sont :

$$v_x = - a \sin \frac{at}{r}, \quad v_y = a \cos \frac{at}{r}. \quad (3)$$

En ajoutant les carrés de ces deux vitesses, pour avoir la vitesse résultante (n° 103), on a

$$v_x^2 + v_y^2 = a^2, \quad (4)$$

comme on pouvait le prévoir. De plus, l'angle α que cette vitesse a fait avec l'axe Ox, est donné par la formule

$$\cos \alpha = \frac{v_x}{a} = - \sin \frac{at}{r}; \quad (5)$$

ce qui montre que l'angle α est égal à un droit augmenté de l'angle MOx, ou que *la direction de la vitesse est tangente au cercle en* M.

Accélération.—Les accélérations des mouvements composants sont, en prenant encore une fois les dérivées (n° 54) :

$$\gamma_x = -\frac{a^2}{r}\cos\frac{at}{r}, \quad \gamma_y = -\frac{a^2}{r}\sin\frac{at}{r}. \quad (6)$$

En ajoutant les carrés, pour avoir l'accélération résultante (n° 132), on trouve :

$$\Gamma^2 = \gamma_x{}^2 + \gamma_y{}^2 = \frac{a^4}{r^2}, \quad \text{d'où} \quad \Gamma = \frac{a^2}{r}; \quad (7)$$

de plus, l'angle A, que cette accélération fait avec l'axe Ox, est donné par la

formule $\qquad\qquad \cos A = \dfrac{\gamma_x}{\Gamma} = -\cos\dfrac{at}{r} : \quad (8)$

ainsi l'angle A est le supplément de l'angle MOx : ce qui veut dire, que l'*accélération est dirigée suivant la normale* MO *ou vers le centre.* On voit que, dans le mouvement circulaire uniforme, l'accélération totale est constamment

égale à $\dfrac{a^2}{r}$, et qu'elle est normale à la courbe. Par suite l'accélération tangentielle est nulle, ce qui doit être, puisque le mouvement est uniforme.

L'accélération, dans le mouvement circulaire uniforme, a une autre expression : en désignant par ω la *vitesse angulaire*, c'est-à-dire, l'angle décrit par le rayon dans l'unité de temps, on a $a = r\omega$; par suite

$$\Gamma = r\omega^2. \quad (9)$$

Enfin, si l'on désigne par h la hauteur due à la vitesse a, de sorte que $a^2 = 2gh$, on a

$$\Gamma = \frac{2gh}{r}, \quad \text{d'où} \quad \frac{\Gamma}{g} = \frac{2h}{r}, \quad (10)$$

ce qui permet de comparer l'accélération dans le mouvement circulaire à l'accélération due à la pesanteur.

155. SECOND PROBLÈME : MOUVEMENT SUR LA CYCLOÏDE.—*Un cercle de rayon r, roule, sans glisser, sur une droite* Ax (fig. 23), *d'un mouvement uniforme; on propose d'étudier le mouvement d'un des points de la circonférence.*

Équations du mouvement.—Soit O la position du cercle, lorsque le point mobile est sur la droite Ax, au point A : je prends cette position comme position initiale, et je mène l'axe Ay. Soient O′ la position du cercle à

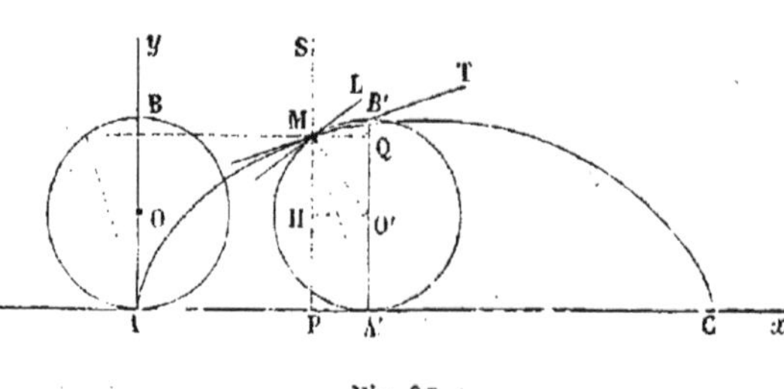

Fig 25.

l'époque t, et M la position du mobile à ce moment. D'après l'énoncé, l'arc

A$'$M est égal à AA$'$. On peut donc considérer le mouvement du point M, qui part du repos en A, comme résultant de deux mouvements uniformes ayant même vitesse. L'un, mouvement de translation, porterait le point mobile de A en A$'$ pendant le temps t ; l'autre, mouvement de rotation autour du centre du cercle, le transporterait, pendant le même temps, de A$'$ en M.

Soit a la vitesse constante commune aux deux mouvements. On a immédiatement : AA$'$ $= at$, arc AM $= at$, angle A$'$O M $= \dfrac{at}{r}$.

Cela posé, le second mouvement, de A$'$ en M, peut lui-même être considéré comme résultant de deux mouvements dirigés parallèlement à Ax et Ay. En vertu de l'un, le mobile se transporte de A$'$ en P, à la distance

$$A'P = O'H = r \sin \frac{at}{r} :$$

en vertu de l'autre, il se transporte de P en M, à la distance

$$PM = PH + MH = r - r \cos \frac{at}{r}.$$

Il y a donc, en définitive, deux mouvements, dirigés suivant Ax, que l'on ajoute algébriquement, et un mouvement suivant Ay. Par suite les équations sont :

$$x = at - r \sin \frac{at}{r}, \quad y = r - r \cos \frac{at}{r}. \quad (11)$$

En éliminant t entre ces deux équations, on aurait *l'équation de la cycloïde.*

Vitesse. —Les vitesses de ces deux mouvements composants sont (n° 22) :

$$v_x = a - a \cos \frac{at}{r}, \quad v_y = a \sin \frac{at}{r}. \quad (12)$$

En faisant la somme des carrés, on trouve, pour valeur de la vitesse V,

$$V^2 = 2a^2 - 2a^2 \cos \frac{at}{r}, \quad \text{d'où} \quad V = 2a \sin \frac{at}{2r}. \quad (13)$$

L'angle ε, que sa direction fait avec l'axe Ay, est donné par la formule

$$\cos \varepsilon = \frac{v_y}{V} = \frac{a \sin \dfrac{at}{r}}{2a \sin \dfrac{at}{2r}} = \cos \frac{at}{2r}. \quad (14)$$

Ainsi l'angle SMT est la moitié de l'angle A$'$O$'$M : il est donc égal à l'angle MA$'$P. Donc *la direction de la vitesse,* c'est-à-dire, *la tangente à la cycloïde, au point* M, *passe par l'extrémité* B$'$ *du diamètre* A$'$B$'$. *Par suite, la normale à la courbe passe par le point* A$'$.

On aurait pu trouver immédiatement la vitesse V et sa direction au point M ; car elle est la résultante de deux vitesses égales à a, dirigées, l'une suivant MQ, l'autre suivant la tangente ML au cercle. Elle est donc dirigée suivant la bissectrice de l'angle LMQ, ou suivant MB'. De plus, elle est la diagonale du losange construit sur le côté a; or l'angle $LMQ = \pi - \dfrac{at}{r}$: donc

l'angle $B'MQ = \dfrac{\pi}{2} - \dfrac{at}{2r}$, et l'on a (n° 102) :

$$\frac{V}{a} = \frac{\sin \dfrac{at}{r}}{\cos \dfrac{at}{2r}} = 2 \sin \frac{at}{2r}, \quad \text{d'où} \quad V = 2a \sin \frac{at}{2r}.$$

Longueur de la cycloïde.—Comme l'arc e, décrit sur la courbe, a pour dérivée la vitesse V, on trouvera cet arc en remontant à la fonction primitive,

et l'on aura : $$e = -\, 2a \cos \frac{at}{2r} : \frac{a}{2r} + const.$$

ou $$e = const. - 4r \cos \frac{at}{2r}.$$

Si l'on prend le point A pour origine des arcs, on doit avoir $e = 0$, pour $t = 0$; ce qui donne $const. = 4r$: donc

$$e = 4r \left(1 - \cos \frac{at}{2r} \right), \quad \text{ou} \quad e = 8r \sin^2 \frac{at}{4r}. \quad (15)$$

Lorsqu'une révolution est accomplie, lorsque le point A est en C, on a

$$at = 2\pi r, \text{ d'où } \frac{at}{4r} = \frac{\pi}{2} : \text{ donc} \qquad e = 8r. \quad (16)$$

Ainsi l'*arc AMB vaut quatre fois le diamètre du cercle générateur.*

Accélération.—En prenant les dérivées de v_x et de v_y, on aura les valeurs des accélérations composantes :

$$\gamma_x = \frac{a^2}{r} \sin \frac{at}{r}, \quad \gamma_y = \frac{a^2}{r} \cos \frac{at}{r}. \quad (17)$$

L'accélération a donc pour expression constante $\Gamma = \dfrac{a^2}{r}$ (18) :

elle est dirigée vers le centre du cercle mobile, puisque l'angle A, qu'elle fait avec l'axe Ax, a pour cosinus

$$\cos A = \frac{\gamma_x}{\Gamma} = \sin \frac{at}{r}. \quad (19)$$

Rayon de courbure de la cycloïde.—Pour obtenir l'accélération normale, il faut multiplier Γ par $\cos O'MA'$ ou par $\sin \dfrac{at}{2r}$; on a donc $\gamma_n = \dfrac{a^2}{r} \sin \dfrac{at}{2r}$.

Mais on sait (n° 119), que l'accélération normale a pour expression géné-

rale $\dfrac{V^2}{\rho}$. On a donc ici :

$$\frac{a^2}{r}\sin\frac{at}{2r} = \frac{V^2}{\rho} = \frac{4a^2}{\rho}\sin^2\frac{at}{2r}.$$

De là on tire $\qquad \rho = 4r\sin\dfrac{at}{2r} = 2\,\mathrm{MA'}. \qquad (20)$

Ainsi *le rayon de courbure de la cycloïde est double de la normale.*

On voit, par cet exemple, comment les propriétés du mouvement peuvent servir à démontrer les propriétés géométriques des trajectoires.

136. TROISIÈME PROBLÈME : MOUVEMENT SUR LA CONCHOÏDE DU CERCLE.—*Une ligne droite* BB', *de longueur donnée* 2p, *est tangente en son milieu* A *à un cercle* O *de rayon* r (fig. 24). *Le point* A *se meut uniformément sur la circonférence avec une vitesse angulaire* ω, *en même temps que la droite tourne autour du point mobile, d'un mouvement uniforme et de même sens, avec une vitesse angulaire* $\dfrac{\omega}{2}$. *On propose d'étudier le mouvement du point* B.

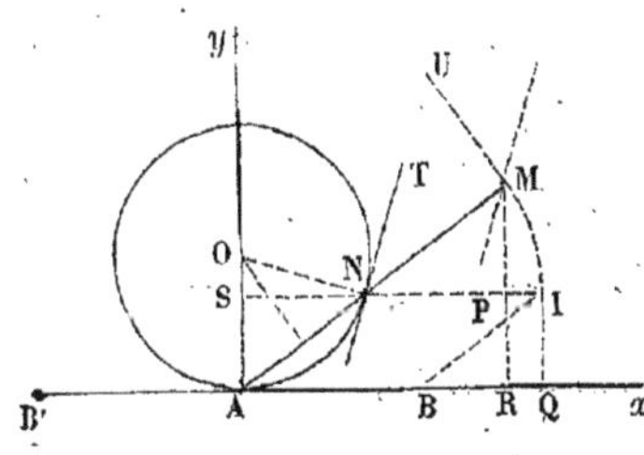

Fig. 24.

Soit M la position du point B à l'époque t. On peut regarder son mouvement comme résultant de deux autres, l'un qui a transporté la droite AB parallèlement à elle-même en NI (son extrémité A ayant décrit uniformément l'arc AN), et l'autre en vertu duquel NI a tourné autour du point N et s'est placée en NM.

Équation de la trajectoire.—Or la vitesse angulaire du point A, c'est-à-dire, l'angle décrit par le rayon OA dans l'unité de temps, étant ω, l'angle AON $= \omega t$. La vitesse angulaire du point B étant $\dfrac{\omega}{2}$, l'angle INM $= \dfrac{\omega t}{2}$. Donc la droite NM prolongée passe en A.

Ainsi, pour avoir la position du point B, à un moment quelconque, il faut joindre le point de départ A à la position N que le milieu de la tangente occupe à cet instant, et prolonger AN d'une longueur NM égale à p. Donc, en coordonnées polaires (Ax étant l'axe polaire, θ ou $\dfrac{\omega t}{2}$ l'angle décrit MAx, et ρ le rayon vecteur AM), l'équation de la trajectoire est :

$$\rho = p + 2r\sin\theta. \qquad (21)$$

Équations du mouvement.—Pour obtenir les équations du mouvement, on considère le mouvement de B en I comme résultant de deux mouvements, l'un de B en Q, l'autre de Q en I : on a,

$$BQ = NS = r\,\sin \omega t, \quad IQ = AS = r - r\cos \omega t.$$

Puis on considère le mouvement de I en M comme résultant de deux mouvements, l'un de I en P, l'autre de P en M, et l'on a,

$$IP = IN - NP = p - p\cos \frac{\omega t}{2}, \quad PM = p\,\sin \frac{\omega t}{2}.$$

Les équations des mouvements composants sont donc

$$\left. \begin{aligned} x = AR = AB + BQ - IP, \quad &\text{ou} \quad x = r\,\sin \omega t + p\cos \frac{\omega t}{2}, \\ y = MR = IQ + PM, \quad &\text{ou} \quad y = r - r\cos \omega t + p\,\sin \frac{\omega t}{2}. \end{aligned} \right\} \quad (22)$$

Vitesse.—Les vitesses des mouvements composants sont donc (n° 22) :

$$v_x = r\omega \cos \omega t - \frac{p\omega}{2}\sin \frac{\omega t}{2}, \quad v_y = r\omega \sin \omega t + \frac{p\omega}{2}\cos \frac{\omega t}{2}. \quad (23)$$

Par suite la vitesse résultante est

$$V = \sqrt{r^2 \omega^2 + \frac{p^2 \omega^2}{4} + pr\omega^2 \sin \frac{\omega t}{2}}, \quad (24)$$

et l'angle α, que sa direction fait avec Ox, est donné par la formule,

$$\cos \alpha = \frac{v_x}{V}. \quad (25)$$

On serait arrivé immédiatement à la valeur de V, en la considérant comme la résultante de deux vitesses, l'une égale à $r\omega$ et parallèle à la tangente NT, l'autre égale à $\frac{p\omega}{2}$ et dirigée suivant MU : car ces deux directions font entre elles l'angle $\left(\frac{\pi}{2} - \frac{\omega t}{2} \right)$.

Dans l'une des questions posées cette année, à Paris, au concours d'admission à l'École polytechnique, le point A parcourait le cercle en 4ˢ : ainsi $\omega = \frac{2\pi}{4} = \frac{\pi}{2}$: on avait, de plus, $r = p = 1^m$; donc :

$$V = \sqrt{\frac{\pi^2}{4} + \frac{\pi^2}{16} + \frac{\pi^2}{4}\sin \frac{\pi t}{4}}. \quad (26)$$

On demandait la vitesse au bout de 3ˢ ; donc $t = 3$; comme $\sin \frac{3\pi}{4} = \frac{\sqrt{2}}{2}$,

il vient : $\quad V = \sqrt{\dfrac{\pi^2}{4} + \dfrac{\pi^2}{16} + \dfrac{\pi^2 \sqrt{2}}{8}} = \dfrac{\pi}{4}\sqrt{5 + 2\sqrt{2}}. \quad (27)$

Accélération.—Les accélérations des mouvements composants sont :

$$\gamma_x = -\, r\omega^2 \sin \omega t - \frac{p\omega^2}{4} \cos \frac{\omega t}{2}, \quad \gamma_y = r\omega^2 \cos \omega t - \frac{p\omega^2}{4} \sin \frac{\omega t}{2}, \quad (28)$$

et l'accélération résultante est :

$$\Gamma = \sqrt{r^2\omega^4 + \frac{p^2\omega^4}{16} + \frac{pr\omega^4}{2} \sin \frac{\omega t}{2}}. \quad (29)$$

Dans l'application précédente, on trouve :

$$\Gamma = \frac{\pi^2}{16} \sqrt{17 + 4\sqrt{2}}. \quad (30)$$

137. EXERCICES PROPOSÉS.—Nous proposerons, en outre, les exercices suivants :

1° *Un point matériel pesant, placé à l'équateur, tourne avec la terre, d'un mouvement uniforme, en vingt-quatre heures. Si, à un instant donné, il cessait subitement d'être soumis à l'action de la pesanteur, il continuerait à se mouvoir, avec la même vitesse, sur la tangente au point de départ. Mais, pour l'observateur situé au même point, et continuant à tourner, il possèderait un mouvement relatif. On demande la loi de ce mouvement, et l'équation de la trajectoire.*

Cette courbe est la *développante du cercle.*

2° *Un point matériel décrit un cercle de rayon* r, *avec une vitesse angulaire constante* ω ; *on projette le cercle sur un plan qui fait avec son plan un angle* θ : *la projection du point mobile décrit l'ellipse, projection du cercle, d'un mouvement varié dont on demande la loi.*

On démontrera que les aires décrites par le rayon vecteur ρ, mené du centre de l'ellipse au point mobile, sont proportionnelles aux temps ; que l'accélération γ est dirigée vers le centre, et qu'elle est proportionnelle au rayon vecteur. En désignant par k l'aire décrite dans l'unité de temps, et par a et b les axes de l'ellipse, on trouvera $\gamma = \dfrac{4\,k^2}{a^2 b^2}\rho$.

3° *Un point matériel pesant tombe librement du haut d'une tour très-élevée : comme la vitesse horizontale de rotation, autour de l'axe des pôles, est plus grande à cette hauteur qu'au pied de la tour, il dévie et va tomber à une certaine distance à l'est, sur la tangente au cercle diurne correspondante au point de départ. On demande l'expression de cette distance.*

Le mouvement relatif du mobile est parabolique, et sa vitesse initiale est horizontale et égale à la différence des vitesses de rotation au haut et au bas de la tour. En désignant par ω la vitesse angulaire de rotation de la terre, par h la hauteur de la tour, et par λ la latitude du lieu, on trouvera que la vitesse initiale est égale à $\omega\, h \cos \lambda$, que la durée de la chute est $\sqrt{\dfrac{2\,h}{g}}$, et

que la distance cherchée est $\omega\, h \sqrt{\dfrac{2\,h}{g}} \cdot \cos \lambda$.

4º Un point matériel M parcourt un arc de parabole, de telle sorte que l'aire décrite par le rayon vecteur mené du foyer au mobile (et comptée à partir du rayon vecteur mené au sommet), est proportionnelle au temps employé. On fait passer un cercle par le sommet, le foyer et la position variable du point. On demande la loi du mouvement du centre de ce cercle. (NEWTON.)

On reconnaît immédiatement que le mouvement est rectiligne. Si l'on désigne par k l'aire décrite par le mobile pendant l'unité de temps, on trouve, en appelant y l'ordonnée du mobile, à l'époque t, et en calculant l'aire décrite pendant le temps t, l'équation

$$\frac{1}{12\,p}\,(y^3 + 3\,p^2\,y) = kt.$$

Puis, en désignant par $\mathscr{C}$ l'ordonnée du centre du cercle, on trouve :

$$\mathscr{C} = \frac{y^3 + 3\,p^2\,y}{8\,p^2} = \frac{3\,k}{2\,p}\,t.$$

Ainsi *le mouvement est uniforme.*

LIVRE II.

DE L'EFFET DES FORCES

APPLIQUÉES A UN POINT MATÉRIEL LIBRE.

CHAPITRE I.

NOTIONS GÉNÉRALES SUR L'INERTIE ET SUR LES FORCES.

Programme : Loi de l'inertie relative au point matériel.—Effets divers des forces.—Conditions de l'égalité de deux forces, d'après les effets qu'elles produisent sur un même corps ou système matériel.—Comparaison des forces aux poids à l'aide du dynamomètre.—Le kilogramme peut être pris pour unité de force.

138. Après avoir étudié, dans le livre précédent, les lois du mouvement d'un point matériel, indépendamment des causes qui le produisent, il convient de rechercher comment ces causes sont liées aux effets que nous connaissons.

§ I. *De l'inertie.*

139. LOIS DE L'INERTIE.—L'expérience conduit aux deux lois suivantes, qui sont fondamentales en mécanique.

1° *Un point matériel en repos ne peut se mettre de lui-même en mouvement :* il persiste indéfiniment dans son état de repos.

2° *Un point matériel en mouvement ne peut de lui-même modifier ni la grandeur ni la direction de sa vitesse :* ce mouvement est rectiligne et uniforme.

La première loi est évidente : il n'y a pas de raison, pour qu'un point matériel en repos se dirige vers une région de l'espace plutôt que vers une autre. Et si l'on voit des corps, mis en présence, paraître se mouvoir *spontanément*, comme il arrive dans les phénomènes électriques et magnétiques, on reconnaît que le mouvement est dû à des *actions* mutuelles, causes émanées des molécules elles-mêmes.

Il est encore évident, que le point matériel en mouvement ne peut suivre qu'une ligne droite : car on ne voit pas pourquoi il s'écarterait de cette direction dans un sens plutôt que dans un autre. On ne voit pas non plus nettement pourquoi la vitesse ne se modifie pas : car tous les mouvements que nous produisons, à la surface de la terre, se détruisent promptement, dès que la cause cesse d'agir. Cependant, en y réfléchissant avec attention, on reconnaît que ce sont des causes étrangères, qui diminuent et qui finissent par annuler la vitesse du mobile. Ainsi une bille d'ivoire, lancée sur un billard recouvert en drap, s'arrête au bout de quelques instants : si le billard est en marbre, le mouvement a une durée plus longue : plus la surface est polie, moins la vitesse diminue ; et l'on comprend que, si le *frottement* pouvait être anéanti, la vitesse demeurerait constante.

La propriété, que définissent ces deux lois, se nomme l'*inertie* de la matière.

140. CONSÉQUENCES DE L'INERTIE.—On peut citer quelques faits, qui sont des conséquences de l'inertie. Une personne, placée dans une voiture lancée avec rapidité, prend un mouvement en avant, si le cheval s'arrête tout d'un coup. De même un liquide, porté dans un baquet par un homme en mouvement, s'épanche en avant, s'il s'arrête brusquement. Une personne qui descend d'une voiture, pendant qu'elle chemine, est exposée à tomber dans le sens du mouvement. Un ouvrier enmanche un marteau, en frappant contre le sol l'extrémité du manche.

Chacun de ces faits s'explique aisément, en remarquant, qu'en vertu de l'inertie, la personne, le liquide, le fer du marteau, persévèrent dans le mouvement précédemment acquis.

§ II. *Des forces et de leurs effets.*

141. DÉFINITION DE LA FORCE.—Puisqu'un point matériel ne peut modifier de lui-même, ni son état de repos, ni son état de mouvement, il faut qu'une cause étrangère intervienne, toutes les fois qu'une modification quelconque se manifeste dans l'état du point. Cette cause, quelle que soit sa nature, a reçu le nom de *force*. *Une force est donc une cause quelconque, qui met en mouvement un point matériel en repos, ou qui modifie d'une manière quelconque le mouvement qu'il possède.*

Il peut arriver qu'une force ne produise ni ne modifie le mouvement d'un point, si son effet est détruit par une autre cause. Néanmoins elle tend toujours à produire cet effet.

L'idée de la force naît en nous, lorsque nous faisons un effort pour imprimer un mouvement à un corps, ou pour modifier celui qu'il possède. Nous assimilons naturellement les autres causes de mouvement à la *force musculaire*, parce qu'elles produisent des effets analogues. Mais nous ne savons rien sur la nature intime des forces. On verra tout à l'heure qu'il est cependant possible de les comparer entre elles.

142. EFFETS DIVERS DES FORCES.—Les forces produisent des effets très-variés sur les corps : tantôt elles accélèrent leur mouvement, tantôt elles le ralentissent ; souvent elles changent sa direction. Toutes les fois que l'on voit la vitesse varier en intensité ou en direction, on est certain qu'une force agit. Si la force cesse d'agir, le mouvement devient immédiatement rectiligne et uniforme, en vertu de l'inertie ; la vitesse conserve sa dernière valeur et sa dernière direction, aussi longtemps que le corps reste abandonné à lui-même.

Une force, pendant toute la durée de son action, ne peut agir que d'*une manière continue*. Si elle sollicite un point matériel au repos, par exemple, elle lui imprime une vitesse, qui, d'abord nulle, varie par degrés insensibles ; de telle sorte qu'un temps *fini* est nécessaire, quoique très-court quelquefois, pour produire une vitesse *finie*, qui peut être souvent fort considérable. On n'admet plus aujourd'hui, en mécanique, l'existence de forces *instantanées*, c'est-à-dire, produisant un brusque changement de vitesse dans le mobile, sans le faire passer par les états intermédiaires : une force, si grande qu'elle soit, ne peut produire, dans un temps infiniment petit, qu'une variation infiniment petite dans le mouvement.

143. NOMS DIVERS DES FORCES.—Les forces reçoivent différentes dénominations, suivant les circonstances où elles agissent : ainsi il y a des forces d'*attraction* ou de *répulsion;* certaines forces se nomment des *poids*, d'autres sont des *moteurs animés*, d'autres s'appellent *forces élastiques*, *forces moléculaires*. Lorsqu'une force ne produit pas le mouvement, elle détermine une *pression*, une *tension*. Mais, quel que soit le nom qu'on leur donne, quelle que soit leur origine, elles sont, comme on va le voir, comparables les unes aux autres.

§ III. *Comparaison et mesure des forces.*

144. MESURE D'UNE FORCE.—Trois éléments entrent dans la définition mathématique d'une force; ce sont : son point d'application, sa direction et son intensité.

Une force, qui agit actuellement, s'exerce toujours sur un point matériel : c'est son *point d'application*.

Si le point d'application est en repos, la force tend toujours à le faire mouvoir suivant une certaine ligne droite : c'est sa *direction*.

Pour mesurer l'*intensité* d'une force, il n'est pas nécessaire de connaître sa nature. Nous disons que deux forces sont *égales*, lorsque, appliquées simultanément et en sens contraire à un même point matériel, elles n'altèrent pas sa vitesse; ou lorsque, appliquées successivement à un même point en repos pendant le même intervalle de temps, elles lui impriment la même vitesse. Ainsi la force élastique de la vapeur, qui pousse un piston, peut être égale à l'effort musculaire d'un homme ou d'un animal, bien que ces forces soient de nature différente.

Si deux, trois,... forces égales sont appliquées simultanément à un même point dans le même sens, elles constituent une force *double, triple,...* de l'une d'elles.

Ces définitions conduisent immédiatement à la notion du *rapport* de deux forces quelconques, au moyen d'une commune mesure. Et si l'on choisit une *unité* de force, l'intensité de chaque force sera représentée par le nombre qui mesurera le rapport de cette force à l'unité.

145. REPRÉSENTATION GRAPHIQUE D'UNE FORCE.—Une force est complétement définie, quand on donne son point d'appli-

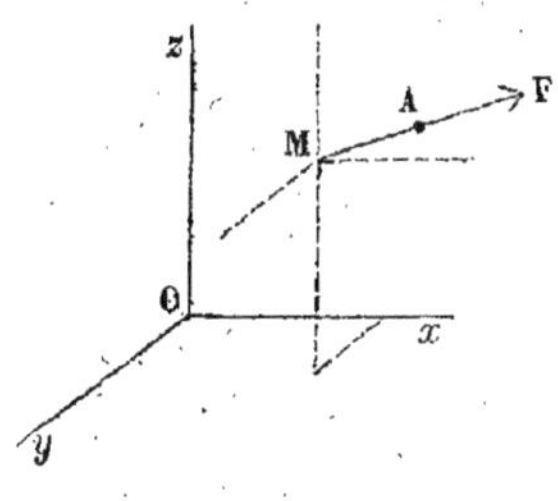

Fig. 25.

cation, sa direction et son intensité. Ces trois éléments peuvent être représentés sur une figure; il suffit, pour cela, de donner le point d'application M (fig. 25), de tracer, à partir de ce point, une ligne droite MF dans la direction de la force, et de prendre, sur cette droite, une longueur MA, qui contienne autant d'unités linéaires que la force donnée contient d'unités de force.

146. DÉTERMINATION ANALYTIQUE DE LA FORCE.—Analytiquement, le point d'application M est déterminé par ses coordonnées relatives à trois axes Ox, Oy, Oz ; l'intensité, par le nombre qui la mesure; la direction, par les angles que la droite MF fait avec trois parallèles menées par le point M aux axes positifs.

147. PESANTEUR ET POIDS.—Parmi les forces les plus étudiées, on peut citer la *pesanteur* ou *gravité*, en vertu de laquelle les corps, abandonnés librement à eux-mêmes, *tombent* à la surface de la terre, en suivant, en chaque lieu, une direction constante, qu'on nomme *verticale*. Cette force agit sur toutes les molécules des corps, comme le ferait une force d'attraction dirigée vers le centre du globe.

La *somme* des actions de la pesanteur sur toutes les molécules d'un corps, se nomme le *poids* du corps (*voir* le n° 311).

148. COMPARAISON DES POIDS.—On compare les poids entre eux, au moyen d'une *balance*. Le poids d'un décimètre cube d'eau distillée, ramenée à son maximum de densité, se nomme *kilogramme*. On prend le kilogramme pour unité de poids. Tout poids s'évalue donc en kilogrammes.

149. COMPARAISON DES FORCES AUX POIDS.—Pour comparer les forces aux poids, on fait usage d'instruments appelés *dynamomètres*.

150. PESON.—Le plus simple de ces appareils est le *peson* du commerce (fig. 26). Une lame d'acier ACB est recourbée en son

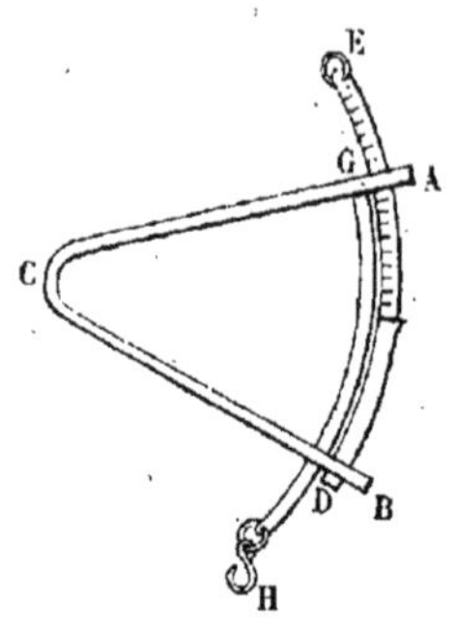

Fig. 26.

milieu C, et présente un certain degré d'élasticité : à l'extrémité B de la branche inférieure est fixé un arc de cercle DE, qui est divisé en parties égales vers sa partie supérieure, traverse librement la branche supérieure, et est terminé par un anneau E : à l'extrémité A de la branche supérieure est fixé un autre arc de cercle GH, qui passe librement dans la branche inférieure, et se termine par un crochet H. Si, après avoir fixé l'anneau E, on suspend au crochet H des poids différents, on voit la branche supérieure se rapprocher plus ou moins de la branche inférieure, et parcourir ainsi les divisions de l'arc DE. On gradue l'instrument, en suspendant successivement au crochet divers poids étalonnés, et en indiquant leur valeur sur l'arc DE, aux points où s'arrête, dans chaque cas, la branche supérieure.

151. DYNAMOMÈTRE A RESSORT A BOUDIN.—Un autre dynamomètre se compose d'un *ressort à boudin*, AB (fig. 27), enfermé dans un cylindre. Une tige AC, terminée inférieurement par une plaque A sur laquelle s'appuie l'extrémité inférieure du ressort, traverse librement le cylindre suivant son axe, et se termine extérieurement par un anneau C. Le cylindre, qui appuie sur l'extrémité supérieure du ressort, porte inférieurement un crochet D, auquel on suspend les poids. Lorsque l'anneau C est fixe, le poids appliqué en D fait descendre le cylindre, et en fait sortir la tige AC. On gradue aisément la tige à l'avance.

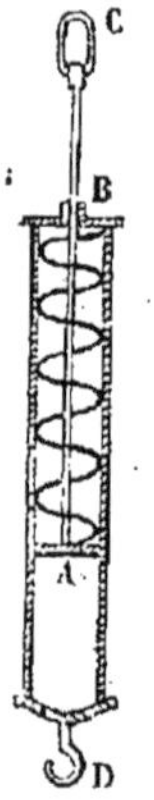

Fig. 27.

152. DYNAMOMÈTRE PONCELET.—MM. *Poncelet* et *Morin* ont imaginé un autre dynamomètre, composé de deux lames d'acier AB, CD (fig. 28), dont les extrémités sont réunies à l'aide de boulons. Un anneau E est attaché au milieu de l'une de ces lames, tandis qu'un crochet G est fixé au milieu de l'autre. Lorsque l'anneau est fixe, et qu'on suspend des poids

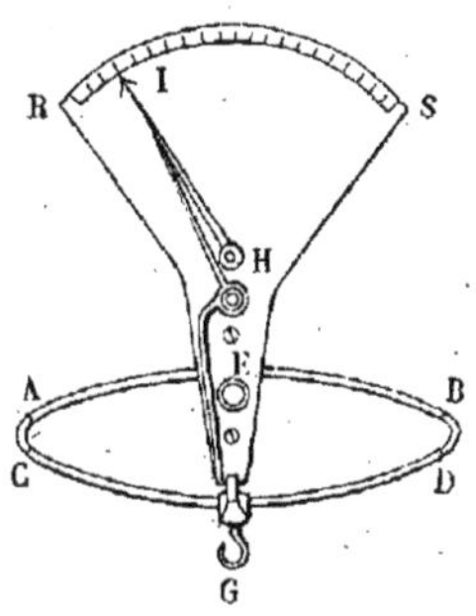

Fig. 28.

au crochet, on voit les milieux des lames s'écarter plus ou moins ; et cet écart est indiqué par une aiguille HI qui parcourt un limbe divisé RS. On peut donc graduer facilement cet instrument à l'aide de poids étalonnés. Ce dynamomètre jouit d'ailleurs d'une propriété précieuse : c'est que les variations de l'écart des lames sont, entre certaines limites, proportionnelles aux poids qui lui sont appliqués.

153. UNITÉ DE FORCE : COMPARAISON DES FORCES ENTRE ELLES. —On comprend aisément, comment, à l'aide d'un des instruments que nous venons de décrire, on peut comparer une force quelconque à l'action de la pesanteur, et l'évaluer en kilogrammes : il suffit, pour cela, de l'appliquer au dynamomètre, et de lire, sur la graduation, le poids auquel elle se trouve équivalente. C'est pourquoi nous prendrons le kilogramme pour *unité de force.*

Nous comparerons ensuite deux forces quelconques, en déterminant les nombres de kilogrammes qui représentent chacune d'elles, et en prenant leur rapport.

154. REMARQUE.—Il est vrai qu'un même corps pesant ne produit pas, en tous les points du globe, le même effet sur un dynamomètre, parce que la pesanteur augmente, lorsqu'on va de l'équateur au pôle. Mais la différence est très-faible, et peut être négligée dans les applications de la mécanique. On pourrait, d'ailleurs, en tenir compte, et rapporter toutes les indications du dynamomètre à un même lieu du globe, à l'aide de certains coefficients constants.

CHAPITRE II.

DE L'EFFET D'UNE FORCE
AGISSANT SUR UN POINT MATÉRIEL ISOLÉ.

PROGRAMME : On admet, comme principe expérimental, que l'effet d'une force
sur un point matériel est indépendant du mouvement antérieurement
acquis par ce point ; c'est-à-dire que le mouvement du point s'obtient par
la composition du mouvement rectiligne, dû à sa vitesse acquise, et du
mouvement que la force lui communiquerait, s'il partait du repos.—
Démontrer qu'il résulte de ce principe qu'une force constante, agissant
sur un point matériel partant du repos, lui imprime un mouvement uniformément accéléré.—Cas où le point matériel possède une vitesse initiale dans le sens de la force ou dans le sens contraire.—Réciproquement,
si un point matériel est animé d'un mouvement rectiligne uniformément
accéléré, il est soumis à une force constante.—Exemples relatifs à la
pesanteur.—Le mouvement parabolique des projectiles est une autre
conséquence du principe énoncé ci-dessus.

§ I. *Axiome expérimental.*

155. ÉNONCÉ DE L'AXIOME.—Lorsqu'une force agit sur un
point matériel en repos, elle lui communique un certain mouvement qui dépend de son intensité et de sa direction. Si le
point est en mouvement, au moment où la force exerce son
action, le mouvement acquis antérieurement se compose avec
celui que la force lui communiquerait s'il était en repos, et le
mouvement résultant est le mouvement réel du point à l'instant considéré. C'est ce que l'on énonce en disant que :

*L'effet d'une force sur un point matériel est indépendant du
mouvement antérieurement acquis par ce point.*

On ne démontre pas ce principe *à priori ;* mais, en
l'admettant, on est conduit à des conséquences simples
et remarquables, qui toutes s'accordent constamment avec
l'expérience. On le vérifie ainsi, *à posteriori,* en toutes circonstances.

§ II. *Mouvement produit par une force constante.*

156. FORCE CONSTANTE.—On dit qu'une force est *constante,* lorsqu'elle conserve, à tous les instants du mouvement, la même intensité et la même direction. On donne ordinairement ce nom aux forces dont la direction seule varie, tandis que leur intensité reste invariable.

157. THÉORÈME.—*Une force constante, agissant sur un point matériel libre et partant du repos, lui imprime un mouvement rectiligne uniformément accéléré.*

En effet, sous l'action de la force, le point matériel acquiert, dans le premier élément de temps Δt, une vitesse élémentaire Δv dirigée dans le sens de la force elle-même. Pendant le second instant Δt, le point conserve sa vitesse acquise Δv, en vertu de l'inertie (n° 139); et il en acquiert une égale dans le même sens, en vertu de l'axiome (n° 155), puisque la force est constante en grandeur et en direction : ainsi, à la fin du temps $2\Delta t$, il possède une vitesse $2\Delta v$. En continuant ce raisonnement, on voit qu'à la fin du troisième instant, il possède dans le même sens la vitesse $3\Delta v$; et qu'en général, la *vitesse est proportionnelle au temps écoulé,* et est toujours dirigée dans le même sens. Donc le mouvement est rectiligne et uniformément accéléré (n° 29).

158. CAS DIVERS.—Si le point matériel était animé d'une vitesse initiale v_0 dirigée dans le sens de la force, cette vitesse se composerait, à chaque instant, en vertu de l'axiome, avec celle que lui communiquerait la force, et, comme elles sont de même sens, elles s'ajouteraient; de sorte que *la vitesse variable du mobile croîtrait,* dans ce cas, *de quantités proportionnelles aux temps.* Le mouvement serait donc encore rectiligne et uniformément accéléré.

Si la force était dirigée en sens contraire de la vitesse, elle agirait encore sur le point matériel, comme s'il était en repos; mais la vitesse qu'elle lui communiquerait à chaque instant, étant opposée à la vitesse initiale, le mouvement rectiligne serait d'abord uniformément retardé.

Ainsi, dans tous les cas, le mouvement est rectiligne et uniformément varié. L'accélération, dans ce mouvement, est la vitesse communiquée par la force au bout de l'unité de temps.

159. RÉCIPROQUE.— On peut démontrer aussi facilement que le théorème réciproque est vrai : *Si un point matériel est animé d'un mouvement rectiligne uniformément varié, il est soumis à l'action d'une force constante, dirigée suivant la même droite que ce mouvement.*

En effet, 1º le point matériel est sollicité par une force ; autrement, son mouvement serait uniforme (nº 139).

2º Cette force a la même direction que le mouvement lui-même ; autrement, elle produirait, à un instant donné, une vitesse dirigée comme elle, et qui, se composant avec la vitesse acquise, modifierait la direction de cette dernière (nº 99).

3º Cette force est constante : car, le mouvement étant uniformément varié, la vitesse varie de quantités égales en temps égaux, quelque petits que soient ces temps ; et la force qui, dans chaque instant Δt, produit constamment la même variation de vitesse, ne peut agir sur le mobile qu'avec une intensité invariable, la même que s'il était en repos.

Il n'est pas nécessaire d'ajouter, que la force est dirigée dans le sens du mouvement, s'il est accéléré, et en sens contraire, s'il est retardé.

160. REMARQUE.—Il faut remarquer avec soin, que l'action d'une force quelconque ne peut jamais déterminer un mouvement rectiligne et uniforme : un mobile, animé d'un pareil mouvement, n'est actuellement sollicité par aucune force. Et si certains faits, qui se passent sous nos yeux, paraissent contredire ce principe, on peut toujours y reconnaître l'existence de forces opposées qui se détruisent. Si, par exemple, nous voyons des chevaux obligés de déployer une action continue pour entretenir le mouvement uniforme d'une voiture, c'est que leur effort est employé à détruire, à chaque instant, les *frottements* et les obstacles divers qui s'opposent à ce mouvement ; et si ces résistances n'existaient pas, la voiture, une fois mise en mouvement, conserverait sa vitesse constante, sans avoir besoin d'être sollicitée par la traction des chevaux.

§ III. *Applications relatives à la pesanteur.*

161. FORCE CONSTANTE DE LA PÉSANTEUR.—On a vu (n° 42), que, d'après l'expérience, le mouvement d'un corps pesant, qui tombe dans le vide, à une petite distance de la surface de la terre, est uniformément accéléré. Il faut en conclure que le poids du corps agit comme une force constante : cette force est verticale et dirigée de haut en bas. L'accélération qui lui est due, est, comme on le sait, $g = 9^m,8088$.

Comme une force agit sur un point matériel en mouvement, de la même manière que s'il était en repos, on doit admettre que l'accélération est la même dans le mouvement ascendant que dans le mouvement descendant, comme nous l'avons supposé (n° 49).

162. ÉQUATIONS DU MOUVEMENT PARABOLIQUE DES CORPS PESANTS.—Le mouvement parabolique des corps lancés obliquement dans le vide, est aussi une conséquence de l'axiome (n° 155). Supposons, en effet, qu'un point matériel pesant soit projeté, avec une vitesse initiale a, dans une direction AT qui fait avec sa projection horizontale Ax un angle donné α (fig. 29) ; et proposons-nous de trouver les équations de son mouvement et celle de sa trajectoire.

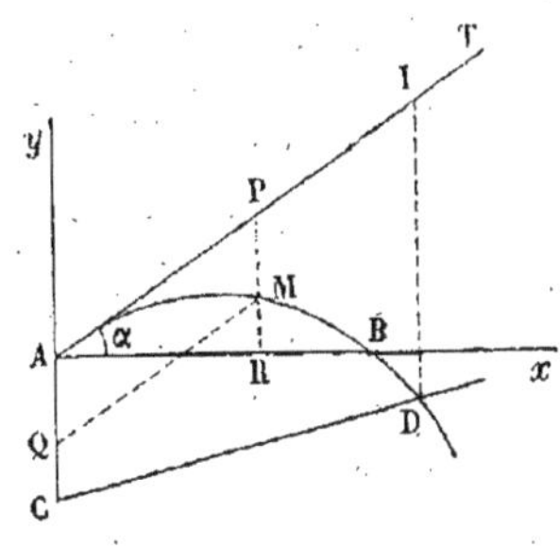

Fig. 29.

Comme la pesanteur agit dans le plan vertical qui contient AT, le mobile ne sortira pas de ce plan. Prenons donc pour axes coordonnées l'horizontale Ax et la verticale Ay. Si le point matériel n'était pas pesant, il parcourrait d'un mouvement uniforme, sur la droite AT, pendant le temps t, un espace AP $= at$. Si, au contraire, il était soumis, sans vitesse initiale, à la seule action de la pesanteur, il parcourrait, sur Ay, pendant le même temps, d'un mouvement uniformément accéléré, un espace AQ $= \frac{1}{2} gt^2$. En vertu de l'axiome, il se trouve donc, à cette époque, en un point M, tel que QM $= at$,

$PM = \frac{1}{2} gt^2$; et ses coordonnées sont $AR = x$, $RM = y$. Or,

$$AR = at \cos \alpha, \qquad PR = at \sin \alpha, \qquad MR = PR - PM:$$

donc, les équations du mouvement sont :

$$x = at \cos \alpha, \qquad y = at \sin \alpha - \tfrac{1}{2} gt^2. \qquad (1)$$

La vitesse, en chaque point M, est la résultante de la vitesse initiale a et de la vitesse gt due à la pesanteur : elle est tangente en M à la trajectoire. Ses composantes sont évidemment :

$$v_x = a \cos \alpha, \qquad v_y = a \sin \alpha - gt. \qquad (2)$$

163. ÉQUATION DE LA TRAJECTOIRE.—En éliminant t entre les deux équations (1), on obtient :

$$y = x \tang \alpha - \frac{gx^2}{2 a^2 \cos^2 \alpha};$$

c'est l'équation de la trajectoire. Cette courbe est une *parabole*, dont l'axe est parallèle à Ay, et qui est tangente en A à la droite AT. Si l'on désigne par h la hauteur due à la vitesse a, (n° 50), on a :

$$a^2 = 2 gh, \qquad (3)$$

et, en substituant cette valeur dans l'équation, il vient :

$$y = x \tang \alpha - \frac{x^2}{4 h \cos^2 \alpha}. \qquad (4)$$

164. AMPLITUDE DU JET.—La parabole (4) coupe l'axe Ax en deux points, que l'on obtient en posant $y = 0$: ce qui donne $x = 0$ ou l'origine, et

$$x = 4 h \sin \alpha \cos \alpha, \qquad \text{ou} \qquad x = 2 h \sin 2\alpha. \qquad (5)$$

Cette longueur, facile à construire, et représentée par AB sur la figure, est l'*amplitude du jet parabolique*. Pour une vitesse initiale donnée, elle atteint son maximum, lorsque $\sin 2\alpha = 1$, ou lorsque $\alpha = 45°$; alors l'amplitude est égale à $2 h$. C'est donc sous l'angle de 45° qu'il faut lancer un projectile dans le vide, pour qu'il tombe le plus loin possible.

De plus, la valeur (5) de x ne change pas, quand on y remplace 2α par $\pi - 2\alpha$, ou α par $\frac{\pi}{2} - \alpha$; donc *l'amplitude reste la même, lorsqu'on lance successivement le mobile, avec la même vitesse, suivant deux directions faisant avec l'horizon des angles complémentaires.*

165. SOMMET, AXE ET DIRECTRICE DE LA COURBE.—Le point

le plus élevé de la trajectoire correspond à la valeur maximum d'y : on l'obtient en égalant à zéro la dérivée du second membre de l'équation (4), ce qui donne :

$$x_1 = h \sin 2\alpha, \quad \text{et, par suite,} \quad y_1 = h \sin^2 \alpha. \quad (6)$$

Ce point est le *sommet* de la courbe, et l'équation, $x = h \sin 2\alpha$, est celle de l'axe. Lorsque $\alpha = 45°$, $y = \frac{1}{2} h$. Ainsi le projectile s'élève, dans ce cas, à une hauteur deux fois plus petite que celle qui est due à la vitesse initiale.

On vérifie aisément que la *directrice* a pour équation

$$y = h. \quad (7)$$

166. PROBLÈME.—On peut demander *sous quel angle α il faut lancer le mobile, avec une vitesse donnée, pour qu'il atteigne un point* M *donné par ses coordonnées* p, q.

Les coordonnées du point M devant satisfaire à l'équation (4), on résout cette équation par rapport à l'inconnue α, et l'on trouve successivement, en remplaçant $\cos^2 \alpha$ par sa valeur $\dfrac{1}{1 + \tan^2 \alpha}$,

$$p^2 \tan^2 \alpha - 4hp \tan \alpha + 4hq + p^2 = 0,$$

$$p \tan \alpha = 2h \pm \sqrt{4h^2 - 4hq - p^2},$$

$$\tan \alpha = \frac{2h \pm \sqrt{4h^2 - 4hq - p^2}}{p}. \quad (8)$$

Si les coordonnées p et q du point M vérifient l'inégalité

$$4h^2 - 4hq - p^2 > 0,$$

le problème est possible, et il a deux solutions ; il y a deux angles de départ, sous lesquels on peut atteindre le point M.

Si l'on a : $\quad 4h^2 - 4hq - p^2 = 0, \quad (9)$

il n'y a plus qu'une valeur de α, donnée par la formule

$$\tan \alpha = \frac{2h}{p}.$$

Enfin le problème est impossible, si l'on a :

$$4h^2 - 4hq - p^2 < 0.$$

Or l'équation (9) peut s'écrire :

$$p^2 = 4h(h - q) ;$$

elle représente une parabole dont l'axe est Ay, et dont le sommet est à la hauteur AG $= h$. Cette parabole sépare les points du

plan que le projectile peut atteindre sous deux directions différentes, de ceux qu'il ne saurait toucher : on la nomme *parabole de sûreté*. Il y a donc deux solutions pour tout point situé
dans l'intérieur de cette courbe; il n'y en a aucune pour tout
point extérieur, et il y en a une seule pour tout point situé sur
la courbe.

Si on lance le mobile, avec la même vitesse, sous des angles α
différents, les trajectoires sont des paraboles qui ont toutes la
même directrice, $y = h$. Toutes ces courbes sont tangentes à la
courbe (9), puisqu'elles doivent la rencontrer, et qu'elles ne
peuvent la rencontrer qu'en un point. C'est pourquoi cette
courbe (9) est dite la courbe *enveloppe* de toutes les paraboles.

167. AUTRE PROBLÈME.—On peut encore se proposer la
question suivante : *Un projectile est lancé d'un point* A, *dans
une direction connue* AT, *avec une vitesse inconnue, et va rencontrer en* D *une droite donnée* CD : *on demande la vitesse initiale* a (fig. 29).

Prolongeons la verticale Ay jusqu'en C ; la longueur CD se
nomme la *portée oblique du jet*. Menons, en outre, DI parallèle à
Ay. Si t représente le temps employé par le mobile à parvenir
en D, on a évidemment :

$$AI = at, \quad ID = \tfrac{1}{2} g t^2,$$

d'où éliminant t,
$$\frac{\overline{AI}^2}{\overline{ID}} = \frac{2\,a^2}{g},$$

et, par suite,
$$a^2 = \frac{g \cdot \overline{AI}^2}{2 \cdot \overline{ID}}. \quad (10)$$

Or le quadrilatère ACDI est connu : car on donne AC et CD, ainsi
que les angles IAC et ACD : on peut donc calculer AI et ID ; et
la formule (10) fait connaître la vitesse a.

168. APPLICATIONS.—Cette formule peut servir à déterminer
la vitesse initiale des veines liquides sortant d'un réservoir, et
offrant un jet parabolique continu. On peut encore l'appliquer
à la trajectoire des bombes de l'artillerie. Il est vrai que nous
avons fait abstraction de la résistance de l'air ; mais son influence
est peu sensible, quand la vitesse initiale est peu considérable.

CHAPITRE III.

DE L'EFFET DE PLUSIEURS FORCÉS

AGISSANT SUR UN POINT MATÉRIEL ISOLÉ.

Programme : Indépendance mutuelle des effets simultanés de plusieurs forces agissant sur un point matériel isolé.—Deux forces constantes, appliquées successivement à un même point matériel partant du repos ou animé d'une vitesse initiale de même direction que la force, sont entre elles comme les accélérations qu'elles produisent.—Conséquence relative au cas où l'une des forces est le poids même du mobile.

---

§ I. *Axiome expérimental.*

169. Énoncé de l'axiome.—Plusieurs forces peuvent agir simultanément sur un même point matériel. Chacune d'elles, agissant seule, produirait un certain effet, et le mobile recevrait ainsi de chaque impulsion isolée un certain mouvement. Le mouvement réel n'est évidemment ni l'un ni l'autre de ces mouvements simples : mais on admet, comme principe expérimental, que chaque force imprime au mobile une accélération indépendante, c'est-à-dire que son effet est le même que si elle agissait seule. C'est ce qu'on énonce en disant que :

L'action d'une force sur un point matériel isolé est indépendante de l'action simultanée d'une autre force sur le même point.

170. Remarque.—Cet axiome ne se démontre pas *à priori*. On le regarde quelquefois comme une conséquence de celui du n° 155. Cependant on ne saurait méconnaître le caractère qui les distingue. Dans le premier, en effet, il ne s'agit que du mouvement *antérieurement* acquis par le point matériel : dans celui-ci, au contraire, il est question du mouvement *actuellement* modifié par une force. Il n'est pas évident que l'effet d'une force sur le point matériel est indépendant de ce dernier état, par cela seul que nous admettons cette indépendance dans le premier cas.

§ II. *Proportionnalité des forces constantes et des accélérations.*

171. THÉORÈME.—*Deux forces constantes, appliquées successivement à un même point matériel partant du repos ou animé d'une vitesse initiale de même direction que la force, sont entre elles comme les accélérations qu'elles produisent.*

En effet, soient deux forces constantes F et F′, et soient γ et γ' les accélérations qu'elles produisent. Supposons qu'il existe entre ces forces une commune mesure φ, de telle sorte que l'on ait :

$$F = n\varphi, \quad F' = n'\varphi, \quad \text{d'où} \quad \frac{F}{F'} = \frac{n}{n'}. \quad (1)$$

Soit, en outre, ψ l'accélération produite par la force simple φ : en vertu de l'axiome précédent (n° 169) ; si l'on applique au mobile n forces φ dans le même sens, elles produiront n accélérations indépendantes dont chacune sera égale à ψ, et l'accélération totale sera $n\psi$. Ainsi la force $n\varphi = F$ produira l'accélération $n\psi$. De même, la force $n'\varphi = F'$ produira l'accélération $n'\psi$. On aura donc,

$$\gamma = n\psi, \quad \gamma' = n'\psi, \quad \text{d'où} \quad \frac{\gamma}{\gamma'} = \frac{n}{n'}. \quad (2)$$

On conclut des égalités (1) et (2),

$$\frac{F}{F'} = \frac{\gamma}{\gamma'}. \quad (3)$$

Ce raisonnement subsiste, quelque petite que soit la commune mesure φ ; on doit donc regarder la formule (3) comme générale : c'est ce qu'il fallait démontrer.

172. COROLLAIRE.—Il peut arriver que l'une des forces soit le poids même du point matériel. Soient p ce poids, et $g = 9^m,8088$ l'accélération correspondante. On a, en vertu du théorème précédent,

$$\frac{F}{p} = \frac{\gamma}{g}, \quad \text{ou} \quad \frac{F}{\gamma} = \frac{p}{g}.$$

Si d'autres forces constantes F′, F″,... sont appliquées successivement au même point matériel, et lui impriment des accélérations γ', γ'',... on aura de même :

$$\frac{F}{\gamma} = \frac{F'}{\gamma'} = \frac{F''}{\gamma''} = \ldots = \frac{p}{g}. \quad (4)$$

Ainsi *le quotient du nombre qui mesure une force constante appliquée à un point matériel, divisé par celui qui mesure l'accélération qu'elle lui imprime, est un nombre constant et égal au quotient du poids de ce point divisé par le nombre g.*

173. AUTRE COROLLAIRE.—Si l'on transporte le même point matériel en un autre lieu, où le poids est p' et l'accélération g', on a, par la même raison,

$$\frac{p}{g} = \frac{p'}{g'}. \quad (5)$$

Ainsi *le rapport du poids d'un point matériel à l'accélération correspondante, est un nombre constant pour les différents lieux à la surface de la terre.*

CHAPITRE IV.

DE LA MASSE D'UN CORPS ET DE LA FORCE D'INERTIE.

Programme : Définition de la masse. — Relation entre les forces, les masses et les accélérations. — De la force d'inertie ; son expression et ses effets. Sa mesure en kilogrammes pour diverses accélérations. — Introduction de la masse dans les équations du mouvement rectiligne ou curviligne d'un point soumis à l'action de la pesanteur ou d'une force constante quelconque. — Notions qui en dérivent relativement au travail et à la force vive.

§ I. *De la masse.*

174. Masse d'un point matériel. — On a vu dans le chapitre précédent (n° 173) que le rapport $\dfrac{p}{g}$ est constant pour un même point matériel, quel que soit le lieu de l'observation. Ce rapport est ce qu'on nomme la *masse* du point matériel. La masse est une qualité inhérente à un point matériel. En la désignant par m, on a (n° 172) :

$$F = m\gamma, \quad p = mg. \quad (1)$$

175. Masse d'un corps. — Deux points matériels ont *même masse*, lorsque les forces qui les sollicitent sont proportionnelles aux accélérations qu'elles leur impriment. Si l'on réunit ces deux points par la pensée, on obtient une *masse double*. On conçoit, d'après cela, deux masses qui seraient entre elles dans un rapport quelconque. La *masse* d'un corps est la somme des masses des points matériels qui le composent. En désignant les poids de ces derniers par $p, p', p'',\ldots$, la masse M du corps sera

$$M = \frac{p}{g} + \frac{p'}{g} + \frac{p''}{g} + \ldots = \frac{p + p' + p'' + \ldots}{g},$$

ou, en désignant par P le *poids* du corps,

$$M = \frac{P}{g}, \quad \text{d'où} \quad P = Mg. \quad (2)$$

Ainsi, *la masse d'un corps s'obtient en divisant le nombre qui mesure son poids, évalué en kilogrammes, par le nombre g.*

176. CONSÉQUENCES : REMARQUES.—Comme le nombre g est constant dans un même lieu, on voit, par la formule (2), que, dans ces circonstances, *les masses des corps sont proportionnelles à leurs poids.* Ainsi la notion de la masse se rattache à la quantité de matière plus ou moins grande que contient un corps.

Comme la masse d'un même corps ne varie pas quand on le transporte d'un lieu dans un autre, on voit aussi que *les poids de ce corps, en différents lieux, sont proportionnels aux accélérations correspondantes.*

Puisque le kilogramme est pris, à Paris, pour unité de force, sa masse $M = \dfrac{1}{9,8088} = 0,102$; et par suite, son poids dans un autre lieu où l'accélération est g', sera, en kilogrammes, $0,102\,g'$.

La masse d'un corps est une grandeur *sui generis*, qu'on ne peut comparer à aucune autre : *elle est le quotient d'une force par une accélération*, la force étant évaluée en kilogrammes, et l'accélération en mètres.

177. DENSITÉ.—La densité d'un corps homogène est la masse comprise sous l'unité de volume du corps : si on la désigne par ρ et le volume par V, on a :

$$M = V\rho, \quad \text{et, par suite,} \quad P = V\rho g. \qquad (3)$$

§ II. *Relation entre les forces, les masses et les accélérations.*

178. RELATION ENTRE LES FORCES CONSTANTES, LES MASSES ET LES ACCÉLÉRATIONS.—La relation générale (1) $F = m\gamma$, montre que :

Les forces constantes sont proportionnelles aux accélérations qu'elles impriment à une même masse, ou aux masses auxquelles elles impriment la même accélération.

Comme on a $m = \dfrac{p}{g}$, il vient :

$$F = \frac{p}{g}\gamma, \qquad (4)$$

et cette relation détermine la force nécessaire pour imprimer à un corps dont le poids est connu une accélération donnée, ou, au contraire, l'accélération que lui imprime une force donnée.

179. RELATION ENTRE LES FORCES VARIABLES, LES MASSES ET LES ACCÉLÉRATIONS.—La relation, $F = m\gamma$ (1), résulte de la définition de la masse (n° 174), lorsque la force F est constante et le mouvement rectiligne. Mais elle s'applique aux forces variables et à un mouvement quelconque, et il est nécessaire de l'établir en général; car elle est une des plus importantes de la mécanique. Nous distinguerons deux cas.

PREMIER CAS : *La force F est variable, et le mouvement rectiligne.* Soit γ l'accélération à l'époque t; on sait qu'elle est dirigée, ainsi que la force, suivant la droite même que parcourt le mobile. Pendant un petit intervalle de temps comprenant l'instant considéré, l'accélération varie d'une manière continue : soient A et A_1 sa plus petite et sa plus grande valeur. On a :
$$A < \gamma < A_1,$$
et, par suite, $$m A < m\gamma < m A_1.$$
Or la force F est évidemment comprise entre les forces constantes $m A$ et $m A_1$ (n° 171); donc F et le produit $m\gamma$ sont compris entre les mêmes limites : mais ces limites deviennent égales, lorsque l'on réduit l'intervalle de temps à l'instant mathématique considéré; par conséquent, $F = m\gamma$.

On arriverait immédiatement à la même conséquence, en considérant la force F comme constante pendant un temps infiniment petit.

DEUXIÈME CAS : *La force F est quelconque, et le mouvement curviligne.* Le mouvement du mobile, à une époque quelconque t, pendant un temps infiniment petit, peut être considéré comme résultant du mouvement dû à la vitesse acquise et du mouvement dû à l'action de la force F pendant ce temps (n° 155). Par suite, l'accélération du mouvement est la résultante des accélérations de ces mouvements composants (n° 123). Or, le mouvement dû à la vitesse acquise étant uniforme, son accélération est nulle : donc l'accélération résultante n'est autre que l'accélération γ due à la force F. Mais cette force peut être considérée comme constante pendant l'élément de temps : elle est donc égale à $m\gamma$, et dirigée dans le même sens que γ.

Ainsi, en général, *dans tout mouvement rectiligne ou curviligne, la force est égale au produit de la masse par l'accélération, et elle est dirigée dans le sens de l'accélération.*

§ III. *De la force d'inertie.*

180. PRINCIPE DE L'ÉGALITÉ DE L'ACTION ET DE LA RÉACTION.—Supposons qu'un corps soit soumis à l'action d'une force constante, par l'intermédiaire d'un ressort dont la masse soit négligeable. L'expérience constate que le ressort se tend d'une manière invariable; il est donc sollicité par deux forces égales et contraires. L'une d'elles, appliquée à l'une des extrémités du ressort, est la force qui produit l'accélération; l'autre, appliquée à l'extrémité liée au corps, est la *réaction* du corps. Ainsi, dans ce cas, *l'action est égale et contraire à la réaction.* Ce principe s'applique au cas où la force est variable, parce qu'une force variable peut être considérée comme constante pendant un temps infiniment petit.

181. FORCE D'INERTIE.—Cette réaction du corps se nomme la *force d'inertie*. Pour comprendre le sens de cette expression, il faut remarquer que, lorsque nous cherchons à faire mouvoir un corps nous éprouvons une certaine résistance qui constate pour nous l'inertie de la matière : c'est à ce point de vue que cette réaction a été appelée *force d'inertie*.

Mais on a étendu naturellement cette notion au cas où l'action s'exerce sur le corps, sans intermédiaire visible, et l'on a toujours trouvé les phénomènes observés en accord parfait avec les calculs fondés sur cette hypothèse. C'est ainsi que l'attraction du soleil sur la terre est nécessairement accompagnée d'une attraction égale et opposée de la terre sur le soleil : l'une est l'action exercée sur la terre, l'autre est la réaction ou la force d'inertie de la terre.

182. EXPRESSION, MESURE ET EFFETS DE LA FORCE D'INERTIE.—Puisque la force d'inertie est égale et directement opposée à la force motrice F, il en résulte qu'elle a pour expression $-m\gamma$; et lorsqu'on saura (chapitre V) décomposer la force F en forces dirigées suivant des axes fixes, ou en forces tangentielle et normale, on pourra décomposer la force d'inertie de la même manière ; ses composantes seront toujours égales et opposées à celles de la force F.

Pour évaluer en kilogrammes la force d'inertie, il suffira de remplacer dans son expression la masse m du mobile par $\dfrac{p}{g}$, ce qui donnera $-p\,\dfrac{\gamma}{g}$. Le poids p étant connu, ainsi que le nombre g, l'expression fournira la grandeur de la force d'inertie, dès qu'on remplacera l'accélération γ par sa valeur.

Quant aux effets de la force d'inertie, nous les reconnaîtrons et nous les signalerons dans les diverses applications qui termineront ce livre.

§ IV. *Introduction de la masse dans les équations du mouvement produit par une force constante.*

183. NOUVELLE FORME DES ÉQUATIONS DU MOUVEMENT UNIFORMÉMENT VARIÉ.—Supposons qu'un point matériel, de masse m, soit soumis à l'action de la pesanteur, ou à celle d'une force constante quelconque F, qui lui imprime un mouvement rectiligne uniformément varié ; les équations du mouvement sont (nos 30 et suivants) :

$$v - v_0 = \gamma t, \qquad x - x_0 = v_0 t + \tfrac{1}{2}\gamma t^2, \qquad F = m\gamma.$$

On tire de la dernière, $\qquad \gamma = \dfrac{F}{m}, \qquad (5)$

et substituant cette valeur dans les deux autres, on a :

$$(6) \qquad v - v_0 = \frac{F}{m}\, t, \qquad x - x_0 = v_0 t + \frac{1}{2}\frac{F}{m}\, t^2, \qquad (7)$$

équations dans lesquelles F doit avoir le même signe que γ (no 30).

184. THÉORÈME 1er : QUANTITÉ DE MOUVEMENT, IMPULSION.— De l'équation (6), on tire :

$$mv - mv_0 = F t. \qquad (8)$$

Or le produit mv de la masse du mobile par sa vitesse à l'époque t, se nomme sa *quantité de mouvement :* le produit F t de la force par le temps pendant lequel elle a agi s'appelle quelquefois l'*impulsion* de la force pendant ce temps. La formule (8) démontre donc ce théorème :

Lorsqu'une force constante agit, pendant un temps t *, sur un point matériel en repos ou animé d'une vitesse initiale de même direction que la force, la variation de la quantité de mouvement est égale, pour la grandeur et pour le signe, à l'impulsion de la force pendant ce temps.*

185. COROLLAIRES.—1º Pour un autre point, de masse m', sollicité par une autre force F', pendant le même temps t, on aurait :
$$m'v' - m'v_o' = F't.$$

On en conclut
$$\frac{mv - mv_o}{m'v' - m'v_o'} = \frac{F}{F'}. \qquad (9)$$

Ainsi *les quantités de mouvement acquises, pendant le même temps, par deux points matériels différents, sont proportionnelles aux forces constantes qui ont pu les produire.*

2º Si, dans la formule (8), on suppose $v_o = 0$, on a :
$$mv = Ft. \qquad (10)$$

Ainsi *la quantité de mouvement possédée par un point matériel est égale, pour la grandeur et pour le signe, à l'impulsion qu'il a reçue depuis qu'il a commencé à se mouvoir.*

3º Si, dans la formule (8), on pose $v = 0$, on a :
$$mv_o = -Ft. \qquad (11)$$

Ainsi *la quantité de mouvement possédée par un point matériel est égale et de signe contraire à l'impulsion nécessaire pour le ramener au repos.*

186. THÉORÈME 2ᵐᵉ : FORCE VIVE, TRAVAIL.—Éliminons maintenant t entre les équations (6) et (7) ; et, pour le faire simplement, élevons les deux membres de l'équation (6) au carré, après avoir fait passer v_o dans le second ; puis, multiplions les deux membres de l'équation (7) par $2\dfrac{F}{m}$. Il vient :

$$v^2 = v_o^2 + 2v_o t\,\frac{F}{m} + \frac{F^2}{m^2}\,t^2,$$

$$2\frac{F}{m}(x - x_o) = 2v_o t\,\frac{F}{m} + \frac{F^2}{m^2}\,t^2 :$$

et, par suite,
$$v^2 = v_o^2 + 2\frac{F}{m}(x - x_o),$$

d'où
$$\frac{mv^2}{2} - \frac{mv_o^2}{2} = F(x - x_o). \qquad (12)$$

Or le produit mv^2 de la masse d'un point matériel par le carré de sa vitesse, à l'époque t, a reçu le nom de *force vive*, et le produit $F(x - x_0)$ de la force par l'espace qu'elle lui a fait parcourir, s'appelle le *travail* de cette force. La formule (12) démontre donc ce théorème :

Lorsqu'une force constante agit, pendant un certain temps, sur un point matériel en repos ou animé d'une vitesse initiale de même direction que la force, la demi-variation de la force vive est égale, pour la grandeur et pour le signe, au travail de la force pendant le même temps.

187. COROLLAIRES.—Si l'on fait successivement, dans la formule (12), $v_0 = 0$, $v = 0$, on a :

$$(13) \quad \frac{mv^2}{2} = F(x - x_0), \qquad \frac{mv_0^2}{2} = -F(x - x_0); \quad (14)$$

donc *la demi-force vive possédée par un point matériel est égale, pour la grandeur et pour le signe, au travail qu'il a reçu depuis qu'il a commencé à se mouvoir : elle est égale et de signe contraire au travail nécessaire pour le réduire au repos.*

188. REMARQUES.—Le mot *force* est, dans le théorème précédent, détourné de sa signification ordinaire. Nous ne l'avons employé jusqu'alors que pour indiquer un effort, une pression ou une traction, exprimables en kilogrammes ; ici, au contraire, le nom de *force vive* est appliqué au produit complexe d'une force par un espace parcouru. On peut regretter que le même mot soit ainsi adopté pour représenter des notions fort distinctes.

D'un autre côté, ce n'est pas la quantité mv^2, mais sa moitié qui entre dans les énoncés des théorèmes les plus importants de la mécanique ; et il est fâcheux d'avoir un nom pour représenter le double d'une quantité que l'on rencontre à chaque instant. Il vaudrait mieux donner ce nom à l'expression $\frac{mv^2}{2}$; et, si nous ne l'avons pas fait ici, ce n'est que pour nous conformer à l'usage généralement établi.

189. APPLICATIONS.—1° Un mouton, dont le poids est p,

tombe sur un pieu, d'une hauteur h : sa vitesse est v, à la fin de sa chute. L'équation (13) du travail donne

$$ph = \frac{mv^2}{2} :$$

or
$$p = mg,$$

donc
$$v^2 = 2gh.$$

Et l'on retrouve ainsi une formule importante, que nous avons démontrée ailleurs (n° 43), d'une manière toute différente.

2° Une balle, ayant un poids p, sort d'un fusil, avec une vitesse donnée v : si l'on admet que la force qui l'a lancée soit demeurée constante depuis le départ, les équations (10) et (13) deviennent

$$\frac{p}{g}\, v = \mathrm{F}t, \qquad \frac{pv^2}{2g} = \mathrm{F}x,$$

et fournissent l'intensité de la force, quand on connaît, soit le temps de l'action, soit la longueur du canon.

Pour les fusils de munition, on a, ordinairement, $v = 500^m$, $p = 0^k,0258$, et la longueur du canon $x = 1^m,10$. On en tire $\mathrm{F} = 299^k$.

190. Nous généraliserons, dans le livre suivant (n° 235), les notions élémentaires que nous venons de donner sur le travail et la force vive.

CHAPITRE V.

COMPOSITION, DÉCOMPOSITION ET ÉQUILIBRE DES FORCES
APPLIQUÉES A UN POINT MATÉRIEL LIBRE.

Pʀᴏɢʀᴀᴍᴍᴇ : Composition et décomposition des forces appliquées à un même point matériel libre, déduites du principe de l'indépendance des effets simultanés des forces.—Condition de l'équilibre des forces appliquées à un même point. Elle est indépendante de l'état de repos ou de mouvement du point.

---

§ 1. *Composition et décomposition des forces.*

191. Lᴇᴍᴍᴇ : ʀᴇ́sᴜʟᴛᴀɴᴛᴇ ᴅᴇ ᴘʟᴜsɪᴇᴜʀs ꜰᴏʀᴄᴇs.—Un point matériel peut être sollicité simultanément par plusieurs forces différentes en grandeur et en direction; mais il est évident que, sous leur action, le mobile ne peut prendre qu'un *mouvement unique et déterminé*. On comprend d'ailleurs qu'il serait possible de produire ce mouvement, en appliquant, dans sa direction même, une force convenable au point matériel. Par conséquent toutes les forces peuvent être remplacées par une force unique.

Une force qui produit ainsi le même effet que plusieurs autres se nomme leur *résultante*, et les forces données en sont les *composantes*. Donc :

Des forces, en nombre quelconque, appliquées à un même point matériel, ont toujours une résultante.

192. ᴛʜᴇ́ᴏʀᴇ̀ᴍᴇ ꜰᴏɴᴅᴀᴍᴇɴᴛᴀʟ : ᴘᴀʀᴀʟʟᴇ́ʟᴏɢʀᴀᴍᴍᴇ ᴅᴇs ꜰᴏʀᴄᴇs. —*Deux forces, appliquées à un même point matériel, et représentées, en grandeur et en direction, par deux lignes droites tracées à partir de ce point, ont une résultante unique, représentée, en grandeur et en direction, par celle des diagonales du parallélogramme construit sur ces droites qui part de ce point.*

Pour le prouver, considérons d'abord deux forces constantes F, F$_1$ (fig. 30), agissant simultanément sur le point M

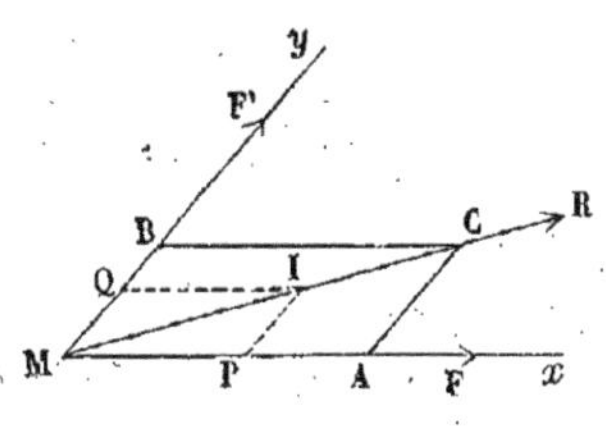

Fig. 30.

au repos, dans les directions Mx, My, et représentées en grandeur par les droites MA, MB; et construisons le parallélogramme MACB. Soient γ et γ_1 les accélérations constantes qu'elles imprimeraient séparément au mobile. En vertu de la première, le point matériel parcourrait sur Mx, dans le temps t, un espace MP $= \frac{1}{2}\gamma t^2$; en vertu de la seconde, il parcourrait sur My, dans le même temps, un espace MQ $=$ PI $= \frac{1}{2}\gamma_1 t^2$. Or, il y a indépendance mutuelle entre les effets simultanés des deux forces (n° 169). Donc les équations du mouvement sont :

$$x = \tfrac{1}{2}\gamma t^2, \qquad y = \tfrac{1}{2}\gamma_1 t^2, \qquad (1)$$

et celle de la trajectoire, qu'on obtient en éliminant t, est

$$y = \frac{\gamma_1}{\gamma} x. \qquad (2)$$

Cette équation (2) étant du premier degré, *le mouvement est rectiligne.*

D'ailleurs, puisque l'on a :

$$\frac{y}{x} = \frac{\gamma_1}{\gamma} = \frac{F_1}{F} = \frac{AC}{MA},$$

on voit, en joignant MI, que les triangles MPI, MAC sont semblables, et que le point I est sur MC : donc *le mouvement est dirigé suivant la diagonale* AC.

En outre, $\quad \dfrac{MI}{MP} = \dfrac{MC}{MA}, \quad$ ou $\quad MI = \dfrac{MC}{MA} \cdot MP,$

ou $\quad MI = \tfrac{1}{2}\gamma \cdot \dfrac{MC}{MA} \cdot t^2.$

Donc *le mouvement est uniformément accéléré,* et *la force qui le produit est constante.*

Enfin l'accélération de ce mouvement est $\gamma \cdot \dfrac{MC}{MA}$. En la désignant par Γ, on a : $\quad \dfrac{\Gamma}{\gamma} = \dfrac{MC}{MA}.$

Or, MA est la force qui produit l'accélération γ : donc celle qui produit l'accélération Γ est représentée par MC (n° 171). C.Q.F.D.

193. REMARQUES.—Si les deux forces F, F_1, sont variables en grandeur et en direction, il n'en est pas moins vrai qu'à un moment donné, chacune d'elles a une valeur et une direction parfaitement déterminées, et que leurs *variations ultérieures* ne sauraient avoir aucune influence sur leur *composition présente*. On peut donc, à ce point de vue, les considérer comme invariables; et le théorème se trouve ainsi démontré dans toute sa généralité.

Toutefois on ne peut plus affirmer que le mouvement est uniformément accéléré, et qu'il a lieu suivant la diagonale du parallélogramme.

Si le mobile avait une vitesse initiale, elle n'aurait aucune influence sur l'effet des forces (n° 155) : le théorème subsiste donc encore dans ce cas.

194. COROLLAIRE : DÉCOMPOSITION D'UNE FORCE EN DEUX AUTRES.—Il résulte de ce théorème que l'on pourra toujours *décomposer* une force R (fig. 30) en deux autres, ayant des directions données Mx et My. On pourra encore la décomposer en deux autres, l'une d'elles ayant une grandeur MA et une direction Mx données. On pourra enfin se donner les grandeurs des deux composantes avec la grandeur et la direction de la résultante. Il s'agira, en effet, dans chaque cas, de construire le triangle MAC avec des données suffisantes.

195. REMARQUE.—Deux forces quelconques se composant comme deux mouvements, ou comme deux vitesses, ou comme deux accélérations, il en sera de même pour un nombre quelconque de forces appliquées simultanément à un même point matériel. Ainsi, et sans qu'il soit nécessaire de répéter les raisonnements déjà connus, on comprend que les règles du parallélipipède et du polygone des vitesses ou des accélérations, ainsi que leurs réciproques, subsistent pour les forces. Nous nous bornerons à les énoncer.

196. PARALLLÉLIPIPÈDE DES FORCES.—*Trois forces appliquées à un même point, et représentées, en grandeur et en direction, par trois droites tracées à partir de ce point, ont une résultante unique, représentée, en grandeur et en direction, par la diagonale du parallélipipède construit sur ces trois droites.*

De là résulte la décomposition d'une force en trois autres.

197. POLYGONE DES FORCES.—*Si plusieurs forces sont appliquées à un même point matériel, et qu'on construise une ligne polygonale partant de ce point, dont les côtés consécutifs représentent ces forces en grandeur et en direction, la droite qui ferme le polygone représente leur résultante en grandeur et en direction.*

198. COROLLAIRE.—*Si toutes les forces sont dirigées suivant la même droite, la résultante est leur somme algébrique.*

199. RELATIONS ANALYTIQUES ENTRE LES FORCES ET LEUR RÉSULTANTE.—Les formules qui établissent des relations entre les vitesses ou accélérations composantes et la résultante subsistent aussi pour les forces. Ainsi, en désignant les forces par F, F′, F″, etc., et leur résultante par R, on a (n° 132) :

1° Cas de deux forces :

$$\frac{F}{\sin(F', R)} = \frac{F'}{\sin(F, R)} = \frac{R}{\sin(F, F')}, \quad (3)$$

$$R^2 = F^2 + F'^2 + 2 FF' \cos(F, F'); \quad (4)$$

Cas particulier de deux forces rectangulaires :

$$F = R \cos(F, R), \quad F' = R \cos(F', R), \quad (5)$$
$$R^2 = F^2 + F'^2. \quad (6)$$

2° Cas de trois forces rectangulaires :

$$F = R \cos(F, R), \quad F' = R \cos(F', R), \quad F'' = R \cos(F'', R), \quad (7)$$
$$R^2 = F^2 + F'^2 + F''^2. \quad (8)$$

On voit que chaque force est la projection de la résultante sur la direction de la force.

3° Cas d'un nombre quelconque de forces : $a, b, c, a', b', c',...$ A, B, C, désignant les angles des forces F, F′,... R, avec trois axes rectangulaires fixes passant par le point d'application, on a :

$$R \cos A = \Sigma F \cos a, \quad R \cos B = \Sigma F \cos b, \quad R \cos C = \Sigma F \cos c, \quad (9)$$

$$R^2 = (\Sigma F \cos a)^2 + (\Sigma F \cos b)^2 + (\Sigma F \cos c)^2. \quad (10)$$

Cas particulier où toutes les forces sont dans un même plan, qu'on prend pour plan xy : on a :

$$R \cos A = \Sigma F \cos a, \quad R \sin A = \Sigma F \sin a, \quad (11)$$

$$R^2 = (\Sigma F \cos a)^2 + (\Sigma F \sin a)^2. \quad (12)$$

200. COMPOSANTES, TANGENTIELLE ET NORMALE, DE LA FORCE, DANS UN MOUVEMENT QUELCONQUE.—On a vu (n° 117) que, dans un mouvement quelconque, l'accélération γ se décompose en deux accélérations; l'une est tangentielle et égale à *lim.* $\dfrac{v_1-v}{\Delta t}$, l'autre est normale et égale à $\dfrac{v^2}{\rho}$. Puisque les forces se composent comme les accélérations, il en résulte que la force $m\gamma$ (n° 179) a pour composante tangentielle $m \,.\, lim. \,\dfrac{v_1-v}{\Delta t}$, et pour composante normale ou *centripète* $\dfrac{mv^2}{\rho}$.

201. COMPOSANTES, TANGENTIELLE ET NORMALE, DE LA FORCE D'INERTIE.—On a vu aussi (n° 181), que la force d'inertie est égale et opposée à la force motrice : elle a donc pour composante tangentielle $- \, m \,.\, lim. \,\dfrac{v_1-v}{\Delta t}$, et pour composante normale $- \dfrac{mv^2}{\rho}$. Cette dernière, dirigée du côté opposé au centre de courbure, se nomme la *force centrifuge.*

202. THÉORÈME.—En général, puisque les forces se composent et se décomposent comme les vitesses et les accélérations, on voit que, si la vitesse v d'un mobile, de masse m, a pour composantes parallèles à trois axes v_x, v_y, v_z, et si l'accélération γ a pour composantes γ_x, γ_y, γ_z, la force $F = m\gamma$, qui sollicite le mobile, aura pour composantes $m\gamma_x$, $m\gamma_y$, $m\gamma_z$. Ainsi *la projection du point matériel sur un axe se meut comme s'il était animé, à chaque instant, d'une vitesse égale à la projection de la vitesse, et comme s'il était sollicité par une force égale à la projection de la force sur le même axe.*

§ II. *Equilibre des forces appliquées à un même point.*

203. DÉFINITION GÉNÉRALE DE L'ÉQUILIBRE.—On dit, en général, que *plusieurs forces, appliquées à un système quelconque, se font équilibre, à un instant donné, lorsque l'état actuel du système (repos ou mouvement) n'est pas influencé par la présence de ces forces.*

Si le système est en repos, l'effet des forces ne doit pas troubler cet état; il y a *équilibre statique*. Si le système est en mouvement, les forces ne doivent pas modifier le mouvement; il y a *équilibre dynamique*.

204. THÉORÈME : CONDITION DE L'ÉQUILIBRE DES FORCES APPLIQUÉES A UN MÊME POINT.—Lorsque plusieurs forces agissent sur un même point matériel entièrement libre, *il faut et il suffit, pour l'équilibre, que leur résultante soit nulle*. En effet, si l'équilibre existe, le point matériel est abandonné à son inertie (n° 139); par conséquent, ou il est en repos, ou son mouvement est rectiligne et uniforme. Il est donc dans le même état que s'il n'était sollicité par aucune force; en d'autres termes, la résultante est nulle (n° 191). Réciproquement, si cette condition est remplie, l'effet des forces est nul; elles se font équilibre. **C. Q. F. D.**

Ainsi, si l'on applique à plusieurs forces la règle du polygone (n° 197), *il faut et il suffit, pour l'équilibre, que le polygone se ferme de lui-même, lorsqu'on trace le dernier côté.*

On voit que cette condition est indépendante de l'état de repos ou de mouvement du point matériel.

205. REMARQUES.—Lorsque plusieurs forces, qui agissent sur un même point, se font équilibre, *chacune d'elles est égale et directement opposée à la résultante de toutes les autres :* car la force que l'on considère à part, détruit l'effet que tend à produire cette résultante.

Par suite, *trois forces concourantes, en équilibre, sont nécessairement dans le même plan;* et *trois forces concourantes, non situées dans le même plan, ne peuvent se faire équilibre, à moins que chacune d'elles ne soit nulle séparément.*

206. AUTRE ÉNONCÉ DES CONDITIONS D'ÉQUILIBRE.—Cette remarque conduit à un autre énoncé des conditions d'équilibre. En effet, quel que soit le nombre des forces appliquées au mobile, on peut toujours décomposer chacune d'elles en trois forces dirigées suivant trois axes passant par le point et non situés dans le même plan (n° 196), puis ajouter algébriquement les composantes dirigées suivant le même axe, et réduire ainsi à trois toutes les forces données. Or, ces trois résultantes partielles sont les composantes de la résultante générale : donc, pour que celle-ci soit nulle, il faut et il suffit que les trois résultantes partielles le soient séparément.

Ainsi, *pour que plusieurs forces, appliquées à un même point, se fassent équilibre, il faut et il suffit, qu'en décomposant chacune d'elles suivant trois axes quelconques non situés dans le même plan, les sommes algébriques des composantes dirigées suivant chaque axe soient nulles séparément.*

207. ÉQUATIONS D'ÉQUILIBRE.—Lorsqu'on applique le calcul à l'expression des conditions d'équilibre, on suppose que les trois axes sont rectangulaires ; alors la résultante est donnée par la formule (n° 199),

$$R^2 = (\Sigma F \cos a)^2 + (\Sigma F \cos b)^2 + (\Sigma F \cos c)^2.$$

Pour qu'elle soit nulle, il faut et il suffit qu'on ait séparément :

$$\Sigma F \cos a = 0, \quad \Sigma F \cos b = 0, \quad \Sigma F \cos c = 0, \quad (13)$$

et ces formules nous ramènent aux mêmes conditions.

208. CAS PARTICULIER.—Si toutes les forces étaient situées dans un même plan, on prendrait ce plan pour plan xy, et les conditions d'équilibre se réduiraient à deux :

$$\Sigma F \cos a = 0, \quad \Sigma F \sin a = 0. \quad (14)$$

Donc, *pour que des forces situées dans un même plan, et appliquées au même point, se fassent équilibre, il faut et il suffit, qu'en décomposant chacune d'elles suivant deux axes passant par ce point et situés dans ce plan, les sommes algébriques des composantes dirigées suivant chaque axe soient nulles séparément.*

209. REMARQUE.—Lorsque des forces quelconques agissent sur un point matériel, il peut arriver qu'un certain nombre d'entre elles satisfasse aux conditions d'équilibre : alors on peut supprimer ce groupe sans altérer le mouvement. On peut de même introduire dans le système un groupe de forces qui se font équilibre ; le mouvement reste ce qu'il était. Cette remarque trouve son application dans un grand nombre de questions.

CHAPITRE VI.

EXERCICES ET APPLICATIONS.

---

210. **PREMIER PROBLÈME.**—*Un point matériel, de masse* m, *est attiré vers un point fixe* O (fig. 31), *par une force proportionnelle à la distance qui le sépare de ce point : à l'origine du mouvement, il est en* A (OA $= a$). *On demande la loi de ce mouvement.*

Soit M la position du mobile, à l'époque t : posons OM $= x$. Soit k l'intensité de la force attractive, à l'unité de distance; l'expression de l'attraction sur M, à la distance x, est $- kx$; car elle est dirigée en sens contraire du sens dans lequel sont comptés les espaces parcourus : on a donc :

$$m \gamma = - kx. \qquad (1)$$

Pour rendre la solution plus facile à trouver, posons :

$$x = \varphi(t), \quad \text{d'où} \quad \gamma = \varphi''(t) ;$$

l'équation du mouvement est donc :

$$m \varphi''(t) = - k \varphi(t),$$

et il s'agit de trouver la fonction φ. Or, multiplions les deux membres par $\varphi'(t)$, il vient :

$$m \varphi'(t) \varphi''(t) = - k \varphi(t) \varphi'(t),$$

et le retour aux fonctions primitives se fait immédiatement, et donne :

$$m . [\varphi'(t)]^2 = - k . [\varphi(t)]^2 + const.$$

Pour déterminer la constante, remarquons que, pour $t = 0$, on a $\varphi(t) = a$, et $\varphi'(t) = 0$, par hypothèse : donc

$$0 = - ka^2 + const., \quad \text{d'où} \quad const. = ka^2 :$$

donc $\quad m . [\varphi'(t)]^2 = k[a^2 - \varphi(t)^2]$, ou $\quad mv^2 = k(a^2 - x^2)$. (2)

Or cette équation peut s'écrire :

$$\frac{\varphi'(t)}{\sqrt{a^2 - [\varphi(t)]^2}} = - \sqrt{\frac{k}{m}}, \quad \text{ou} \quad \frac{\dfrac{\varphi'(t)}{a}}{\sqrt{1 - \dfrac{[\varphi(t)]^2}{a^2}}} = - \sqrt{\frac{k}{m}} ;$$

(on met le signe $-$ devant le second membre, parce que la vitesse com-

commence par être négative) ; alors le premier membre est la dérivée de $arc\ sin.\ \dfrac{\varphi(t)}{a}$. Donc :

$$arc\ sin.\ \frac{\varphi(t)}{a} = -t\sqrt{\frac{k}{m}} + const.$$

Pour déterminer la constante, on remarque que, pour $t = 0$, on a $\varphi(t) = a$;

donc, $\qquad$ arc sin. $(1) = const.$, $\quad$ ou $\quad$ $const. = \dfrac{\pi}{2}$.

Ainsi, $\qquad$ arc sin. $\dfrac{\varphi(t)}{a} = -t\sqrt{\dfrac{k}{m}} + \dfrac{\pi}{2}$;

donc, $\qquad$ $\dfrac{\varphi(t)}{a} = \sin\left(\dfrac{\pi}{2} - t\sqrt{\dfrac{k}{m}}\right) = \cos.t\sqrt{\dfrac{k}{m}}$,

ou $\qquad$ $\varphi(t) = x = a\ \cos.t\sqrt{\dfrac{k}{m}}$. $\qquad$ (3)

On voit, par cette formule, que le mobile se rapproche du point O, et l'atteint lorsque $t = \dfrac{\pi}{2}\sqrt{\dfrac{m}{k}}$; puis il passe de l'autre côté, et s'éloigne jusqu'à ce que $t = \pi\sqrt{\dfrac{m}{k}}$; alors $x = -a$, et le mobile est en A′, à la distance $OA' = OA = a$. La formule (2) montre qu'à ce moment la vitesse est nulle. Le mobile se rapproche ensuite du point O, le dépasse, et revient en A après un même temps. Il fait ainsi des oscillations *isochrones*, dont l'amplitude est $2a$, et dont la durée est $\pi\sqrt{\dfrac{m}{k}}$.

211. APPLICATION.—On sait que, lorsqu'un corps pénètre dans l'intérieur de la terre, l'attraction de cette sphère sur le mobile est proportionnelle à la distance de celui-ci au centre. Le mouvement est donc soumis à la loi qui vient d'être démontrée ; et l'on peut demander *combien de temps le mobile, partant de la surface du globe, mettra pour atteindre le centre.* La formule est : $\qquad$ $T = \dfrac{\pi}{2}\sqrt{\dfrac{m}{k}}$:

or, dans le cas actuel, le poids du corps est représenté par mg : en désignant par r le rayon de la terre, il est aussi égal à kr : on a donc :

$$mg = kr, \quad \text{d'où} \quad \frac{m}{k} = \frac{r}{g} ;$$

ainsi: $\qquad$ $T = \dfrac{\pi}{2}\sqrt{\dfrac{r}{g}}$. $\qquad$ (4)

En posant $\pi r = 20000000^m$, on trouve $T = 21^m5^s$ environ.

212. THÉORÈME. On sait que, lorsqu'un mobile décrit un cercle de rayon r, d'un mouvement uniforme, si l'on désigne la vitesse constante par v, l'accélération est normale, égale à $\dfrac{v^2}{r}$, et dirigée vers le centre (n° 134). Or, la force, qui produit un mouvement curviligne quelconque, a toujours la même direction et le même sens que l'accélération, et se mesure en multipliant cette accélération par la masse m du mobile (n° 179). Donc *lorsqu'un mouvement circulaire uniforme a lieu, la force qui le produit, ou plutôt la résultante de toutes les forces qui agissent sur le mobile est normale, centripète et égale à* $\dfrac{mv^2}{r}$.

C'est ce principe qui fournit la solution des problèmes suivants.

213. SECOND PROBLÈME.— *Une fronde, dont le fil casse sous une tension égale ou supérieure à* P *kilogrammes, supporte un poids* p *kilogrammes; sa longueur est* l. *On demande quelle vitesse constante* v *il faudra lui imprimer, pour que la rupture ait lieu.*

La masse du mobile est $\dfrac{p}{g}$: puisque le mouvement est circulaire et uniforme, la force qui le produit, action du fil sur le mobile, est centripète et égale à $\dfrac{p}{g} \cdot \dfrac{v^2}{l}$ (n° 212). La réaction du mobile, c'est-à-dire, la tension du fil (n° 182) est donc centrifuge, et a la même valeur absolue. Pour que le fil casse, il faut que cette tension soit égale ou supérieure à P, ce qui donne la condition

$$\frac{p}{g} \cdot \frac{v^2}{l} > P, \qquad \text{d'où} \qquad v^2 > \frac{P}{p} \cdot gl. \qquad (5)$$

Par exemple, si P $=$ 400 kilog., $p =$ 10 kilog., $l =$ 1 mètre, on devra avoir : $\qquad v^2 > 40 \times 9,8088, \qquad$ ou $\qquad v > 19^{\mathrm{m}},81.$

214. TROISIÈME PROBLÈME.—*Une boule, de masse* m, *est suspendue à l'extrémité d'un fil* SM *de longueur* 1 : *on l'écarte de la verticale, et on la lance de manière à lui faire décrire un cercle horizontal avec une vitesse angulaire constante* ω *(fig. 32). On demande la relation qui existe entre* 1, ω, *et l'angle* α *que le fil fait avec la verticale* SO.

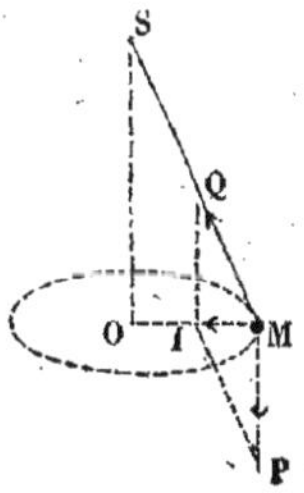

Si l'on désigne par r le rayon OM du cercle décrit, et par v la vitesse du mobile, la résultante des forces qui agissent sur lui est $\dfrac{mv^2}{r}$, et est dirigée suivant MO, puis-

Fig. 32.

que le mouvement est uniforme. Or il y a deux forces qui agissent sur la boule; ce sont son poids mg et l'action du fil. Si MP représente le poids, et qu'on achève le parallélogramme MPIQ, dans lequel MO est la direction de la diagonale, MQ sera l'action du fil, et MI la résultante. Or :

$$\mathrm{MI} = \mathrm{MP} \; \mathrm{tang}\, \alpha = mg \, \mathrm{tang}\, \alpha;$$

donc : $\qquad \dfrac{mv^2}{r} = mg \; \mathrm{tang}\, \alpha, \qquad$ ou $\qquad v^2 = rg \; \mathrm{tang}\, \alpha.$

Or, d'après la figure, $r = l \sin \alpha$, et $v = r\omega = l\omega \sin \alpha$; donc l'équation devient : $\qquad l^2 \omega^2 \sin^2 \alpha = lg \sin \alpha \, \mathrm{tang}\, \alpha$,

d'où
$$\cos \alpha = \frac{g}{l\omega^2}. \qquad (6)$$

Si l'on désigne par T la durée de la révolution complète, on a :

$$\omega T = 2\pi, \quad \text{d'où} \quad T = \frac{2\pi}{\omega}. \qquad (7)$$

Cet appareil est employé dans l'industrie comme *régulateur* des machines, sous le nom de *pendule conique* ou *à force centrifuge*. La machine fait tourner l'axe vertical SO sur lui-même avec la vitesse ω. Le pendule SM, d'abord vertical, s'éloigne de SO, sous l'action de la force d'inertie ou force centrifuge, jusqu'à ce que cette dernière soit détruite par la force centripète égale et contraire, résultante du poids et de l'action du fil.

215. QUATRIÈME PROBLÈME.—*Un point matériel pesant, de masse* m, *se meut sur un cercle, de rayon* r, *avec une vitesse angulaire constante* ω; *on demande par quelle force le mobile doit être sollicité, pour que cette condition soit remplie* (fig. 33).

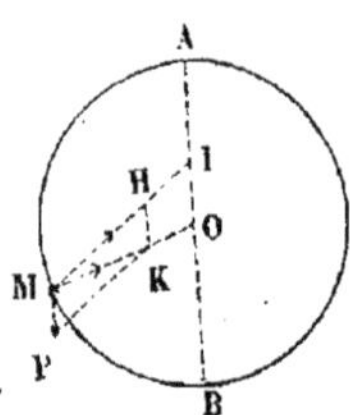

Fig. 33.

Soit M la position du point donné, à un instant donné. Puisque son mouvement est circulaire et uniforme, la résultante des actions qui le sollicitent est dirigée vers le centre O, et égale à $\dfrac{mv^2}{r}$ ou à $mr\omega^2$ (n° 134). Or ces actions sont : 1° le poids mg du mobile, 2° la force inconnue $m\varphi$ (φ étant l'accélération qu'elle produit). Si l'on prend donc $MP = mg$, et $MK = mr\omega^2$, et qu'on achève le parallélogramme MPKH, MH sera la grandeur et la direction de la force $m\varphi$. Or les triangles OIM, KHM, étant semblables, on a :

$$\frac{OI}{OM} = \frac{HK}{MK}, \quad \text{ou} \quad OI = r. \frac{mg}{mr\omega^2} = \frac{g}{\omega^2}. \qquad (8)$$

Ainsi OI est une constante ; et *la force inconnue* $m\varphi$ *passe constamment par le point* I *du diamètre vertical, qui joue le rôle de centre d'attraction.*

D'ailleurs les mêmes triangles donnent encore :

$$\frac{MH}{MK} = \frac{MI}{MO}, \quad \text{ou} \quad m\varphi = mr\omega^2. \frac{MI}{r};$$

ou bien, en posant $MI = \rho$,

$$m\varphi = m\omega^2. \rho. \qquad (9)$$

Ainsi *la force est, à chaque instant, proportionnelle au rayon vecteur qui joint le mobile au point* I.

216. CINQUIÈME PROBLÈME.—La terre tourne sur elle-même, d'un mouvement uniforme, en 24 heures ; et ce mouvement diminue l'action de la pesanteur partout ailleurs qu'au pôle. *Un corps pesant, de masse* m, *est soutenu,* *à l'équateur, par un support : on demande de combien son poids est diminué par l'effet du mouvement de rotation.*

Les forces qui agissent sur le corps sont : 1º la pesanteur F, dirigée vers le centre de la terre, 2º la réaction du support, égale et contraire au poids P du corps, tel que nos balances l'apprécient. Leur résultante est centripète et égale à F — P. Mais, puisque le mouvement est circulaire et uniforme, cette résultante a pour expression $\dfrac{mv^2}{r}$ ou $mr\,\omega^2$, en désignant par r le rayon de l'équateur, et par ω la vitesse angulaire de rotation. On a donc :

$$F - P = mr\,\omega^2,$$

d'où,
$$P = F - mr\,\omega^2. \quad (10)$$

Or ici,
$$\omega = \frac{2\pi}{24.60.60} = \frac{\pi}{43200}, \qquad r = \frac{20000000}{\pi};$$

donc,
$$r\,\omega^2 = \frac{20000000.\pi}{43200^2} = \frac{2000\,\pi}{432^2};$$

et l'on trouve :
$$r\,\omega^2 = 0^m,0337 \text{ environ.}$$

Ainsi l'accélération due à l'action de la pesanteur, à l'équateur, est diminuée de $0^m,0337$ par la rotation de la terre.

217. SIXIÈME PROBLÈME.—*Quelle vitesse faudrait-il donner à un point matériel pesant, de masse* m, *dans une direction horizontale, pour que le mobile continuât à circuler uniformément autour de la terre, en ne faisant, pour ainsi dire, que la raser ?* (On fait abstraction de la résistance de l'air.)

Comme la seule force qui agit sur le mobile est son poids mg, celui-ci ne sortira pas du plan vertical qui contient la vitesse initiale et le centre de la terre. Si donc on désigne par r le rayon du grand cercle correspondant, l'équation du problème est :

$$\frac{mv^2}{r} = mg, \qquad \text{d'où} \qquad v^2 = rg. \quad (11)$$

En posant $r = \dfrac{40000000^m}{2\pi}$, on a $v = \sqrt{\dfrac{20000000\,g}{\pi}} = 7902^m$ par seconde.

Quant à la durée T de la révolution complète, on a :
$$vT = 2\pi r = 40000000^m, \qquad \text{d'où} \qquad T = 1^h 24^m 22^s.$$

218. EXERCICES PROPOSÉS.—Voici encore les énoncés de quelques problèmes.

1º *Reprendre le problème du* nº 210 (p. 99), *en supposant qu'à l'origine du temps, lorsque le mobile est en A, il est animé d'une vitesse initiale* v_0, *dirigée suivant la droite* AA',

On trouvera $m(v^2 - v_0^2) = k(a^2 - x^2)$; et en posant,

$$\frac{a}{\sqrt{\dfrac{m}{k}\,v_0^2 + a^2}} = \sin\alpha, \qquad \text{on aura :} \qquad x = \frac{a\sin\left(\alpha \mp t\sqrt{\dfrac{k}{m}}\right)}{\sin\alpha}.$$

Le signe supérieur correspond au cas où v_o est négative, et le signe inférieur à celui où v_o est positive. On reconnaîtra par la discussion, que l'amplitude des oscillations est égale à $\dfrac{2\,a}{\sin\alpha}$, que leur durée est encore $\pi\sqrt{\dfrac{m}{k}}$, et qu'elle est, par conséquent, indépendante de la vitesse initiale v_o.

2° *Une tige cylindrique en fer, dont la longueur est* h, *et la section droite* πr^2, *est fixée par son extrémité supérieure : l'autre extrémité supporte un corps dont le poids est* p, *et qui, d'abord soutenu, est subitement abandonné à l'action de la pesanteur. La tige s'allonge sous cet effort, et l'on demande la loi du mouvement du corps.*

Le corps est soumis à deux forces opposées, qui sont son poids p et la *tension* de la tige. On admet que cette dernière force est, pour un allongement x, proportionnelle à l'allongement $\dfrac{x}{h}$ de l'unité de longueur et à la section droite πr^2 : de sorte que, si l'on désigne par E le *coefficient d'élasticité* du fer forgé (on a à peu près $E = 2 \times 10^{10}$), la tension de la tige est $E\dfrac{\pi r^2 x}{h}$. (Cette loi n'est admissible que jusqu'à une certaine *limite d'élasticité*, qui, pour le fer, correspond à une tension de 12 à 18 kilogrammes par millimètre carré de section.)

L'équation du problème est : $\dfrac{p}{g}\gamma = p - E\dfrac{\pi r^2 x}{h}$.

En désignant par l l'allongement de la tige, lorsque la tension est p, on trouvera :
$$v^2 = \frac{g}{l}\,(2\,l x - x^2);$$

puis,
$$x = 2\,l \sin^2 \frac{1}{2}\, t\,\sqrt{\frac{g}{l}}.$$

On reconnaîtra que la vitesse est maximum, lorsque $x = l$, auquel cas $v = \sqrt{gl}$, et la tension est p : puis, que $v = 0$, lorsque $x = 2\,l$, et que la tension égale $2p$. Le mouvement est oscillatoire ; l'amplitude des oscillations est $2\,l$, et leur durée est $T = \pi\sqrt{\dfrac{l}{g}}.$

On pourra supposer ensuite que le corps est animé, au départ, d'une vitesse initiale v_o, et discuter le problème avec cette nouvelle hypothèse : on reconnaîtra que l'amplitude des oscillations est plus grande, mais que leur durée est la même, que lorsque $v_o = 0$.

3° *Une surface de révolution autour d'un axe vertical* $O\,z$, *est donnée par l'équation de sa méridienne,* $z = \varphi(x)$. *On place un point matériel pesant, de masse* m, *en un point quelconque* (x, z) *de cette surface, et on lui donne, sui-*

*vant la tangente au parallèle correspondant, une vitesse telle qu'il décrit uniformément ce parallèle. On demande : 1º quelle est l'expression de cette vitesse ; 2º quelle est la surface de révolution, dont tous les parallèles seraient décrits avec une vitesse constante donnée **v** ; 3º quelle est celle dont tous les parallèles seraient décrits dans le même temps t.*

On trouvera, en appliquant le principe du nº 212 :

1º
$$v^2 = gx\, \varphi'(x) \; ;$$

2º Méridienne de la première surface :

$$z = \frac{v^2}{g}\, \log.\ \text{nép.}\ Cx;$$

3º Méridienne de la seconde :

$$z = \frac{2\,\pi^2}{gt^2}\, x^2 + C.$$

4º Les données étant les mêmes que dans le problème précédent, si la vitesse que l'on imprime au mobile est trop petite ou trop grande, pour qu'il décrive le parallèle sur lequel on l'a placé, démontrer qu'il descendra dans le premier cas et qu'il montera dans le second, mais qu'ensuite il remontera ou redescendra, et ainsi de suite ; de telle sorte que son mouvement se composera d'une série d'ondulations égales comprises entre deux parallèles de la surface, et tangentes à ces deux parallèles.

LIVRE III.

DU TRAVAIL DES FORCES APPLIQUÉES
A UN POINT MOBILE.

CHAPITRE I.

DU TRAVAIL ÉLÉMENTAIRE D'UNE FORCE.

PROGRAMME : Travail élémentaire d'une force appliquée à un point mobile. — Deux manières de l'évaluer, suivant qu'on projette la force sur la direction de l'élément du chemin décrit, ou l'élément de chemin sur la direction de la force. — Travail élémentaire moteur, travail élémentaire résistant. — Le travail élémentaire d'une force normale à l'élément du chemin décrit est nul.

219. DÉFINITION DU TRAVAIL ÉLÉMENTAIRE.—Lorsqu'un point matériel M, sollicité par une force quelconque F (fig. 34), décrit

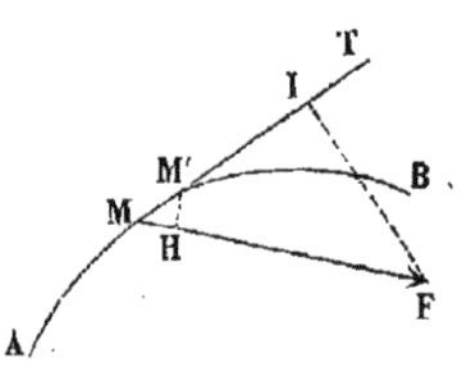

Fig. 34.

une courbe AB, on appelle *élément de chemin* l'arc MM' parcouru pendant un temps *infiniment petit* Δt. Cet arc doit être considéré comme une ligne droite, qui, prolongée, se confond avec la tangente MT au point M : nous le représenterons par Δs. Quelle que soit la force F, on peut aussi la regarder comme constante pendant l'instant Δt.

Cela posé, on appelle *travail élémentaire* d'une force F appliquée à un point mobile M, *le produit de l'intensité de cette force par l'élément de chemin parcouru et par le cosinus de l'angle que la direction de la force fait avec celle de l'élément.* Nous représenterons ce travail par $T\mathrm{F}$. Ainsi, d'après la définition,

$$T\mathrm{F} = \mathrm{F}.\Delta s.\cos (\mathrm{F}, \Delta s). \quad (1)$$

220. MANIÈRES D'ÉVALUER LE TRAVAIL ÉLÉMENTAIRE.—Il y a

deux manières d'évaluer le travail élémentaire d'une force. On peut, en effet, écrire ainsi son expression :

$$TF = \Delta s \cdot F \cos(F, \Delta s), \quad \text{ou} \quad TF = F \cdot \Delta s \cos(F, \Delta s).$$

Donc, *le travail élémentaire d'une force est égal :* 1º *au produit de l'élément de chemin parcouru par la projection de la force sur la direction de l'élément, c'est-à-dire par la composante tangentielle de la force ;* 2º *au produit de l'intensité de la force par la projection de l'élément de chemin sur la direction de la force.*

221. TRAVAIL ÉLÉMENTAIRE MOTEUR, RÉSISTANT.—Dans la formule (1), la force F et l'élément Δs n'ont pas de signe. Si l'angle TFM est aigu (fig. 34), son cosinus est positif ; la projection de la force sur l'élément de chemin tombe dans le sens de l'élément, et celle de l'élément sur la force tombe dans le sens de la force : alors l'expression du travail est positive. On dit, dans ce cas, que la force est *mouvante*, et que le travail élémentaire est *moteur*.

Si l'angle TMF est obtus (fig. 35), son cosinus est négatif ; la projection de chacun des facteurs sur l'autre tombe sur le prolongement de ce dernier ; alors l'expression du travail est négative. On dit que la force est *résistante*, et que le travail élémentaire est *résistant*.

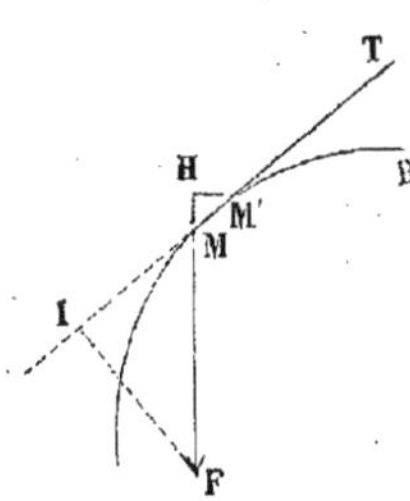

Fig. 35.

222. REMARQUES.—Il faut remarquer que la valeur absolue du travail élémentaire est maximum lorsque l'angle TMF est égal à 0 ou à 180º, c'est-à-dire, lorsque la force F est dirigée suivant la tangente en M, dans le sens de l'élément de chemin ou en sens contraire. On a, dans ce cas,

$$TF = \pm F \cdot \Delta s,$$

et le travail est moteur dans le premier cas, résistant dans le second.

Le travail élémentaire est nul, lorsque l'un des trois facteurs qui entrent dans son expression est nul. Ainsi, *il n'y a pas de travail produit :* 1º *lorsqu'il n'y a pas de force ;* 2º *lorsque le point matériel reste immobile ;* 3º *lorsque la direction de la force est normale à l'élément de chemin parcouru.*

CHAPITRE II.

DU TRAVAIL TOTAL D'UNE FORCE.

Programme : Travail total d'une force constante, dirigée dans le sens du chemin parcouru, ou qui reste parallèle à elle-même.—Travail de la pesanteur dans le mouvement d'un point matériel sur une courbe quelconque.—Travail total d'une force variable, dirigée ou non dans le sens du chemin décrit par son point d'application : il s'obtient par une quadrature ou à l'aide d'un tracé approximatif.—Ce qu'on entend par effort moyen.—Unité de travail, kilogrammètre.

223. Travail total d'une force.—Concevons qu'un point matériel M, sollicité par une force quelconque F, décrive, dans un temps fini t, un arc déterminé s : si l'on décompose le chemin parcouru en éléments Δs correspondants aux éléments de temps successifs Δt, on peut évaluer l'intensité et la direction de la force au commencement de chacun de ces instants, et calculer les travaux élémentaires correspondants,

$$F'.\Delta s'. \cos(F', \Delta s'), \quad F''.\Delta s''.\cos(F'', \Delta s''),\ldots$$

On nomme *travail total et continu de la force, la somme des travaux élémentaires produits pendant le temps t, et évalués dans toute l'étendue du chemin s.* Ainsi on a :

$$T F = F'.\Delta s' \cos(F', \Delta s') + F''.\Delta s''.\cos(F'', \Delta s'') + \ldots$$

ou, par abréviation,

$$T F = \Sigma F.\Delta s.\cos(F, \Delta s). \qquad (2)$$

On a reconnu qu'en général, le travail d'une force, ainsi défini, mesure l'utilité produite et la dépense occasionnée. C'est ce qui justifie l'étude que nous allons faire.

§ I. *Travail total d'une force constante.*

224. Théorème 1er.—*Lorsqu'une force constante F est dirigée dans le sens du chemin parcouru par son point d'applica-*

tion, le travail total, quelle que soit la courbe décrite, est égal au produit de la force par la longueur du chemin.

En effet, puisque la direction de la force est constamment tangente à la trajectoire, les angles $(F, \Delta s)$ sont tous nuls, et le travail total a pour expression :

$$T.F = F.\Delta s + F.\Delta s' + F.\Delta s'' + \ldots,$$

ou

$$TF = F(\Delta s + \Delta s' + \Delta s'' + \ldots),$$

ou enfin, $$TF = Fs. \qquad (3) \qquad \text{C. Q. F. D.}$$

225. THÉORÈME 2me.—*Lorsqu'une force constante F reste toujours parallèle à une direction donnée XY, pendant que son*

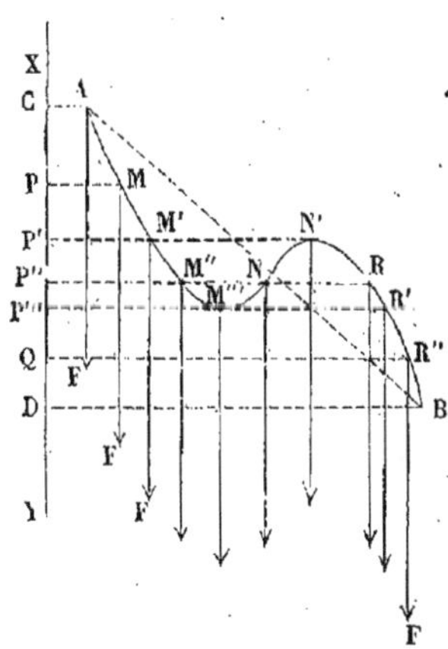

Fig. 36.

point d'application M décrit un arc quelconque AB, le travail total est égal au produit de la force F par la projection CD, sur cette direction, de la corde AB qui joint les positions extrêmes du mobile (fig. 36).

En effet, d'après l'une des manières d'évaluer le travail élémentaire de la force F (n° 220), on voit que les travaux élémentaires correspondants aux éléments de chemin AM, MM', M'M'', M''M''', sont positifs, et égaux respectivement à F.CP, F.PP', F.P'P'', F.P''P''' ; que ceux qui sont relatifs aux éléments M'''N, NN', sont négatifs, et égaux à $-F.P'''P''$, $-F.P''P'$, et que ceux qui correspondent aux éléments N'R, RR', R'R'', R''B, sont positifs et égaux respectivement à F.P'P'', F.P''P''', F.P'''Q, F.QD. Donc le travail total est :

$$TF = F \times \begin{pmatrix} CP + PP' + P'P'' + P''P''' - P'''P'' - P''P' \\ + P'P'' + P''P''' + P'''Q + QD \end{pmatrix},$$

ou $$TF = F \times CD. \qquad (4) \qquad \text{C. Q. F. D.}$$

Ainsi, dans ce cas, le travail total est indépendant de la forme qu'affecte la courbe entre ses deux limites A et B.

226. COROLLAIRE.—Si le chemin parcouru est rectiligne, et si la force est dans la direction du chemin, il résulte de l'un ou de l'autre des théorèmes précédents, que le travail total est le produit de la force par la longueur du chemin : ce qui nous ramène à la définition spéciale donnée au n° 186.

227. APPLICATION A LA PESANTEUR.—Comme le poids d'un corps est une force verticale constante, on peut appliquer le théorème précédent (n° 225) à la détermination du travail qu'il produit dans le mouvement de ce corps.

En effet, supposons que la droite XY (fig. 36) soit verticale, et que le point matériel M, de poids p, descende, le long de la courbe quelconque AB, du point A au point B : menons par A et B des plans horizontaux AC, BD, et posons $CD = h$: le travail total du poids P est ph : il est *moteur*. Si, au contraire, le mobile, animé d'une vitesse initiale, parcourt la courbe de B en A, le travail est encore ph, mais il est *résistant*.

Ainsi, quelle que soit la forme de la trajectoire, *le travail de la pesanteur est toujours égal au produit du poids du mobile par la hauteur verticale dont il est descendu ou monté.*

Il en résulte que le travail est nul toutes les fois que le point matériel revient, dans son mouvement, dans le plan horizontal qui contient le point de départ.

§ II. *Travail total d'une force variable.*

228. THÉORÈME 3ᵐᵉ.—*Lorsqu'une force variable F agit sur un point matériel pendant que celui-ci décrit un arc de courbe quelconque, le travail total peut toujours s'obtenir par une quadrature ou à l'aide d'un tracé approximatif.*

En effet, partageons le chemin parcouru par le mobile en éléments de chemin $\Delta s'$, $\Delta s''$,… ; et portons ces éléments les uns à la suite des autres, sur un axe OS (fig. 37), en P'P'', P''P''',… : admettons que la force reste constante pendant que le mobile parcourt chaque élément, et qu'elle varie brusquement lors

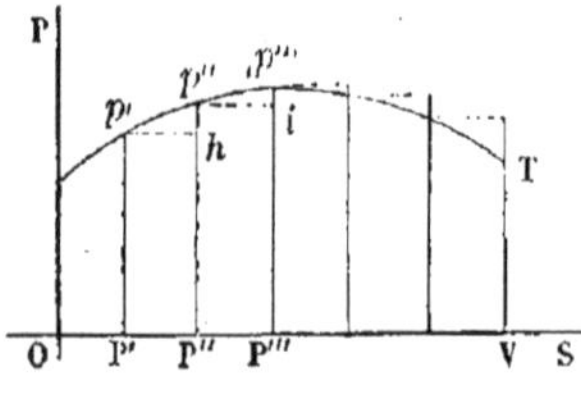

fig. 37.

qu'il passe d'un élément à un autre : concevons enfin que l'on calcule les composantes tangentielles $F' \cos(F', \Delta s')$, $F'' \cos(F'', \Delta s'')$,… de cette force, correspondantes à ces éléments, et prenons leurs valeurs pour ordonnées $P' p'$, $P'' p''$,... ; puis, joignons par des lignes droites les points p', p'',... Si l'on mène les droites $p'h$, $p''i$,... parallèles à OS, les rectangles ainsi obtenus $P'p'hP''$, $P''p''iP'''$, etc., mesureront les travaux élémentaires de la force, dans l'hypothèse que nous avons faite ; et par suite le travail total sera mesuré, dans la même hypothèse, par la somme de ces aires. Or, plus les éléments Δs seront petits, plus l'hypothèse admise se rapprochera de la réalité où la force varie d'une manière continue, et plus il sera permis de prendre la somme des aires pour mesurer le travail total ; mais alors moins les ordonnées consécutives différeront, plus le polygone $p'p''p'''$... se rapprochera d'une courbe continue, et plus la somme des aires convergera vers l'aire curviligne. Donc le travail total de la force est mesuré par l'aire de la courbe $P'p'.$TV.

229. REMARQUE.—Lorsque la composante tangentielle de la force est négative, il faut porter l'ordonnée correspondante au-dessous de l'axe OS ; et comme le travail élémentaire est alors résistant, il entre avec le signe — dans l'expression du travail total. Par conséquent, on devra évaluer séparément les aires situées au-dessus de l'axe OS, et les aires situées au-dessous, et retrancher celles-ci des premières. La différence sera le travail total : il sera moteur ou résistant, selon que cette différence sera positive ou négative.

230. MANIÈRE D'APPLIQUER LE THÉORÈME.—On voit donc que l'évaluation du travail continu d'une force variable quelconque se ramène à une *quadrature*. Si l'on connaît la relation entre l'arc s parcouru à l'époque t, et la composante tangentielle $F \cos (F, \Delta s)$, on construira la courbe par les procédés ordinaires de la géométrie. Si l'on ne possède qu'une table d'un certain nombre de valeurs correspondantes de l'arc et de la composante, on fera un *tracé approximatif* de la courbe. Dans les deux cas, on appliquera à la recherche de l'aire l'une des méthodes d'approximation exposées aux n°⁵ 66 et suivants (page 28), et l'on obtiendra ainsi une valeur approchée du travail total.

§ III. *De l'effort moyen et de l'unité de travail.*

231. EFFORT MOYEN.—Il est souvent utile, en mécanique, de substituer à une force variable une force constante, qui produirait le même effet. On appelle *effort moyen d'une force variable* F, *la force constante* φ, *qui, appliquée à la même masse dans la direction du mouvement, et lui faisant parcourir le même chemin s, produirait le même travail total.*

D'après cette définition, on a immédiatement (n° 224) :

$$\varphi . s = T\text{F}, \quad \text{d'où} \quad \varphi = \frac{T\text{F}}{s}. \quad (5)$$

Ainsi l'*effort moyen s'obtient en divisant le travail total de la force*, c'est-à-dire, l'aire de la courbe (n° 228), *par la longueur du chemin parcouru* qui est la base de cette aire. En d'autres termes, si l'on remplace l'aire mixtiligne par un rectangle équivalent de même base, l'effort moyen est la hauteur de ce rectangle.

232. APPLICATION.—Pour enfoncer un pieu dans le sol, on emploie un mouton ayant un poids p, élevé à une hauteur h. En tombant de cette hauteur, il enfonce le pieu d'une quantité δ. Quel est l'effort moyen que le sol a développé ?

On a :
$$\varphi = \frac{ph}{\delta}. \quad (6)$$

Si, par exemple, $p = 500$ kilog., $h = 3^m$, $\delta = 0^m,1$, on trouve $\varphi = 15000$ kilog.

233. UNITÉ DE TRAVAIL, KILOGRAMMÈTRE.—Puisque le travail d'une force s'obtient en multipliant un nombre de kilogrammes par un nombre de mètres, ou en faisant la somme de plusieurs produits semblables, il est naturel de prendre pour *unité de travail le travail qui se produit lorsqu'on élève un poids d'un kilogramme à un mètre de hauteur.* Cette unité a reçu le nom de *kilogrammètre*, et se désigne par les initiales *kgm*. Tout travail est représenté par un nombre de kilogrammètres.

Par exemple, un ouvrier élève un poids de 45 kilog. à une hauteur de 12^m : son travail est 45×12 ou 540 kgm. Une locomotive fait parcourir 10 kilomètres à 20 tonnes ; le travail dépensé est 20000×10000 ou 200000000 kgm.

234. AUTRE UNITÉ : CHEVAL-VAPEUR.—La considération du temps n'intervient pas dans la définition du kilogrammètre. Il en est autrement, quand on définit le *cheval-vapeur*, unité que l'on emploie ordinairement pour évaluer le travail d'une machine. *Le cheval-vapeur représente un travail de* 75 *kilogrammètres par seconde.* Ainsi une machine de la *force* de 10 chevaux est une machine capable de produire un travail continu de 750 kilogrammètres par seconde. (Le mot force est employé ici dans le sens du mot *travail.*)

§ IV. *Relation entre le travail et la force vive.*

235. THÉORÈME 4me.—*Lorsqu'une force variable* F *agit, pendant un certain temps, sur un point matériel, de masse* m, *en mouvement sur une trajectoire quelconque, la demi-variation de la force vive du mobile est égale au travail total de la force pendant ce temps.*

Nous avons déjà dit que la force vive d'un point matériel en mouvement est le produit de sa masse par le carré de sa vitesse ; et nous avons démontré le théorème dans le cas particulier où la force est constante et le mouvement rectiligne (n° 186) : nous voulons le généraliser ici. Distinguons deux cas.

PREMIER CAS : *La force* F *est variable et le mouvement rectiligne.* Puisque la force F est toujours dirigée suivant la droite que parcourt le mobile, le travail élémentaire est le produit de l'intensité de la force par l'élément de chemin parcouru. Si donc on construit une courbe ayant pour abscisses les chemins et pour ordonnées les valeurs correspondantes de la force, l'aire de cette courbe représentera le travail total (n° 228). Or on sait (n° 60), que la dérivée de l'aire d'une courbe, considérée comme fonction de l'abscisse, est l'ordonnée correspondante. Donc la force F est la dérivée du travail, considéré comme fonction du chemin parcouru.

D'un autre côté, en vertu du théorème sur les dérivées des fonctions de fonction, la dérivée de la demi-force vive $\dfrac{mv^2}{2}$, considérée comme fonction de l'espace décrit, est égale au produit de mv par la dérivée de v par rapport au temps, et par la dérivée du temps par rapport à l'espace, c'est-à-dire

à $mv \times \gamma \times \dfrac{1}{v}$, ou à $m\gamma$ (mesure de la force F).

Ainsi le travail TF et la demi-force vive $\dfrac{mv^2}{2}$ ont la même dérivée, et ne peuvent différer que par une constante : on a donc :
$$T F = \frac{mv^2}{2} + const.$$

D'ailleurs, si l'on désigne par v_0 la vitesse initiale, au moment où le travail est nul, on a :
$$0 = \frac{mv_0^2}{2} + const.,$$

d'où
$$T F = \frac{mv^2}{2} - \frac{mv_0^2}{2}. \qquad (7)$$

Deuxième cas : *La force* F *est quelconque, et le mouvement curviligne.* Dans ce cas, l'ordonnée de la courbe, dont l'aire mesure le travail total, est la composante tangentielle de la force F (n° 228) : par suite, c'est cette composante qui est la dérivée du travail. Mais la demi-force vive $\dfrac{mv^2}{2}$ a la même dérivée ; car la dérivée de v par rapport au temps est, dans le mouvement curviligne, l'accélération tangentielle γ_t (n° 120) ; et par suite la dérivée de $\dfrac{mv^2}{2}$ par rapport à l'espace parcouru est $mv \times \gamma_t \times \dfrac{1}{v}$ ou $m\gamma_t$, c'est-à-dire, la composante tangentielle de la force. Ainsi, comme dans le premier cas, le travail total et la demi-force vive ont la même dérivée ; et l'on a encore :
$$T F = \frac{mv^2}{2} - \frac{mv_0^2}{2}. \qquad (7) \qquad \text{C. Q. F. D.}$$

236. APPLICATION.—Le théorème précédent est de la plus haute importance en mécanique. On en verra plus loin (n°s 256 et suiv.) quelques applications. Nous n'en donnerons ici qu'une seule.

Un point matériel pesant, de masse m, *abandonné à lui-même en* A (fig. 36, p. 109), *parcourt la courbe* AMNB. *Quelle est sa vitesse en* B?

On sait que le travail de la pesanteur, dans ce cas, est (n° 227) mgh, en posant $CD = h$. D'ailleurs la vitesse initiale v_0 est nulle : donc on a (n° 235) :

$$\frac{mv^2}{2} = mgh, \quad \text{ou} \quad v^2 = 2gh. \quad (8)$$

Ainsi la vitesse acquise par le mobile, à la fin de la chute, est la même (en grandeur, mais non en direction), que s'il était tombé verticalement de la hauteur $CD = h$. (*Voir* le n° 242.)

237. REMARQUE.—On prend la demi-force vive d'un projectile comme mesure du mal qu'il peut faire. Ainsi on lance, contre une porte dont l'épaisseur est e et la résistance moyenne φ, un boulet dont la masse est m, avec une vitesse v. Suivant que l'on aura :

$$\varphi e > \frac{mv^2}{2}, \quad \text{ou} \quad \varphi e < \frac{mv^2}{2}, \quad (9)$$

la porte résistera ou cédera à l'effort du boulet.

CHAPITRE III.

DU TRAVAIL DE PLUSIEURS FORCES
APPLIQUÉES A UN MÊME POINT.

PROGRAMME : Le travail élémentaire de la résultante de deux ou d'un plus grand nombre de forces est égal à la somme algébrique des travaux élémentaires des composantes.—Extension de ce théorème au travail continu des forces.—Théorème des moments. Ce théorème a lieu pour les projections sur un plan quelconque de forces concourantes dans l'espace.— Ce qu'on nomme moment d'une force par rapport à un axe.—Quand trois forces se font constamment équilibre, la somme algébrique de leurs travaux est nulle.—Extension de ce théorème à l'équilibre d'un nombre quelconque de forces appliquées à un point.—Théorème relatif aux moments de ces forces par rapport à un axe quelconque dans l'espace.

---

§ I. *Travail de la résultante de plusieurs forces appliquées à un même point.*

238. THÉORÈME 5me.—*Lorsque plusieurs forces variables F, F′, F″,..., agissent simultanément sur un même point en mouvement, le travail élémentaire de la résultante R est égal à la somme algébrique des travaux élémentaires des composantes.*

Pour le prouver, concevons que l'on construise (fig. 38) le polygone (n° 197), dont les côtés consécutifs AF, FF′,... sont égaux et parallèles aux diverses forces, et dont le dernier AR représente la résultante R en grandeur et en direction ; et projetons ce contour sur la direction AS de l'élément de chemin parcouru par le point d'application A. On démontre en géométrie analytique, que la

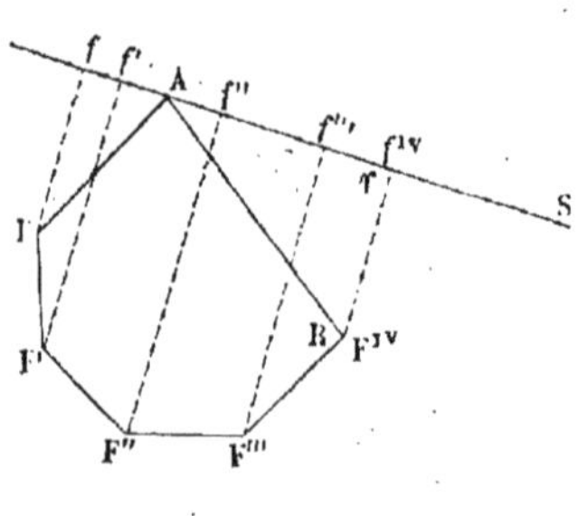

Fig. 38.

somme algébrique des projections de tous les côtés de ce polygone fermé est nulle, c'est-à-dire, que la projection du dernier F″A est égale (mais de signe contraire) à la somme algébrique des projections de tous les autres. Or la projection de la résultante AR est égale, mais de signe contraire, à la projection du côté F″A (ou RA). Donc, en désignant par f, f', f'',…. les projections des côtés AF, FF′, F′F″,… qui sont celles des composantes, et par r la projection de la résultante (toutes prises avec leurs signes), on a : $r = f + f' + f'' + \cdots$

On en conclut : $r . \Delta s = f . \Delta s + f' . \Delta s + f'' . \Delta s + \ldots ,$

c'est-à-dire (n° 220) : $TR = TF + TF' + TF'' + \ldots = \Sigma TF.$ (10)

239. EXTENSION AU TRAVAIL CONTINU DES FORCES.—Le théorème précédent est démontré pour le travail élémentaire de la résultante et pour ceux des composantes, qui sont relatifs à un même élément de chemin parcouru par leur point d'application commun. Il subsiste donc pour les travaux simultanés relatifs à chaque élément de chemin, et par conséquent pour leurs sommes respectives.

Donc *le travail total et continu de la résultante de plusieurs forces appliquées à un même point, est égal à la somme algébrique des travaux des composantes.*

240. RÉACTION DES SURFACES OU DES COURBES.—Lorsqu'un point matériel est astreint à se mouvoir sur une courbe ou sur une surface donnée parfaitement polie, la présence de cette courbe ou de cette surface fait naître une réaction ou pression sur le mobile. *Si l'on fait abstraction du frottement* dont nous nous occuperons plus tard, la réaction ne peut être que normale : car si elle était oblique, on pourrait la décomposer en une réaction normale et une composante tangentielle, et l'on ne saurait concevoir l'existence de cette dernière. Par conséquent, *la courbe ou la surface*, sur laquelle le mobile est obligé de se mouvoir, *équivaut à une force normale; et l'on peut supposer le point matériel entièrement libre, pourvu que l'on ajoute au système des forces qui lui sont appliquées une force égale, à chaque instant, à cette réaction normale.*

241. THÉORÈME 6ᵐᵉ.—*Le travail de la résultante des forces extérieures, appliquées à un point, n'est pas altéré par la réac-*

tion de la surface ou de la courbe sur laquelle il se meut; car cette réaction étant constamment normale à l'élément de chemin parcouru, son travail particulier est nul à chaque instant.

242. COROLLAIRES.—Ainsi, *lorsqu'un point matériel, en mouvement sur une surface ou sur une courbe, n'est sollicité par aucune force extérieure,* le travail est nul; et, par suite, on a :

$$\frac{mv^2}{2} - \frac{mv_0^2}{2} = 0, \quad \text{ou} \quad v = v_0, \qquad (11)$$

c'est-à-dire, que *la force vive du mobile est constante, et son mouvement uniforme.* En d'autres termes, la réaction de la surface ou de la courbe a pour effet de changer à chaque instant la direction, mais non la valeur de la vitesse.

Ainsi encore, si le point matériel est pesant, le travail total, pendant le mouvement, est dû à la seule action de la pesanteur, comme nous l'avons supposé (n° 236), de sorte que l'on a toujours, $$v^2 = 2gh.$$

§ II. *Des moments des forces.*

243. DÉFINITION DU MOMENT D'UNE FORCE PAR RAPPORT A UN POINT.—On appelle *moment d'une force* F *par rapport à un point quelconque O, le produit de l'intensité de cette force par la perpendiculaire OP abaissée de ce point sur la droite AF suivant laquelle elle agit* (fig. 39). Le point O est le *centre des moments.* Si l'on

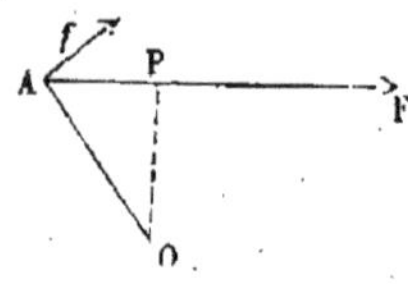

Fig. 39.

joint le point O au point d'application A de la force, cette force tend à faire tourner la droite OA, autour du point O, dans le sens indiqué par la flèche *f,* ou *de gauche à droite.* Si le point O était de l'autre côté de la droite AF, la force tendrait à faire tourner en sens contraire, ou *de droite à gauche.* On peut convenir de distinguer ces deux sens de rotation, en donnant un signe au moment, c'est-à-dire, en le regardant comme positif dans l'un des cas, et comme négatif dans le cas contraire.

244. RELATION ENTRE LE TRAVAIL ÉLÉMENTAIRE D'UNE FORCE ET SON MOMENT.—Le moment d'une force, par rapport à un point, a une certaine analogie avec le travail élémentaire de cette force. En effet, ils sont tous deux le produit d'une force par une longueur; et il existe entre eux un rapport simple. Soit AB (fig. 40) le déplacement élémentaire du point A; et prenons pour *centre* un point quelconque O de la perpendiculaire élevée en A sur AB, dans le plan FAB. Les triangles semblables ABb, AOP, donnent :

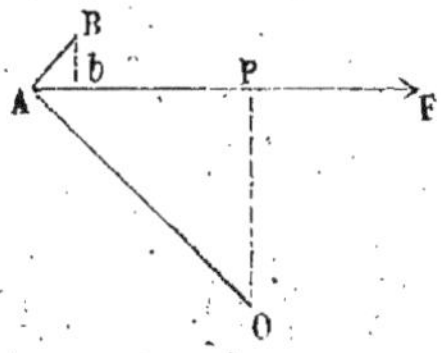

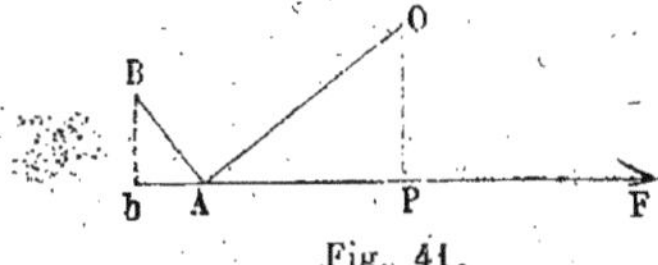

Fig. 40.

$$\frac{A b}{AB} = \frac{OP}{AO}, \quad \text{ou} \quad A b = \frac{AB}{AO} \cdot OP,$$

d'où l'on conclut :
$$F \times A b = \frac{AB}{AO} \times F \times OP. \quad (12)$$

Ainsi le travail F.Ab et le moment F.OP sont dans le rapport de AB à AO.

Comme le travail est positif dans le cas de la figure 40 (n° 221), on pourra regarder aussi le moment comme positif, dans ce cas, c'est-à-dire, lorsque la force tend à faire tourner le point A, autour du point O, dans le sens du déplacement AB. Si, au contraire, le travail est négatif (fig. 41), la force tend à faire tourner le point A en

Fig. 41.

sens contraire du déplacement AB; et l'on regardera le moment comme négatif. En faisant cette hypothèse, le travail élémentaire et le moment seront toujours de même signe.

Cette relation sert de base à la démonstration du théorème suivant, dit de *Varignon* ou *des moments*.

245. THÉORÈME 7ᵐᵉ.—*Le moment de la résultante de deux forces, par rapport à un point pris dans leur plan, est égal à la somme algébrique des moments des composantes.*

Pour le prouver, on donne au point d'application commun, et dans le plan des forces, un déplacement élémentaire perpendiculaire à la droite qui le joint au centre des moments. Or, pour ce déplacement, le travail de la résultante est égal à la somme algébrique des travaux des composantes (n° 238) : donc il en est de même de leurs moments, qui sont proportionnels à ces travaux élémentaires et de même signe qu'eux (n° 244).

On peut d'ailleurs démontrer géométriquement ce théorème

important. En effet, si l'on remarque que le moment d'une force

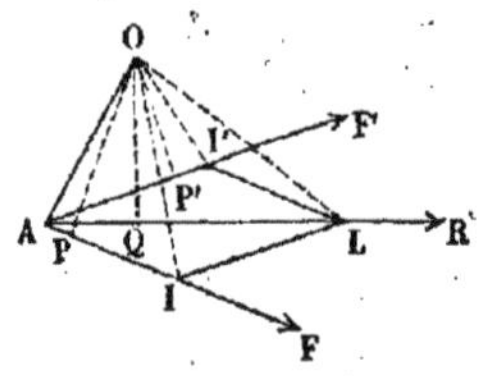

Fig. 42.

F, par rapport à un point O, ou $F \times OP$, est le double de l'aire du triangle qui a pour sommet le point O et pour base l'intensité AI de la force F (fig. 42 et 43), on voit qu'il faut prouver, que le triangle AOL, qui a pour base la résultante, est la somme ou la différence des triangles AOI, AOI', qui ont pour bases les composantes. Or cela résulte évidemment de ce que ces trois triangles ont même base AO,

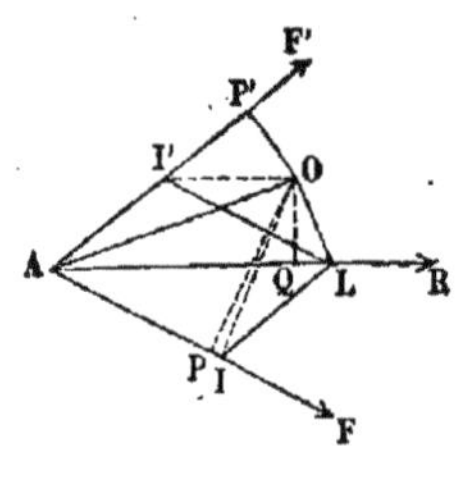

Fig. 43.

et de ce que la hauteur du premier est la somme (fig. 42) ou la différence (fig. 43) des hauteurs des deux autres. D'ailleurs, dans le premier cas, les trois moments sont de même signe; et, dans le dernier, le moment de la force F' a un signe contraire à celui des deux autres : donc le théorème est démontré.

246. GÉNÉRALISATION DU THÉORÈME.—Le théorème précédent s'étend naturellement, sans démonstration nouvelle, par la considération du travail, au cas d'un nombre quelconque de forces appliquées au même point, et *agissant dans un même plan*. Car pour plusieurs forces, comme pour deux seulement, le travail de la résultante est égal à la somme algébrique des travaux des composantes (n° 238).

Quant au second mode de démonstration, on emploie le calcul pour généraliser le théorème. Si l'on désigne par F, F', F'',... les forces, par R' la résultante de F et de F', par R'' celle de R' et de F'',... et par R la résultante définitive : si l'on représente, en outre, le moment d'une force F par $\mu.F$, on a successivement, en vertu du théorème 7$^\text{me}$:

$$\mu.R' = \mu.F + \mu.F',$$
$$\mu.R'' = \mu.R' + \mu.F'',$$
$$\cdots\cdots\cdots\cdots\cdots\cdots$$
$$\mu.R = \mu.R^{(n-1)} + \mu.F^{(n)},$$

et, en ajoutant ces égalités membre à membre, il vient :

$$\mu.R = \mu.F + \mu.F' + \mu.F'' + \cdots + \mu.F^{(n)}. \quad (13) \quad \text{C.Q.F.D.}$$

Ainsi *le moment de la résultante d'un nombre quelconque de forces, appliquées au même point et situées dans le même plan, pris par rapport à un point quelconque de ce plan, est égal à la somme algébrique des moments des composantes.*

247. COROLLAIRE.—Si l'on choisit pour centre des moments un point de la droite suivant laquelle agit la résultante, son moment est nul : par conséquent, *la somme algébrique des moments des forces qui agissent sur un même point est nulle, par rapport à tout point pris sur leur résultante.*

248. THÉORÈME 8ᵐᵉ.—Lorsque les forces appliquées à un même point sont dirigées d'une manière quelconque, dans l'espace, si l'on projette ces forces et leur résultante sur un même plan quelconque, la projection de la résultante est la résultante des projections dés composantes : car la droite, qui ferme le polygone des forces dans l'espace, a pour projection la droite qui ferme le polygone des projections. Le théorème 7ᵐᵉ s'applique donc à ces projections.

Ainsi, *si l'on projette sur un plan des forces quelconques appliquées à un même point ainsi que leur résultante, le moment de la projection de la résultante, par rapport à un point quelconque du plan, est égal à la somme algébrique des moments des projections des composantes.*

249. DÉFINITION DU MOMENT D'UNE FORCE PAR RAPPORT A UN AXE.—On appelle *moment d'une force par rapport à un axe, le produit de la plus courte distance des deux droites par la projection de la force sur un plan perpendiculaire à l'axe.* Ainsi, soient une force F appliquée en A, et un axe ZZ′ (fig. 44) :

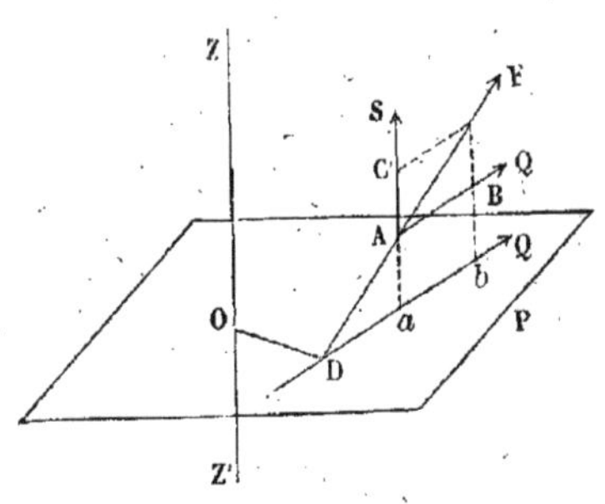

Fig. 44.

soit OD la plus courte distance des deux droites. Si l'on mène par OD le plan P perpendiculaire à l'axe, on peut décomposer la force F en deux forces rectangulaires, 'une S parallèle à l'axe, et l'autre Q parallèle au plan P ; cette dernière , d'ailleurs, est égale à la projection *ab* de la force F sur le plan P ; et la droite *ab* passe par le point D, et est perpendiculaire sur OD. Le moment de la force F, par rapport à l'axe ZZ′, est le produit Q × OD.

On voit que la projection *ab* de la force F tend à faire tourner la droite OD, autour du point O (ou de l'axe OZ), de droite à gauche : une force contraire tendrait à la faire tourner en sens contraire. Le moment Q × OD recevra donc un signe.

250. THÉORÈME 9ᵐᵉ.—*Lorsque plusieurs forces agissent sur un même point, le moment de leur résultante, par rapport à un axe, est égal à la somme des moments des composantes.*

En effet, si l'on projette ces forces et leur résultante sur un même plan P perpendiculaire à l'axe, la projection de la résultante est la résultante des projections des composantes. D'ailleurs les plus courtes distances de toutes ces forces à l'axe se projettent en vraie grandeur sur le plan P, puisqu'elles lui sont parallèles; elles ont alors pour origine le point O où le plan P rencontre l'axe, et elles sont perpendiculaires aux projections de toutes les forces. Les moments des forces par rapport à l'axe sont donc les moments de leurs projections par rapport au point O. Or le théorème est démontré pour ces derniers moments (n° 246) : donc il existe aussi pour les premiers.

§ III. *Des travaux des forces en équilibre.*

251. THÉORÈME 10ᵐᵉ.—*Lorsque trois forces se font constamment équilibre, la somme algébrique de leurs travaux est nulle pour tout déplacement possible du point d'application.*

En effet, le travail de la résultante de plusieurs forces est égal à la somme algébrique des travaux des composantes (n° 239). Or les trois forces données se faisant constamment équilibre, leur résultante est constamment nulle, et par suite son travail est également nul (n° 222, 1°) pour tout déplacement du point d'application qui est supposé entièrement libre. Donc la somme des travaux des composantes est aussi nulle.

252. GÉNÉRALISATION DU THÉORÈME.—Le même raisonnement s'applique au cas où des forces, en nombre quelconque, se font équilibre autour d'un même point. Car le travail de la résultante est, dans tous les cas, la somme algébrique des travaux des composantes (n° 239).

Il faut entendre par ces mots, *tout déplacement possible*, un déplacement arbitraire donné au point d'application, mais compatible avec la condition de ce point.

253. COROLLAIRE.—*Si deux forces sont égales et directement opposées, leurs travaux continus sont égaux et de signe contraire :* car, ces forces se faisant équilibre, la somme de leurs travaux est nulle.

254. CAS OU LE POINT EST PLACÉ SUR UNE SURFACE.—Si le point est assujetti à se tenir sur une surface, il n'est pas nécessaire, pour l'équilibre, que la résultante soit nulle : il suffit qu'elle soit normale à la surface, pour être détruite par sa résistance. Cette condition, d'ailleurs, est nécessaire ; car une résultante oblique pourrait toujours se décomposer en une force normale qui serait détruite, et une force tangente qui mettrait le point en mouvement, de sorte qu'il n'y aurait pas équilibre.

La résultante des forces qui maintiennent le point en équilibre sur la surface est donc normale à cette surface. Or les *déplacements possibles* du point sont ceux qui ont lieu le long de la surface ; ils sont donc tous normaux à la résultante. Donc le travail de cette dernière est nul (n° 222, 3°).

Donc *la somme des travaux des forces qui agissent sur un même point, et qui le maintiennent en équilibre sur une surface, est égale à zéro.*

255. THÉORÈME 11me.—*Lorsque plusieurs forces se font équilibre autour d'un même point entièrement libre, la somme algébrique de leurs moments par rapport à un axe est nulle.*

En effet, d'après le théorème 9me, le moment de la résultante, par rapport à un axe quelconque, est la somme algébrique des moments des composantes : or, la résultante étant nulle dans ce cas, puisqu'il y a équilibre, son moment est nul. Il en est donc de même de la somme algébrique des moments des forces.

CHAPITRE IV.

EXERCICES ET APPLICATIONS.

256. PREMIER PROBLÈME.—*Un fusil, dont le canon a une longueur* l *et une section droite* ω, *est chargé de poudre et d'une balle. On connaît la longueur* h *de l'espace occupé par la poudre, la masse* m *de la balle, le volume* V *qu'occupent, à la pression ordinaire* P *(évaluée en kilogrammes), les gaz que produira la poudre en brûlant : et l'on demande (en négligeant les variations de la température) quelle est la vitesse de la balle au sortir du canon.*

Soit x la distance à laquelle la balle se trouve du fond du canon, à l'époque t; le volume occupé par le gaz, à ce moment, est ωx. Or les pressions exercées par une même masse de gaz sont en raison inverse des volumes qu'elle occupe : donc la pression exercée sur la balle, à l'époque t, est $P \times \dfrac{V}{\omega x}$. Mais on sait que la force est la dérivée du travail ou de la demi-force vive par rapport à l'espace parcouru (n° 235). Donc la demi-force vive est, à une constante près, la fonction dont $\dfrac{PV}{\omega x}$ est la dérivée, et l'on a :

$$\frac{mv^2}{2} = \frac{PV}{\omega} \cdot log.\ nép.\ x + const.$$

Pour déterminer la constante, on remarque qu'à l'origine, $x = h$, $v = 0$; donc

$$0 = \frac{PV}{\omega} log.\ nép.\ h + const.;$$

et l'on conclut, par soustraction,

$$\frac{mv^2}{2} = \frac{PV}{\omega} log.\ nép.\ \frac{x}{h}. \quad (1)$$

Si, dans cette formule, on pose $x = l$, on a, pour la vitesse au sortir du canon,

$$v = \sqrt{\frac{2\,PV}{m\,\omega} log.\ nép.\ \frac{l}{h}}. \quad (2)$$

257. THÉORÈME 1er.—*Lorsqu'une force* F, *agissant sur un point matériel* M, *est constamment dirigée vers un point fixe* O, *cette force est la dérivée du* *travail ou de la demi-force vive possédée par le mobile, dérivée prise par rapport au rayon vecteur* OM (fig. 45).

Pour le prouver, soit AB la trajectoire du point matériel; et soient M, M', M'',..., ses positions aux époques infiniment voisines t, $t + \Delta t$,

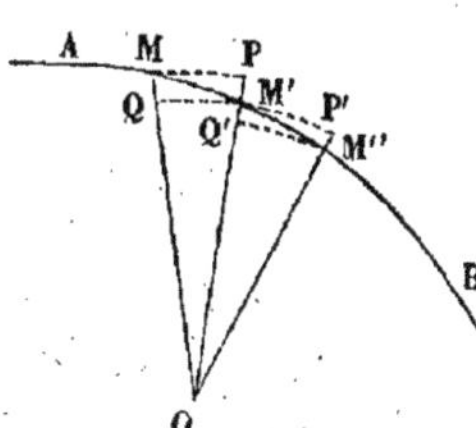

Fig. 45.

$t + 2\Delta t$. Joignons OM, OM', OM'',... et décrivons, du point O comme centre, les arcs de cercle MP, M' P',..., M' Q, M'' Q',...; les variations du rayon vecteur seront M' P ou MQ, M''P' ou M'Q',.... Or les arcs M' Q, M'' Q',... pouvant être considérés comme des perpendiculaires abaissées de M' sur OM, de M'' sur OM',..., on peut regarder MQ, M'Q',... comme les projections des éléments de chemin MM', M'M'',...

sur les directions correspondantes de la force F. Par conséquent, si l'on désigne par F, F', F'',....les intensités de la force correspondantes aux positions M, M', M'',... les travaux élémentaires de cette force seront (nᵒ 220) F $\times$ MQ, F' $\times$ M'Q',..., et le travail total sera (nᵒ 223) la somme de ces travaux. Si donc on construit une courbe, ayant pour abscisses les valeurs successives du rayon vecteur, et pour ordonnées les intensités correspondantes de la force, l'aire de la courbe ainsi obtenue sera égale au travail total (nᵒ 228). Or on sait que la dérivée de l'aire, prise par rapport à l'abscisse, est égale à l'ordonnée (nᵒ 60): donc la dérivée du travail, prise par rapport au rayon vecteur, est égale à la force.   C. Q. F. D.

258. THÉORÈME 2ᵐᵉ.—*Lorsqu'une force* F, *agissant sur un point matériel* M, *est constamment dirigée vers un point fixe* O, *les aires décrites par le rayon vecteur* OM *sont planes et proportionnelles aux temps employés à les décrire* (fig. 46).

En effet, aucune cause ne tend à faire sortir le point M du plan mené par le point O et par la vitesse initiale: donc les aires sont planes. Cela posé, soit MM' l'élément de chemin parcouru pendant l'élément de temps Δt: en vertu de la vitesse acquise, le mobile parcourrait, dans un second instant Δt, un chemin M'G égale à MM' et situé sur son prolongement: en vertu de l'action de la force F dirigée, à ce moment, suivant M'O, il parcourrait un chemin M'H: donc, d'après la règle du parallélogramme, il parcourra, dans ce second instant, la

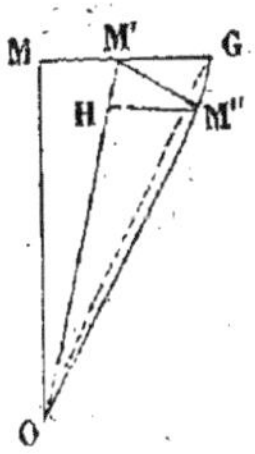

Fig. 46.

diagonale M'M''. Or, joignons OM, OM', OM'', OG: les deux triangles MOM', M'OG, sont équivalents, comme ayant bases égales et même hauteur; mais les deux triangles M'OG, M'OM'', sont aussi équivalents, comme ayant même base M'O, et leurs sommets G et M'' sur une même parallèle à la base; donc les deux triangles MOM', M'OM'', sont équivalents. Donc les aires décrites en temps égaux Δt sont égales.   C. Q. F. D.

259. THÉORÈME 3me.—*Réciproquement, lorsque les aires décrites par le rayon vecteur mené d'un point fixe O aux positions successives d'un mobile, sont planes et proportionnelles aux temps employés à les décrire, la force qui sollicite le mobile est constamment dirigée vers le point O (fig. 46.*

En effet, soient MM' et M'M'' les éléments de chemin parcourus pendant deux éléments de temps successifs et égaux : les triangles MOM', M'OM'', sont équivalents, par hypothèse. Mais, si l'on prolonge MM' d'une quantité égale M'G, les triangles MOM', M'OG sont aussi équivalents : donc les triangles M OM'', M'OG le sont également; or ils ont même base OM' ; donc GM'' est parallèle à OM' ; et si l'on mène M''H parallèle à M'G, M'M'' est la diagonale du parallélogramme M'GM''H. On peut donc considérer le mouvement pendant le second instant, suivant M'M'', comme résultant de deux mouvements, l'un suivant M'G, l'autre suivant M'H (n° 88) : or le premier est le mouvement dû à la vitesse acquise à la fin du premier instant; donc le second, dirigé suivant M'H, est dû à l'action de la force à ce moment (n° 154) : donc cette force est dirigée suivant M'O.   C. Q. F. D.

260. LEMME SUR LA DÉRIVÉE DE L'AIRE DU SECTEUR.—Quoique les démonstrations géométriques des deux théorèmes précédents soient très-simples, nous indiquerons cependant, à titre d'exercices, la méthode qu'emploie l'analyse pour arriver au même résultat. Cette méthode est fondée sur une expression remarquable de la dérivée de l'aire décrite par le rayon vecteur.

Soit AB (fig. 47), la trajectoire rapportée à deux axes rectangulaires Ox, Oy, dont l'origine est au point fixe. Soient M la position du mobile à l'époque

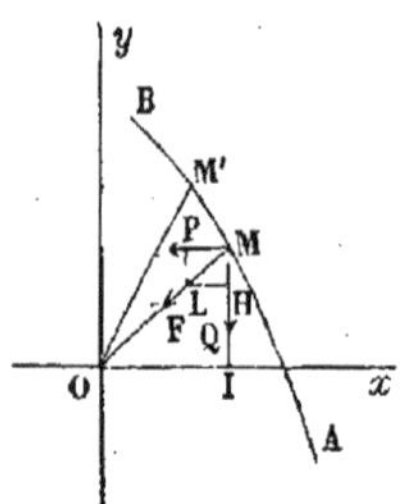

Fig. 47.

que t, x et y ses coordonnées, r le rayon vecteur OM, θ l'angle MOx, et σ l'aire décrite à cette époque. Soient MM' $= \Delta s$ l'arc décrit dans l'instant Δt, $\Delta\theta$ l'angle correspondant MOM', et $\Delta\sigma$ l'aire MOM'. Chacune des quantités x, y, θ, r, σ, est fonction du temps t; nous désignerons, suivant l'usage, leurs premières dérivées par rapport au temps, par x', y', θ', r', σ', et leurs secondes dérivées par x'', y'', θ'', r'', σ''. L'aire du secteur élémentaire MOM', qui peut être considérée, à la limite, comme celle d'un secteur circulaire, est :

$$\Delta\sigma = \frac{1}{2}\, r^2 . \Delta\theta.$$

On en conclut : $\quad \dfrac{\Delta\sigma}{\Delta t} = \dfrac{1}{2}\, r^2 . \dfrac{\Delta\theta}{\Delta t},\quad$ et, à la limite, $\quad \sigma' = \dfrac{1}{2}\, r^2 . \theta'.$

Calculons la dérivée θ'. On a évidemment : $\quad \tan g\,\theta = \dfrac{y}{x};$

d'où, prenant les dérivées, $\dfrac{\theta'}{\cos^2\theta} = \dfrac{xy' - yx'}{x^2}$: d'ailleurs $x = r\cos\theta$

donc
$$\theta' = \frac{xy' - yx'}{r^2}; \quad (3)$$

et, par conséquent,
$$\sigma' = \frac{xy' - yx'}{2}. \quad (4)$$

261. DÉMONSTRATION ANALYTIQUE DU THÉORÈME 2me.—Puisque, par hypothèse, la force F, à l'époque t, est dirigée suivant MO (fig. 47), on peut la décomposer en deux forces P et Q, parallèles aux axes O x, O y; et ces deux composantes sont, en valeur absolue, proportionnelles aux coordonnées x et y du point M; car les triangles MLH, MOI, sont semblables. D'ailleurs ces deux composantes sont représentées par mx'' et my''; car x'' et y'' sont les accélérations du mouvement, estimées parallèlement aux axes. On a donc :

$$\frac{my''}{mx''} = \frac{y}{x}, \quad \text{ou} \quad xy'' - yx'' = 0.$$

Or $xy'' - yx''$ est la dérivée de $xy' - yx'$; donc cette dernière expression est constante, et l'on a :

$$xy' - yx' = 2k. \quad (5)$$

D'après cela, la formule (4) montre que σ' est constante, et que l'on a :

$$\sigma' = k,$$

et, par conséquent,
$$\sigma = kt, \quad (6)$$
en prenant l'origine des aires à l'origine du temps. C. Q. F. D.

262. DÉMONSTRATION ANALYTIQUE DU THÉORÈME 3me.—La réciproque se démontre par les mêmes procédés. Puisque, par hypothèse, les aires sont proportionnelles aux temps, on a :

$$\sigma = kt, \quad \text{d'où} \quad \sigma' = k, \quad \text{ou} \quad xy' - yx' = 2k.$$

Par suite, en prenant les dérivées, il vient :

$$xy'' - yx'' = 0, \quad \text{ou} \quad \frac{my''}{mx''} = \frac{y}{x}.$$

Donc les composantes (parallèles aux axes) de la force qui sollicite le point M, sont proportionnelles aux coordonnées de ce point : donc le triangle formé par ces composantes et la résultante est semblable au triangle MOI; donc la force résultante est dirigée suivant MO. C. Q. F. D.

263. SECOND PROBLÈME.—*Étant données les trois lois de Képler, sur les mouvements des planètes autour du soleil, en conclure les lois de Newton sur la force qui les sollicite.*

1º D'après la première loi de Képler, *chaque planète se meut autour du soleil dans une orbite plane, et le rayon vecteur, mené du centre de la planète à celui du soleil, décrit des aires égales en temps égaux.*

Il résulte de cette loi, d'après le théorème 3me (nº 259), que *la force, qui sollicite chaque planète, est constamment dirigée vers le centre du soleil.*

2° La seconde loi est ainsi conçue : *La courbe décrite par chaque planète est une ellipse dont le centre du soleil occupe l'un des foyers.*

Soient donc (fig. 48) AMB l'ellipse décrite par une planète ; $2a$ et $2b$ ses

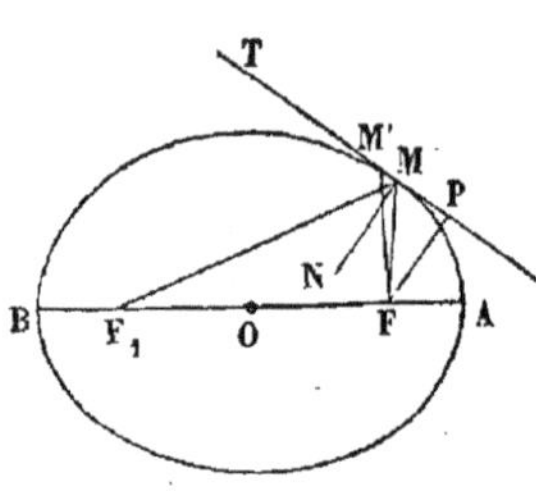

Fig. 48.

axes, $2c$ la distance FF_1 des foyers. Soient F le foyer occupé par le soleil, M la position de la planète à l'époque t comptée depuis une origine quelconque, r et r_1 les rayons vecteurs FM, F_1M. Menons au point M la tangente MT et la normale MN, et traçons du point F la perpendiculaire $FP = p$ à la tangente. Désignons par α l'angle MFP, on aura :

$$FMN = F_1MN = \alpha.$$

Soit $MM' = \Delta s$ l'arc parcouru par la planète pendant l'élément de temps Δt : on pourra supposer que cet arc se confond avec la tangente, et l'aire du secteur MFM' avec celle du triangle. On aura donc :

$$\Delta\sigma = \frac{1}{2}\,\Delta s \times p.$$

Si l'on représente par k l'aire décrite pendant l'unité de temps, on a aussi, d'après la première loi, $\qquad \Delta\sigma = k.\Delta t;$
on en conclut :

$$\frac{1}{2}\,\Delta s.p = k.\Delta t, \quad \text{d'où} \quad \frac{\Delta s}{\Delta t} = \frac{2\,k}{p}.$$

Donc, en passant à la limite, et en représentant par v la vitesse de la planète à l'époque t, on a : $\qquad\qquad v = \dfrac{2\,k}{p}. \qquad (7)$

Ainsi *lorsque le mobile décrit des aires proportionnelles aux temps, sa vitesse, quelle que soit la nature de sa trajectoire, varie en raison inverse de la perpendiculaire abaissée du centre fixe sur sa direction.*

Mais lorsque la trajectoire est une ellipse, comme dans la question actuelle, on peut obtenir une valeur simple de p, en fonction du rayon r. En effet, le triangle rectangle FMP donne :

$$p = r \cos \alpha.$$

Or le triangle FMF_1, dans lequel l'angle $M = 2\alpha$, donne :

$$4c^2 = r^2 + r_1{}^2 - 2rr_1 \cos 2\alpha.$$

Ajoutant et retranchant $2rr_1$ dans le second membre, et remarquant que

$$r + r_1 = 2a, \qquad a^2 - c^2 = b^2,$$

il vient : $\quad 4c^2 = 4a^2 - 2rr_1(1 + \cos 2\alpha) = 4a^2 - 4rr_1 \cos^2\alpha;$

d'où : $\qquad\qquad \cos^2\alpha = \dfrac{b^2}{rr_1}, \quad \text{ou} \quad \cos^2\alpha = \dfrac{b^2}{r(2a-r)}.$

On aura donc : $p^2 = r^2 \cos^2 \alpha = \dfrac{b^2 r}{2a - r}$, ou $p = b \sqrt{\dfrac{r}{2a - r}}$. (8)

Substituant cette valeur dans celle de v (7), on a :

$$v^2 = \frac{4 k^2 (2a - r)}{b^2 r};$$

et, par conséquent, l'expression de la demi-force vive est :

$$\frac{mv^2}{2} = \frac{2 k^2 (2a - r) m}{b^2 r}, \quad \text{ou} \quad \frac{mv^2}{2} = \frac{4 ak^2 m}{b^2 r} - \frac{2 k^2 m}{b^2}. \quad (9)$$

Or la force F qui sollicite la planète est, dans ce cas, la dérivée de $\dfrac{mv^2}{2}$, prise par rapport au rayon r (Th. 1er, no 257). Donc, en prenant les dérivées des deux membres de l'équation (9), on a :

$$F = - \frac{4 ak^2 m}{b^2 r^2}. \quad (10)$$

Le signe — indique ici que la force est dirigée dans le sens opposé à celui où l'on compte le rayon r, c'est-à-dire, de M vers F.

Ainsi *la force qui sollicite chaque planète est attractive, ou dirigée vers le soleil; et elle varie en raison inverse du carré de la distance des deux astres.*

3o D'après la troisième loi de Képler, *les carrés des temps des révolutions sidérales des diverses planètes sont entre eux comme les cubes de leurs distances moyennes au soleil.* En d'autres termes, si l'on désigne par T la durée de la révolution d'une planète, et par a le demi-grand axe de son orbite ou sa distance moyenne, on a :

$$\frac{a^3}{T^2} = const. \quad (11)$$

lorsqu'on passe d'une planète à une autre.

Or, l'aire de l'ellipse dont les axes sont a et b est πab : donc l'aire décrite pendant l'unité de temps est :

$$\frac{\pi ab}{T} = k. \quad (12)$$

Substituant cette valeur de k dans la valeur (10) de F, on trouve :

$$F = - \frac{4 \pi^2 a^3 m}{T^2 r^2}, \quad \text{ou} \quad F = - 4 \pi^2 . \frac{a^3}{T^2} . \frac{m}{r^2}. \quad (13)$$

Or, en vertu de la troisième loi, $\dfrac{a^3}{T^2}$ ne varie pas, quand on passe d'une planète à une autre : donc, *les forces qui sollicitent les diverses planètes sont proportionnelles à leurs masses, et inversement proportionnelles aux carrés de leurs distances au soleil.*

Ainsi se trouve démontrée la grande loi de Newton relative aux planètes.

264. TROISIÈME PROBLÈME.—*Un pendule OC, de longueur 1, est écarté de la verticale d'un angle AOC $= \alpha$: il oscille de part et d'autre de la verticale, en décrivant des arcs égaux AC, CB. On demande de calculer sa vitesse à un instant quelconque, et la durée des oscillations, lorsque l'angle α est très-petit* (fig. 49).

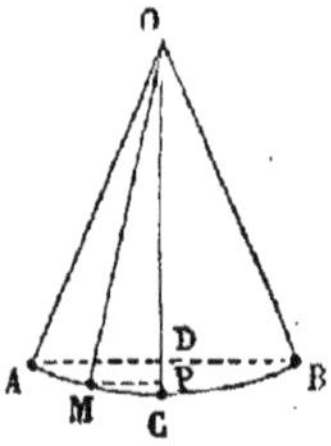

Soient : OM la position du pendule à l'époque t, v sa vitesse, et θ l'angle MOC. Menons sur OC les perpendiculaires AD, MP, et posons DP $= h$. Le point M pouvant être considéré comme un point pesant, en mouvement sur l'arc de cercle ACB, on a (n° 236),

$$v^2 = 2gh.$$

Fig. 49.

Or $\qquad h = \text{DP} = \text{OP} - \text{OD} = l\,(\cos\theta - \cos\alpha)\,;$

donc $\qquad v^2 = 2\,gl\,(\cos\theta - \cos\alpha).$ (14)

C'est l'expression cherchée du carré de la vitesse, en fonction de θ.

D'un autre côté, soit $\Delta\theta$ la variation négative de θ pendant l'élément de temps Δt; l'arc parcouru pendant ce temps est $- l\Delta\theta$, et la vitesse v est, par suite, la limite du rapport de cet arc à Δt, de sorte que l'on a :

$$v = lim. \left(- l.\,\frac{\Delta\theta}{\Delta t} \right) = -\,l\theta',$$

θ' étant la dérivée de θ par rapport au temps. En substituant cette valeur de v dans la formule (14), on a :

$$- l\theta' = \sqrt{2\,gl\,(\cos\theta - \cos\alpha)}, \quad \text{ou} \quad \theta' = -\sqrt{\frac{2g}{l}\,(\cos\theta - \cos\alpha)}.$$

On déduit de là :

$$\frac{\theta'}{\sqrt{2\,(\cos\theta - \cos\alpha)}} = -\sqrt{\frac{g}{l}}. \quad (15)$$

Si, pour simplifier le calcul, on suppose, d'après l'énoncé, que α et θ sont assez petits pour qu'on puisse poser :

$$\cos\alpha = 1 - \frac{\alpha^2}{2}, \quad \cos\theta = 1 - \frac{\theta^2}{2},$$

on a :

$$\frac{\theta'}{\sqrt{\alpha^2 - \theta^2}} = -\sqrt{\frac{g}{l}},$$

ou

$$\frac{\dfrac{\theta'}{\alpha}}{\sqrt{1 - \dfrac{\theta^2}{\alpha^2}}} = -\sqrt{\frac{g}{l}}.$$

On en conclut : $\qquad \text{arc sin.}\,\dfrac{\theta}{\alpha} = -\,t\sqrt{\frac{g}{l}} + const.\,;$

pour déterminer la constante, on a, pour $t = 0$, $\theta = \alpha$, $const. = \dfrac{\pi}{2}$;

donc :
$$\arcsin \frac{\theta}{\alpha} = \frac{\pi}{2} - t \sqrt{\frac{g}{l}},$$

et, par suite,
$$\theta = \alpha \cos t \sqrt{\frac{g}{l}}. \qquad (16)$$

Lorsque le pendule coïncide avec OC, on a, $\theta = 0$, et, par suite :

$$t \sqrt{\frac{g}{l}} = \frac{\pi}{2}, \quad \text{d'où} \quad t = \frac{\pi}{2} \sqrt{\frac{l}{g}}.$$

C'est la durée de la demi-oscillation de A en C. Donc enfin, la durée totale T de l'oscillation est :
$$T = \pi \sqrt{\frac{l}{g}}. \qquad (17)$$

Elle est indépendante de l'amplitude 2α, pourvu que celle-ci soit très-petite.

265. QUATRIÈME PROBLÈME.—*Un chemin de fer aérien, dont le plan est vertical, est composé de trois parties : la première va de A en B, la seconde est une circonférence de cercle BCDB de rayon r, et la dernière va de B en E. Un wagon W, de masse* m, *part de A, sans vitesse initiale, et parcourt le chemin en suivant la ligne ABCDBE. On demande quelle doit être la vitesse* v *au point D le plus élevé du cercle, ou quelle doit être la hauteur AH =* h *du point de départ au-dessus de ce point, pour que le wagon ne tombe pas et décrive la courbe entière (fig. 50).*

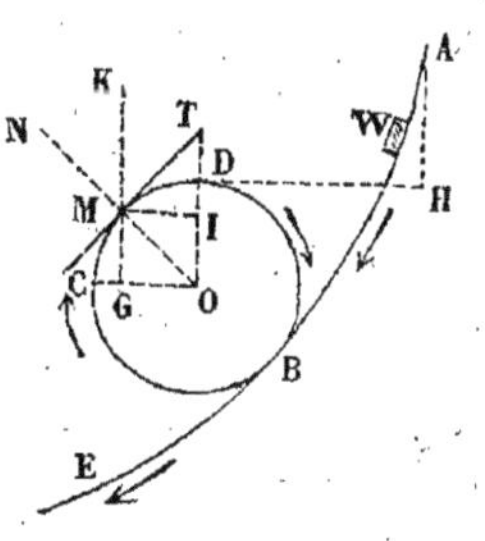

Fig. 50.

On sait qu'au point D, la vitesse étant due seulement à la hauteur h (n° 236), on a :
$$v^2 = 2gh.$$

Comme le mouvement en D est circulaire, la résultante des forces qui agissent, à ce moment, sur le mobile, a pour composante normale, dirigée suivant DO, la force centripète $\dfrac{mv^2}{r}$. Or ces forces sont le poids mg du wagon et la réaction N du cercle, toutes deux dirigées suivant DO. Donc :

$$mg + N = \frac{mv^2}{r}, \quad \text{d'où} \quad N = \frac{mv^2}{r} - mg. \qquad (18)$$

Pour que le mobile arrive en D, il faut que la réaction N en ce point soit encore positive ou au moins nulle : il faut donc que l'on ait :

$$\frac{mv^2}{r} > mg, \quad \text{ou} \quad \frac{2mgh}{r} > mg;$$

d'où
$$h > \frac{r}{2}, \quad \text{ou} \quad v > \sqrt{gr}. \qquad (19)$$

Il faut donc et il suffit que la hauteur h *soit au moins la moitié du rayon OD.*

On peut résoudre le problème d'une manière plus générale, et chercher la condition pour que le mobile parvienne en un point M de la circonférence, et continue à rouler vers le point D. En effet, lorsque le mobile est en M, la résultante des forces qui le sollicitent a pour composante normale la force $\dfrac{mv^2}{r}$, dirigée suivant MO. Or ces forces sont le poids mg, dirigé suivant la verticale MG, et la réaction N du cercle, dirigée suivant MO : d'ailleurs, si l'on mène l'horizontale OC, et si l'on désigne par α l'angle COM, la composante du poids mg suivant MO est $mg \sin \alpha$; donc on doit avoir :

$$mg \sin \alpha + \mathrm{N} = \frac{mv^2}{r}, \quad \text{d'où} \quad \mathrm{N} = \frac{mv^2}{r} - mg \sin \alpha. \qquad (20)$$

Pour que le mobile arrive en M, il faut que la réaction N en ce point soit encore positive ou au moins nulle, c'est-à-dire, que l'on ait :

$$\frac{mv^2}{r} \geqslant mg \sin \alpha. \qquad (21)$$

Or la hauteur du point A au-dessus du point M est $h + \mathrm{DI}$, ou $h + r - r \sin \alpha$; donc :
$$v^2 = 2g (h + r - r \sin \alpha),$$

et la condition (21) devient :

$$\frac{2 mg}{r} (h + r - r \sin \alpha) \geqslant mg \sin \alpha,$$

ou
$$2 (h + r - r \sin \alpha) \geqslant r \sin \alpha,$$

ou enfin,
$$h \geqslant r \left(\frac{3 \sin \alpha}{2} - 1 \right). \qquad (22)$$

Si le point de départ A est au-dessus du point D, h est positif ; et la condition (22) est remplie d'elle-même, tant que $\sin \alpha$ n'est pas supérieur à $\dfrac{2}{3}$. Le mobile s'élèvera donc au moins, dans ce cas, jusqu'à la hauteur pour laquelle $\sin \alpha = \dfrac{2}{3}$.

La condition (22) reproduit la condition (19) comme cas particulier.

Si l'on résout, par rapport à α, l'inégalité (22), on a :

$$\sin \alpha \leqslant \frac{2 (h + r)}{3 r}; \qquad (23)$$

et cette inégalité fournit la limite à laquelle le wagon s'arrêtera, en partant d'une hauteur donnée h. S'il arrive que l'on ait :

$$2 (h + r) \geqslant 3r, \quad \text{ou} \quad 2h \geqslant r,$$

la condition (23) est toujours remplie d'elle-même ; et le wagon ne s'arrête pas : ce que l'on savait déjà.

266. CINQUIÈME PROBLÈME.—*Une bille pesante, de masse m, est placée en A sur un cercle vertical de rayon r, sans vitesse initiale : elle roule le long de la circonférence, sous l'action de la pesanteur. On demande en quel point elle quittera la circonférence (fig. 51).*

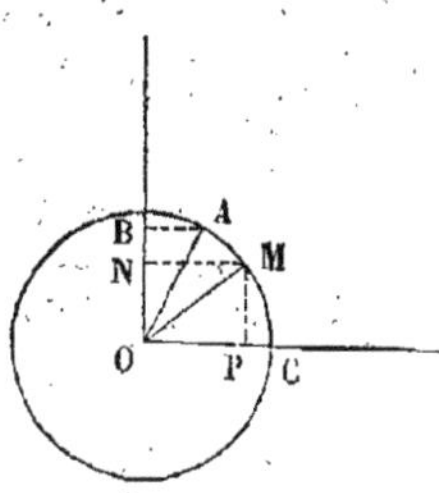

Fig. 51.

Soit M la position de la bille, à l'époque t; le carré de sa vitesse v, en ce point, a pour expression $v^2 = 2g.\mathrm{BN}$.

Or soient : $\mathrm{AOC} = \alpha$, $\mathrm{MOC} = \theta$;

on a : $\mathrm{BN} = \mathrm{OB} - \mathrm{ON} = r(\sin\alpha - \sin\theta)$;

donc : $v^2 = 2gr(\sin\alpha - \sin\theta)$.

Comme le mouvement est circulaire, la résultante des forces qui sollicitent le mobile a pour composante normale, dirigée suivant MO, la force centripète $\dfrac{mv^2}{r}$. Or ces forces sont, le poids mg dirigé suivant MP, et la réaction N du cercle dirigée suivant le prolongement de OM. D'ailleurs la composante de mg suivant MO est $mg\sin\theta$. Donc on a :

$$\frac{mv^2}{r} = mg\sin\theta - \mathrm{N}, \quad \text{d'où} \quad \mathrm{N} = mg\sin\theta - \frac{mv^2}{r}.$$

Cette réaction, égale, au départ, à $mg\sin\alpha$, va en diminuant, puisque θ diminue et que v augmente : elle ne saurait être négative; et le mobile quitte la circonférence lorsqu'elle devient nulle, c'est-à-dire, lorsqu'on a :

$$mg\sin\theta = \frac{mv^2}{r}, \quad \text{ou} \quad \sin\theta = 2(\sin\alpha - \sin\theta).$$

On tire de là : $\sin\theta = \dfrac{2}{3}\sin\alpha;$ (24)

condition facile à interpréter. Au moment de la séparation, la vitesse sera donnée par la formule, $v^2 = \dfrac{2gr\sin\alpha}{3} = \dfrac{2g.\mathrm{OB}}{3};$ (25)

et le mobile décrira une parabole, en vertu de cette vitesse initiale.

267. SIXIÈME PROBLÈME.—*Divers plans inclinés, AM, AM₁, AM₂,..., sont fixés autour d'une même charnière horizontale A. Des mobiles pesants partent en même temps, sans vitesse initiale, d'un même point A de la charnière. On demande le lieu de leurs positions au bout d'un même temps t (fig. 52).*

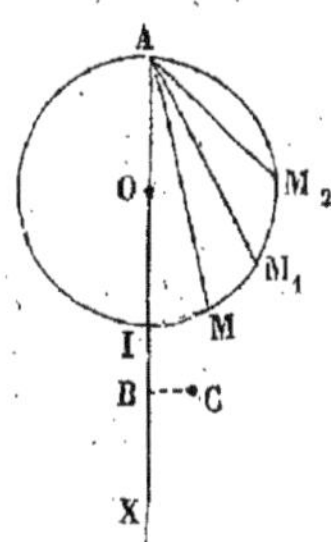

Fig. 52.

Si l'on mène, par le point de départ, un plan perpendiculaire à la charnière, ce plan est vertical et contient tous les poids : tous les mouvements ont donc lieu dans ce plan, le long des droites AM, AM₁, AM₂,... traces des plans inclinés sur ce plan. Désignons par ω l'angle que la droite AM fait avec la verticale AX : et soit M la position qu'occupe le mobile sur cette droite, à l'époque t. Le poids mg du mobile se décompose en deux forces, l'une $mg \sin \omega$, perpendiculaire au plan incliné et détruite par sa résistance, l'autre $mg \cos \omega$, dirigée suivant AM, et qui produit le mouvement. Cette dernière étant constante, le mouvement est uniformément accéléré ; et l'on a, par conséquent :

$$AM = \frac{1}{2} \, g \cos \omega . t^2.$$

Or, si l'on élève sur AM la perpendiculaire MI, on a, dans le triangle AIM,

$$AI = \frac{AM}{\cos \omega};$$

donc
$$AI = \frac{1}{2} \, g t^2. \quad (26)$$

Ainsi AI est indépendant de l'angle ω. Donc, *le lieu des points M, à l'époque t, est une circonférence, dont le diamètre vertical AI est l'espace qu'un mobile pesant parcourrait en tombant librement pendant le temps t.*

268. SEPTIÈME PROBLÈME.—*Un mobile pesant, partant d'un point A, décrit une courbe telle, qu'il parvient en l'un quelconque de ses points, dans le temps qu'il aurait mis à parcourir la corde qui joint le point de départ au point d'arrivée. On demande l'équation de cette courbe* (fig. 53).

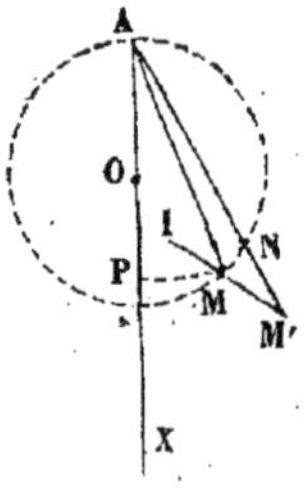

Soit M la position du mobile à l'époque t. Décrivons le cercle donné par le problème précédent, c'est-à-dire, celui qui passe par le point M, et qui a pour diamètre vertical $\frac{1}{2} \, g t^2$: toutes les cordes, partant du point A, telles que

Fig. 53.

AM, seront parcourues dans le temps t. Soit, d'ailleurs, MM' un élément de la courbe cherchée : menons la droite AM', qui coupe le cercle en N. Le mobile met, par hypothèse, le même temps à aller de A en M, soit qu'il parcoure la courbe, soit qu'il se meuve sur la corde AM : il va aussi dans le même temps de A en M', en suivant ou la courbe ou la corde AM' : d'ailleurs il parcourt dans le même temps les cordes AM et AN; donc il met le même temps à parcourir l'arc MM' et la droite NM'. Mais il est animé en M et en N de vitesses finies qui diffèrent infiniment peu, et qui, par conséquent, sont égales : donc MM' et NM' sont égaux, et le triangle MM'N est isocèle. Donc l'angle NMM' est égal à l'angle MNM' ou à l'angle AMN : donc MN (tangente au cercle en M) est bissectrice de l'angle AMM' formé par la tangente en M à la courbe cherchée et par le rayon vecteur AM.

Il résulte de cette propriété géométrique, que l'on a :

$$AMI = \pi - AMM' = \pi - 2\,AMN = \pi - 2 \left(\frac{\pi}{2} - AMO \right) \left. \right\} \quad (27)$$
$$= 2\,AMO = 2\,OAM.$$

Or l'angle AMI est celui que l'on considère comme déterminant la tangente à la courbe en coordonnées polaires : sa tangente trigonométrique a pour expression $\dfrac{\rho}{\rho'}$, ρ' étant la dérivée de ρ. D'ailleurs, en prenant AO pour axe polaire, A pour pôle, l'angle OAM $= \omega$: donc l'égalité précédente (27) se traduit ainsi :

$$\frac{\rho}{\rho'} = \tang 2\omega. \qquad (28)$$

On tire de cette équation,

$$\frac{\rho'}{\rho} = \frac{\cos 2\omega}{\sin 2\omega} = \frac{1}{2} \cdot \frac{2\cos 2\omega}{\sin 2\omega},$$

et chaque numérateur étant la dérivée du dénominateur, on en conclut :

$$log.\ nép.\ \rho = \frac{1}{2}\ log.\ nép.\ \sin 2\omega + C;$$

et comme on peut mettre la constante C sous la forme *log. nép. c,* on a enfin :

$$\rho = c\sqrt{\sin 2\omega}. \qquad (29)$$

C'est l'équation de la courbe cherchée : cette courbe est une *lemniscate*.

On aurait pu arriver directement, par le calcul, à la relation (28) qui caractérise la courbe. En effet, on a, d'après le problème précédent,

$$\rho = \frac{1}{2}\, gt^2 \cos\omega. \qquad (30)$$

En désignant par v la vitesse en M, qui est la même, en grandeur, sur la courbe et sur la corde AM, et qui ne dépend que de la hauteur AP, on a aussi :

$$v = gt \cos\omega. \qquad (31)$$

Cela posé, si l'on considère ρ et t, comme fonctions de ω, et qu'on désigne leurs dérivées par ρ' et par t', on tire de la formule (30) :

$$\rho' = gt \cos\omega. t' - \frac{1}{2}\, gt^2 \sin\omega,$$

ou, en remplaçant $gt \cos\omega$ par v, et $\dfrac{1}{2}\, gt^2$ par $\dfrac{\rho}{\cos\omega}$,

$$\rho' = vt' - \rho \tang\omega, \qquad \text{ou} \qquad vt' = \rho' + \rho \tang\omega \qquad (32).$$

D'un autre côté, l'arc infiniment petit $\mathrm{MM}' = \Delta s$, décrit pendant le temps Δt, et correspondant à $\Delta\omega$, est évidemment l'hypothénuse d'un triangle rectangle dont les côtés sont $\Delta\rho$ et $\rho\Delta\omega$, de sorte que l'on a :

$$\Delta s^2 = \Delta\rho^2 + \rho^2 \Delta\omega^2,$$

ce qui peut s'écrire :

$$\frac{\Delta s^2}{\Delta t^2} \times \frac{\Delta t^2}{\Delta\omega^2} = \frac{\Delta\rho^2}{\Delta\omega^2} + \rho^2,$$

ou, en passant à la limite, $\quad v^2 t'^2 = \rho'^2 + \rho^2. \qquad (33)$

Égalant les deux valeurs (32) et (33) de vt', on a, en réduisant,

$$2\rho' \tang\omega + \rho \tang^2\omega = \rho,$$

d'où

$$\rho = \frac{2\rho' \tang\omega}{1 - \tang^2\omega}, \qquad \text{ou} \qquad \rho = \rho' \tang 2\omega :$$

c'est l'équation cherchée.

269. EXERCICES PROPOSÉS. —On pourra s'exercer sur les questions suivantes :

1º Un point matériel parcourt une ellipse, de telle sorte que les aires décrites par le rayon vecteur mené du centre au mobile sont proportionnelles aux temps. Quelle est la loi qui régit la force ?

La marche à suivre est analogue à celle que nous avons donnée pour résoudre le second problème (nº 263). On prouve d'abord que *la force qui sollicite le mobile est dirigée vers le centre* (nº 259). On prend ensuite l'expression de la vitesse $v = \dfrac{2\,k}{p}$ (nº 263) ; et on la transforme, de manière à l'obtenir en fonction du rayon r : on trouve $v = \dfrac{2\,k\,\sqrt{a^2 + b^2 - r^2}}{ab}$, a et b étant les axes de l'ellipse, et k l'aire décrite dans l'unité de temps. On en conclut enfin (nº 263) l'expression de la force, $F = -\dfrac{4\,\pi^2}{T^2}\,mr$, T étant la durée de la révolution complète. Ainsi *la force est proportionnelle à la distance.*

2º Réciproquement, un point matériel est sollicité par une force constamment dirigée vers un point fixe, et proportionnelle à la distance du mobile au point fixe ; on donne la position initiale et la vitesse initiale du point. O demande quelle est sa trajectoire ?

Si l'on prend pour origine le point fixe, pour axe des x la droite qui passe par la position initiale du mobile, et si l'on remarque, que, dans ce cas, les composantes rectangulaires de la force μr sont $-\mu x$, $-\mu y$, on trouve, pour les composantes de la vitesse v (nᵒˢ 218 et 210),

$$v_x^2 - v_0^2\cos^2\alpha = \mu\,(r_0^2 - x^2), \qquad v_y^2 - v_0^2\sin^2\alpha = -\mu y^2 ;$$

r_0 est la distance initiale du point, v_0 sa vitesse initiale, et α l'angle que la direction de cette vitesse fait avec l'axe des x. On tire de ces formules (mêmes nᵒˢ),

$$x = r_0\cos.t\,\sqrt{\mu} - \frac{v_0\cos\alpha}{\sqrt{\mu}}\sin.t\,\sqrt{\mu}, \qquad y = \frac{v_0\sin\alpha}{\sqrt{\mu}}\sin.t\,\sqrt{\mu},$$

et par l'élimination de t,

$$(x\sin\alpha + y\cos\alpha)^2 + \frac{\mu\,r_0^2}{v_0^2}\,y^2 = r_0^2\sin^2\alpha.$$

La trajectoire est donc une ellipse.

On cherchera la condition pour que la courbe soit un cercle.

3º Un point matériel parcourt la courbe représentée par l'équation $\rho = e^\omega$, et les aires décrites par le rayon vecteur ρ sont proportionnelles aux temps. On demande la loi qui régit la force.

La force est dirigée vers le pôle (nº 259). La vitesse est $\dfrac{2\,k\,\sqrt{2}}{\rho}$. On obtient ensuite aisément la demi-force vive $\dfrac{mv^2}{2}$, et par suite la force (n° 257); et

l'on trouve $F = -\dfrac{8\,k^2\,m}{\rho^3}$. Ainsi *la force est inversement proportionnelle au cube de la distance.*

4° *Divers plans inclinés sont fixés, comme dans le sixième problème, autour d'une même charnière horizontale A. Des mobiles qui, au lieu d'être pesants, sont attirés vers un point fixe C, proportionnellement à la distance qui les sépare de ce point, partent en même temps, sans vitesse initiale, d'un même point A de la charnière (situé dans le plan mené par le point C perpendiculairement à la charnière). On demande la loi du mouvement d'un des mobiles sur son plan, et le lieu des positions des divers mobiles à un même moment* (fig. 52) ?

Si l'on désigne par k un certain coefficient constant donné, la force, agissant sur un mobile de masse m, est $F = kmr$. Si l'on représente par α et d les coordonnées polaires du point C, par ω et ρ celles du mobile M, à l'époque t, ω restant constant pour un même mobile, la composante de la force qui produit le mouvement est $mk\,[d\cos(\omega - \alpha) - \rho]$. On a aussi, pour valeur de l'accélération, $\rho'' = k\,[d\cos(\omega - \alpha) - \rho]$. On déduit aisément de là (n° 210)

$$\rho = d\cos(\omega - \alpha)\,(1 - \cos. t\sqrt{k}).$$

Cette formule fournit la loi du mouvement du mobile sur un plan incliné d'un angle ω, et montre que *ce mouvement est alternatif.* Si l'on suppose t constant et ω variable, elle est l'équation du lieu des mobiles à un même instant : *ce lieu est un cercle dont le centre est sur la droite* AC.

5° *Un point matériel décrit une lemniscate de Jacques Bernouilli, dont l'équation est* $\rho = a\sqrt{\cos 2\omega}$, *sous l'action d'une force dirigée vers le point double de la trajectoire. On demande la loi de la force, et le temps employé à décrire une boucle de la lemniscate.*

Les aires décrites sont proportionnelles aux temps (n° 258). En suivant la marche indiquée (n° 263), on trouve $v = \dfrac{2\,ka^2}{\rho^3}$, k étant l'aire décrite dans l'unité de temps. On en conclut, d'après le théorème du n° 257, $F = -\dfrac{12\,k^2\,a^4\,m}{\rho^7}$

L'aire décrite pendant le temps Δt donne l'équation $\dfrac{1}{2}\rho^2\,\Delta\omega = k\,\Delta t$, d'où $\rho^2\,\omega' = 2\,k$. De là on déduit $t = \dfrac{a^2\sin 2\omega}{4\,k}$, en prenant pour origine du temps le moment où le mobile est plus éloigné du point double. Par suite, la durée du temps employé à décrire une boucle est $T = \dfrac{a^2}{2\,k}$.

LIVRE IV.

DES FORCES APPLIQUÉES A UN CORPS SOLIDE.

CHAPITRE I.

NOTIONS SUR LA CONSTITUTION DES CORPS.

PROGRAMME : Notions relatives à la solidité des corps.—Hypothèse de l'invariabilité des distances mutuelles des éléments de ces corps.—Cas où cette hypothèse peut être admise.

270. Nous ne nous sommes occupés jusqu'à présent que du mouvement d'un *point matériel* (n° 5), sous l'action de forces quelconques : et si, dans quelques problèmes, nous avons fait mouvoir des *corps*, nous avons toujours supposé ces mobiles réduits par la pensée à de simples points. Nous devons maintenant nous occuper du cas plus général, où l'on considère le mouvement d'un *système de points matériels*.

271. CONSTITUTION DES CORPS : FORCES MOLÉCULAIRES.—Lorsqu'on étudie les phénomènes physiques, on est amené à admettre qu'un corps quelconque est composé de *molécules* dont les dimensions sont insensibles, et dont les distances mutuelles, quoique également imperceptibles pour nous, sont cependant beaucoup plus considérables. On suppose que ces molécules exercent les unes sur les autres des actions de deux sortes, savoir : des forces *attractives*, dépendant de la distance, et des forces *répulsives*, dépendant à la fois de la distance et de la chaleur. On admet encore que ces forces *moléculaires* diminuent quand la distance augmente, et deviennent nulles avant que cette distance devienne appréciable pour nous ; mais que les forces répulsives varient, avec la distance, plus rapidement que les forces attractives. On admet enfin que *la réaction est égale et contraire à l'action* ; c'est-à-dire, que, si deux molécules m et m' sont en présence, leurs actions mutuelles sont dirigées suivant la droite mm' ; et que, si m' reçoit de m une action f dirigée de m' vers m, m reçoit à son tour de m' une action f dirigée de m vers m'.

272. CORPS SOLIDES.—Un corps est *solide*, lorsqu'il se maintient en *équilibre stable* sous l'action de ces diverses forces. Si des forces extérieures viennent à agir sur ce corps, elles obligent les molécules auxquelles elles sont immédiatement appliquées à se rapprocher de quelques-unes de leurs voisines, et à s'éloigner des autres. Les forces moléculaires varient entre elles par suite de ce déplacement; les molécules voisines se déplacent à leur tour, et obligent celles qui les environnent à se mouvoir de même. Le mouvement se propage ainsi de proche en proche avec une grande rapidité, et un nouvel équilibre s'établit enfin entre les forces extérieures et les intensités nouvelles des actions mutuelles.

273. ÉLASTICITÉ.—Lorsque les forces extérieures cessent d'agir, les forces moléculaires ramènent le corps à sa forme primitive : et cette propriété constitue ce qu'on appelle son *élasticité*. Mais il faut, pour que ce retour se produise, que la *déformation* n'ait pas été trop considérable, qu'elle n'ait pas atteint certaines limites, variables avec la nature et la forme des corps. Lorsque ces limites sont dépassées, les molécules s'agrègent d'une autre manière, et se constituent en un nouvel état d'équilibre.

274. HYPOTHÈSE DE L'INVARIABILITÉ DES DISTANCES MOLÉCULAIRES.—On comprend, d'après ce qui précède, qu'il n'y a pas, à proprement parler, de *corps solides* dans la nature : ce qui veut dire qu'il n'y a pas de *corps dont les molécules soient à des distances mutuelles rigoureusement invariables*. Mais, dans la plupart des cas, la variation des distances et la déformation qui en résulte, sous l'action des forces, sont tellement faibles, tellement inappréciables, qu'on peut en faire abstraction, et considérer la forme du corps comme inaltérable. Les résullats auxquels on parviendra en admettant cette hypothèse ne seront, sans doute, pas rigoureux : mais ils seront d'autant plus près de l'être, que le corps sera lui-même plus près d'être *solide.*

En résumé, nous admettrons l'hypothèse de l'invariabilité des distances mutuelles des molécules, dans les corps solides auxquels nous appliquerons des forces quelconques. Nous supposerons que ces forces ne peuvent jamais déformer le corps d'une manière sensible, et, à plus forte raison, le rompre. Si, dans les applications pratiques de la mécanique, des changements de cette nature se produisaient, il faudrait, à coup sûr, en tenir compte ; mais les résultats auxquels notre hypothèse nous conduira ne seraient plus applicables.

CHAPITRE II.

PRINCIPES RELATIFS AU DÉPLACEMENT DU POINT
D'APPLICATION D'UNE FORCE.

PROGRAMME : On admet qu'on peut, sans changer l'état de repos ou de mouvement d'un corps, transporter le point d'application d'une force en un
point quelconque de sa direction, pourvu que le second point soit supposé
lié invariablement au premier.—Vérification de ce principe au moyen du
dynamomètre appliqué aux extrémités d'une corde ou d'une verge soutè-
nant verticalement un poids.—Le travail de la force ainsi transportée est
aussi le même pour tout déplacement élémentaire de la droite d'application.

275. AXIOME.—*Deux forces égales et de sens contraire,
appliquées suivant la même droite, en deux points différents
d'un corps solide, se font équilibre.*

Cette proposition paraît évidente, comme conséquence du
principe de l'*égalité de l'action et de la réaction* (n° 180), lorsque les deux points d'application sont reliés l'un à l'autre par
une file rectiligne de molécules, dont les attractions et répul-
sions mutuelles transmettent, en quelque sorte, sans altéra-
tion, l'effet des forces. Mais elle ne l'est plus lorsque la droite,
qui joint les deux points d'application, n'est pas tout entière
contenue dans le corps. Nous ne chercherons cependant pas à
démontrer, *à priori*, que le principe est général : et nous
l'admettrons comme un axiome dont l'expérience vérifie toutes
les conséquences, ainsi qu'on va le voir.

276. THÉORÈME 1ᵉʳ.—*On peut, sans changer l'état de repos
ou de mouvement d'un corps, transporter le point d'application
d'une force en un point quelconque de sa direction, pourvu
que le second point soit lié invariablement au premier.*

Ce théorème, que l'on peut admettre comme principe expérimental, est une conséquence immédiate de la proposition

précédente (n° 275). En effet, soit une force F (fig. 54) appliquée en un point A d'un corps solide M : prenons sur sa direction AF un point B, intérieur ou extérieur au corps, mais invariablement lié avec lui; et appliquons en ce point, en sens contraire, deux forces F_1 et F_2, égales et parallèles à F. L'état de repos ou de mouvement du corps n'en est pas altéré; car ces forces se détruisent immédiatement. Or, en vertu de l'axiome (n° 275), les forces F et F_2 se détruisent aussi : on peut

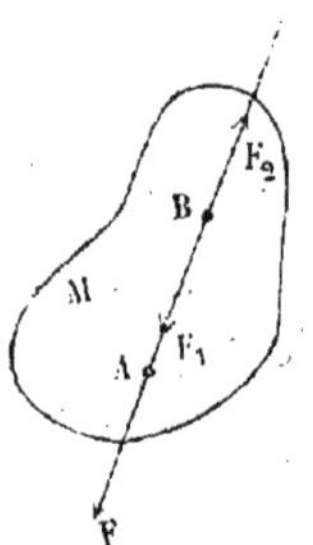

Fig. 54.

donc les supprimer; et il ne reste plus que la force F_1, laquelle peut être regardée comme la force F qu'on aurait transportée du point A au point B, parallèlement à elle-même.

277. VÉRIFICATION AU MOYEN DU DYNAMOMÈTRE.—On peut, d'ailleurs, vérifier ce principe, par l'expérience. Que l'on adapte, en effet, un dynamomètre à l'extrémité supérieure d'une verge ou d'une corde verticale; que l'on en attache un autre à l'extrémité inférieure, et que l'on suspende librement un poids à ce dernier : on reconnaîtra que, lorsque l'équilibre existe, les deux instruments fournissent les mêmes indications, ou du moins que la différence n'est autre que le poids de la verge ou de la corde interposée. Ainsi le poids, appliqué à l'appareil, exerce la même action sur ses deux extrémités. L'expérience réussit encore, lorsque le système est en mouvement rectiligne et uniforme; par exemple, lorsqu'on la reproduit sur un bateau qui descend une rivière, ou lorsqu'on soulève lentement l'appareil. Mais, lorsque le mouvement est varié, les tensions des deux dynamomètres ne sont plus les mêmes, parce que l'accélération de la corde ou de la verge intervient alors pour les rendre inégales.

278. THÉORÈME 2me.—*Lorsqu'on transporte une force, parallèlement à elle-même, pour l'appliquer en un point de sa direction, le travail de la force ainsi transportée est le même pour tout déplacement élémentaire de la droite d'application.*

Soit, en effet, une force F (fig. 55) appliquée en un point A d'un corps solide : transportons son point d'application en B. Puis supposons qu'en vertu d'un déplacement élémentaire donné au corps, le point A vienne en A_1 et le point B en B_1; $A_1B_1 = AB$, puisque les deux points sont invariablement liés entre eux. Projetons les éléments de chemin AA_1 et BB_1 sur la direction de la force F ; et soient Aa, Bb, les projections. Les travaux élémentaires de la force F appliquée successivement en A et en B sont $F \times Aa$ et $F \times Bb$. Pour les comparer, il suffit de comparer Aa et Bb.

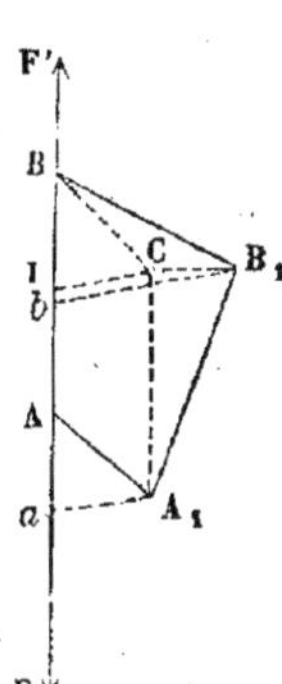
Fig. 55.

Pour cela, menons A_1C égale et parallèle à AB, et joignons BC : la figure AA_1CB étant un parallélogramme, si l'on projette BC sur AB en BI, on a $BI = Aa$. Menons, en outre, la droite CB_1. La projection de BB_1 sur la direction AB est la somme des projections de BC et de CB_1 : on a donc :

$$Bb = Aa + Ib, \quad \text{ou} \quad \frac{Bb}{Aa} = 1 + \frac{Ib}{Aa}.$$

Or CB_1 est la corde d'un arc décrit, du point A_1 comme centre, avec A_1B_1 pour rayon : donc, en désignant par α l'angle infiniment petit CA_1B_1, formé par les deux positions voisines de la droite AB, on a :

$$CB_1 = 2AB \sin \tfrac{1}{2}\alpha.$$

D'ailleurs la projection Ib de CB_1 est égale à $CB_1 \cos A_1CB_1$ ou à $CB_1 \sin \tfrac{1}{2}\alpha$: donc $\quad Ib = 2AB \sin^2 \tfrac{1}{2}\alpha.$

On arriverait encore à cette formule, en remarquant que

$$Ib = Ia - ab = A_1C - ab = AB - A_1B_1 \cos\alpha = AB(1 - \cos\alpha) = 2AB \sin^2 \tfrac{1}{2}\alpha.$$

On conclut de là :

$$\frac{Bb}{Aa} = 1 + \frac{2AB \sin \tfrac{1}{2}\alpha}{Aa} \sin \tfrac{1}{2}\alpha.$$

Or Aa, projection d'un déplacement élémentaire *quelconque* AA_1, est de même ordre de grandeur que ce déplacement, parce que l'angle aAA_1 a une grandeur *finie*. L'angle α, et par suite, $\sin \tfrac{1}{2}\alpha$, sont aussi du même ordre : par conséquent, lorsque la droite A_1B_1 se rapproche indéfiniment de sa position primitive AB, le rapport $\dfrac{2AB \sin \tfrac{1}{2}\alpha}{Aa}$ ne saurait converger vers une limite infinie : or l'autre facteur $\sin \tfrac{1}{2}\alpha$ converge vers zéro :

donc, à la limite, $\quad \dfrac{Bb}{Aa} = 1.$

Ce raisonnement se réduit à montrer que, dans l'égalité $Bb = Aa + Ib$, les deux premiers termes sont *infiniment petits du premier ordre*, tandis que le dernier est *infiniment petit du second ordre*, et par conséquent *nul vis à vis des deux autres;* on a donc : $Bb = Aa$,   ou $F.Bb = F.Aa$,   (1) c'est-à-dire que les travaux élémentaires de la force sont égaux.

279. COROLLAIRE 1er.—On a, d'après ce qui précède, pour tout déplacement élémentaire : $Bb = Aa + Ib$,

ou $F.Bb = F.Aa + F.Ib.$

Or le travail total d'une force, pour tout déplacement fini, est la somme des travaux élémentaires (n° 223) : on a donc :

$$\Sigma F.Bb = \Sigma F.Aa + \Sigma F.Ib.$$

Mais, de même que chaque travail élémentaire $F.Ib$ est infiniment petit *par rapport* aux travaux correspondants $F.Bb$, $F.Aa$ (n° 278), de même $\Sigma F.Ib$ est infiniment petite par rapport aux sommes $\Sigma F.Bb$, $\Sigma F.Aa$, puisque chacune de ces sommes se compose d'un même nombre de termes. On a donc :

$$\Sigma F.Bb = \Sigma F.Aa,   (2)$$

c'est-à-dire que *le travail total et continu de la force reste le même, lorsqu'on la transporte parallèlement à elle-même, pour l'appliquer sur sa direction en un point quelconque invariablement lié avec le premier.*

280. COROLLAIRE 2me.—*Si deux forces égales* F, F$'$, *de sens contraire, agissent aux extrémités d'une même droite* AB (fig. 55), *dans la direction même de cette droite, la somme de leurs travaux est nulle pour tout déplacement possible de la droite.*

En effet, si l'on applique au point B une force égale et parallèle à F, le travail élémentaire de cette force et celui de la force F$'$ égale, opposée et *appliquée au même point*, sont évidemment égaux et de signe contraire : car l'un est $F.Bb$, et l'autre est $-F'.Bb$. Or le premier est égal au travail de la force F appliquée en A, c'est-à-dire, à $F.Aa$ (n° 278), donc :

$$F.Aa = -F'.Bb,   \text{ou}   F.Aa + F'.Bb = 0,$$

et, par suite, $\Sigma F.Aa + \Sigma F'.Bb = 0.$ (3)   C. Q. F. D.

CHAPITRE III.

COMPOSITION ET ÉQUILIBRE DES FORCES
CONCOURANTES OU PARALLÈLES.

Programme : Composition et équilibre des forces concourantes appliquées à un corps solide.—Cas où les forces sont parallèles.—Cas d'un couple.—Le moment de la résultante d'un système de forces parallèles par rapport à un plan quelconque est égal à la somme des moments des composantes.—Centre des forces parallèles.

---

§ I. *Composition et équilibre des forces concourantes appliquées à un corps solide.*

281. THÉORÈME 3me.—*Si des forces, en nombre quelconque, sont appliquées en différents points d'un corps solide, de telle sorte que leurs directions concourent en un même point de l'espace, ces forces se composent d'après les règles qui ont été démontrées (n°s 192 et suiv.) pour le cas d'un point matériel isolé.*

En effet, si le point de concours est un point appartenant au corps, on peut y transporter toutes les forces (n° 276), qui se trouvent ainsi appliquées en un même point du corps. Si, au contraire, le point de concours n'appartient pas au corps, on peut supposer que ce point est invariablement lié avec le corps; et l'on retrouve le premier cas. Par conséquent, on peut appliquer à ces forces, dans tous les cas, les règles démontrées du *parallélogramme*, du *parallélipipède* et du *polygone*.

282. REMARQUE.—Si, après avoir construit la résultante d'après ces règles, on trouve que cette force rencontre le corps, on peut prendre l'un des points de rencontre pour son point d'application, puisque cette modification n'altère pas l'état du corps (n° 276). Mais si la direction de la résultante est tout entière en dehors du corps, on ne peut plus la regarder que comme une force fictive; car il n'y a plus de force unique, appliquée réellement au corps, qui puisse remplacer les forces données. Cependant on peut imaginer, dans ce cas, que le point d'application est uni invariablement au corps par un système de liaisons convenable, qui permet à la force d'agir sur lui, et conserver ainsi théoriquement l'intensité et la direction de la résultante, comme conception utile et propre à simplifier les énoncés. C'est dans ce sens et avec ces restrictions qu'il faudra comprendre tout ce que nous exposerons sur la composition des forces appliquées à un corps solide.

283. COROLLAIRES.—1° Il est évident, que les relations analytiques entre la résultante et ses composantes, relations données au n° 199, s'appliqueront, sans modification, au cas actuel.

2° On voit aussi clairement, que *le travail de la résultante est égal à la somme algébrique des travaux des composantes* (n°ˢ 238 et suiv.) : car en transportant chaque force au point de concours, on n'altère pas son travail (n° 278).

3° Enfin, on comprend que le *théorème de Varignon* (n°ˢ 245 et suivants) s'applique également aux forces qui nous occupent.

284. DÉCOMPOSITION D'UNE FORCE APPLIQUÉE A UN CORPS SOLIDE.—On peut toujours décomposer, d'une infinité de manières, une force F appliquée à un corps solide, en trois forces appliquées en des points donnés A, B, C, de ce corps. Car on peut toujours prendre, sur la direction de la force F, un point O situé hors du plan ABC, y transporter la force, joindre OA, OB, OC, décomposer la force F, par la règle du parallélipipède, en trois forces dirigées suivant ces trois directions, et transporter les points d'application des composantes en A, B, C.

285. CONDITIONS D'ÉQUILIBRE.—Puisque les forces qui agissent sur le corps solide peuvent être transportées au même point, sans que leurs travaux soient altérés, les conditions d'équilibre démontrées pour le cas d'un point matériel (n°ˢ 204 et suiv.) s'appliqueront à ce système de forces. Ces conditions seront donc (n° 207) :

$$\Sigma F \cos a = 0, \quad \Sigma F \cos b = 0, \quad \Sigma F \cos c = 0. \quad (1)$$

De même, au point de vue du travail, on aura, pour tout déplacement possible du corps (n° 251) :

$$\Sigma T.F = 0 ; \quad (2)$$

car les travaux des forces ne sont pas altérés, lorsqu'on transporte leurs points d'application au point de concours (n° 278).

§ II. *Composition et décomposition des forces parallèles.*

286. THÉORÈME 4ᵐᵉ.—*Si deux forces* F, F$_1$, *parallèles et de même sens, sont appliquées en deux points* A, A$_1$, *d'un corps solide, elles ont une résultante* R, *située dans leur plan, parallèle à leur direction, de même sens qu'elles, égale à leur somme ; et la direction de cette résultante, située entre celles des deux forces, partage la droite* AA$_1$ *en deux parties inversement proportionnelles aux intensités de ces forces* (fig. 56).

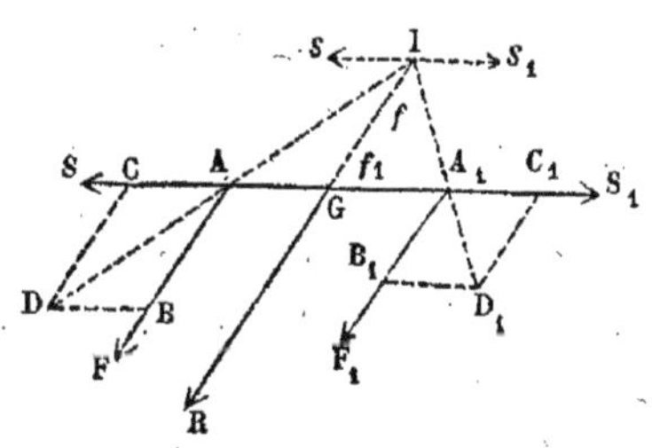

Fig. 56

Pour le prouver, appliquons aux extrémités de AA$_1$, dans la direction même de cette droite, deux forces S et S$_1$ égales et de sens contraire : l'état du système n'est pas altéré (n°ˢ 275 et 280). Composons ensuite les forces F et S, et les forces F$_1$ et S$_1$; et transportons les points d'application des deux résultantes au point de concours I de leurs directions. Enfin décomposons en ce point les deux résultantes, pour retrouver leurs composantes primitives. Les deux forces auxiliaires s et s_1, égales et opposées, se détruisent et peuvent être supprimées ; et il ne reste que les deux forces f et f_1, égales et parallèles aux forces F et F$_1$, et appliquées toutes deux au point I suivant la même direction IG. Or ces deux forces s'ajoutent pour former la résultante : ainsi *la résultante est :*

$$R = F + F_1 ; \quad (3)$$

elle est parallèle aux deux forces, et de même sens qu'elles. En outre, les triangles semblables ABD, AIG donnent :

$$\frac{F}{IG} = \frac{S}{AG}, \quad \text{ou} \quad F \times AG = S \times IG.$$

Les triangles $A_1B_1D_1$, A_1IG donnent de même $F_1 \times A_1G = S_1 \times IG$.

Donc : $F \times AG = F_1 \times A_1G,$ ou $\dfrac{F}{F_1} = \dfrac{A_1G}{AG};$ (4)

donc *le point G partage la droite* AA_1 *en parties inversement proportionnelles aux intensités des forces.*   C. Q. F. D.

On considère le point G comme le point d'application de la résultante.

Les égalités (3) et (4) fournissent évidemment ce point et la grandeur de la résultante.

287. COROLLAIRE.—L'égalité (4) donne :

$$\frac{F + F_1}{F} = \frac{A_1G + AG}{A_1G}, \quad \text{ou} \quad \frac{R}{F} = \frac{AB}{A_1G} :$$

et si l'on combine cette égalité avec l'égalité (4), on en tire :

$$\frac{F}{A_1G} = \frac{F_1}{AG} = \frac{R}{AB}; \quad (5)$$

donc, *dans le système formé par les deux forces et leur résultante, chaque force est proportionnelle à la distance qui sépare les points d'application des deux autres.*

288. THÉORÈME 5me.—*Si deux forces* F *et* F_1, *inégales, parallèles et de sens contraire, sont appliquées en deux points* A, A_1, *d'un corps solide, elles ont une résultante* R, *située dans leur plan, parallèle à leur direction, de même sens que la plus grande, égale à leur différence ; et la direction de cette résultante, située en dehors des deux forces et du côté de la plus grande, coupe la droite* AA_1 *en un point dont les distances aux points d'application des composantes sont en raison inverse de leurs intensités* (fig. 57).

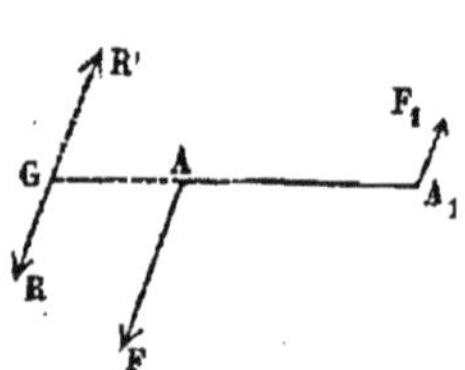

Fig. 57.

En effet, supposons $F > F_1$; prenons sur le prolongement de AA_1, et du côté de F, un point G, tel que l'on ait :

$$\frac{A_1G}{AG} = \frac{F}{F_1}. \quad (6)$$

Puis appliquons en ce point, en sens contraire, deux forces R et R', égales chacune à $F - F_1$, et parallèles aux forces données ; l'état du système ne sera pas altéré. Or, d'après le théorème 4me, les deux forces R' et F_1, parallèles et de même sens, ont une résultante égale à leur somme $R' + F_1$ ou F, et parallèle à leur direction. De plus cette résultante est appliquée au point A : car l'égalité (6) donne :

$$\frac{A_1 G - AG}{AG} = \frac{F - F_1}{F_1}, \quad \text{ou} \quad \frac{AA_1}{AG} = \frac{R'}{F_1}. \quad (7)$$

Donc la résultante des forces R' et F_1 est égale et directement opposée à la force F, et la détruit. Il ne reste plus que la force R appliquée en G, laquelle est par conséquent la résultante. Ce qu'il fallait démontrer.

289. COROLLAIRE.—Les égalités (6) et (7) fournissent les égalités

$$\frac{F}{A_1 G} = \frac{F_1}{AG} = \frac{R}{AA_1};$$

Les trois forces satisfont donc à la même condition que dans le cas précédent (n° 287) ; et il est facile de construire la résultante.

290. REMARQUES. On aurait pu démontrer ces deux théorèmes 4me et 5me, en regardant les forces parallèles comme un cas particulier des forces concourantes. En effet, supposons que les forces F, F_1 (fig. 58), d'abord concourantes, se rencontrent en O ; construisons leur résultante R ; et soit G le point où sa direction rencontre la droite AA_1. Si l'on abaisse de ce point

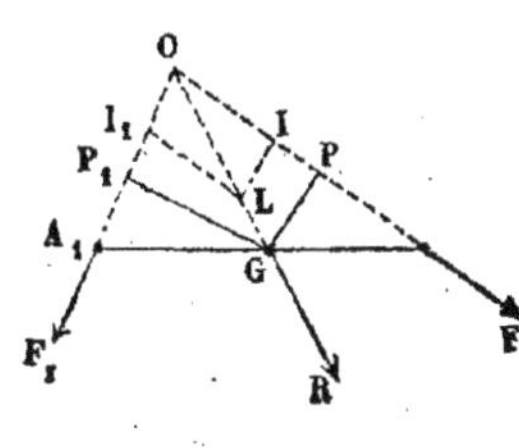

Fig. 58.

les perpendiculaires GP, GP_1, sur les directions des deux forces, on sait, par la théorie des moments (n° 247), que l'on a :

$$F \times GP = F_1 \times GP_1, \quad \text{ou} \quad \frac{F}{F_1} = \frac{GP_1}{GP}.$$

Or, si l'on suppose que la force F_1 tourne autour du point A_1, de manière à devenir parallèle à la force F, la relation précédente ne cesse pas d'exister ; à la limite, GP_1 devient le prolongement de GP, les deux triangles AGP, $A_1 GP_1$, deviennent semblables, et l'on a :

$$\frac{GP_1}{GP} = \frac{GA_1}{GA}, \quad \text{d'où} \quad \frac{F}{F_1} = \frac{GA_1}{GA}.$$

De plus, la résultante, étant toujours dirigée dans l'angle FOF_1, est, à la limite, parallèle aux deux forces. Enfin, l'intensité de la résultante est toujours la somme des projections des composantes OI et IL sur sa propre direction : à la limite, ces projections sont les forces elles-mêmes ; donc : $R = F + F_1$. C'est le théorème 4me.

On démontrerait le théorème 5me, en plaçant la force F_1 dans le sens $A_1 O$, et en répétant les mêmes raisonnements.

291. CAS D'UN COUPLE.—Nous avons supposé, dans l'énoncé du théorème 5me, que les deux forces F, F_1, parallèles et de sens contraire, étaient inégales. Si la plus grande, F, diminue et se rapproche de la force F_1, de sorte que leur différence $F - F_1 = R$ converge vers zéro, le point G s'éloigne indéfiniment du point A : car la relation (7) peut s'écrire

$$R \times AG = F_1 \times AA_1,$$

et le second membre est constant. A la limite, lorsque $F = F_1$, on a $R = 0$, et il faut que AG soit infinie.

Pour interpréter ce résultat singulier, remarquons que, si deux forces F, F_1, égales, parallèles, de sens contraire, mais non directement opposées, avaient une résultante R, elles en auraient, au même titre, une seconde R' symétriquement placée par rapport aux deux forces données. Or la force R' étant la résultante des deux forces F et F_1, la force $-R'$, égale et contraire, leur fait équilibre : cette dernière doit donc aussi faire équilibre à la résultante R ; elle doit donc être égale et directement opposée à R : donc enfin R' ne peut différer de R.

Ce raisonnement est général : *des forces en nombre quelconque ne sauraient avoir deux résultantes différentes produisant chacune le même effet qu'elles.*

Il en résulte, pour le cas particulier que nous traitons, que *deux forces égales, parallèles, de sens contraire, mais non directement opposées, n'ont pas de résultante.*

Un pareil système de forces se nomme un *couple.*

292. DÉCOMPOSITION D'UNE FORCE EN DEUX FORCES PARALLÈLES. —Lorsqu'une force R est appliquée à un corps solide, on peut toujours la décomposer en deux forces parallèles à sa direction et passant par deux points donnés A, A_1 du corps, pourvu que ces deux points soient dans un même plan avec la force donnée.

En effet, si la direction de la force R passe entre A et A_1

(fig. 56), on appliquera en A et A_1 deux forces F, F_1, de même sens que R, et qui seront déterminées par les deux égalités

$$F + F_1 = R, \qquad \frac{F}{F_1} = \frac{A_1 G}{AG}.$$

Si, au contraire, la direction de R laisse les points A et A_1 d'un même côté (fig. 57), on appliquera en ces points deux forces F, F_1 parallèles à R, la plus grande en A dans le même sens qu'elle, la plus petite en A_1 en sens contraire; et l'on déterminera leurs intensités par les formules

$$F - F_1 = R, \qquad \frac{F}{F_1} = \frac{A_1 G}{AG}.$$

Dans les deux cas, les deux forces F et F_1 remplaceront la force R.

293. THÉORÈME 6me.—*Lorsque des forces F, F_1, F_2,..., en nombre quelconque, parallèles et de même sens, agissent en différents points A, A_1, A_2,... d'un corps solide, elles ont une résultante R égale à leur somme, parallèle à leur direction et de même sens qu'elles (fig. 59).*

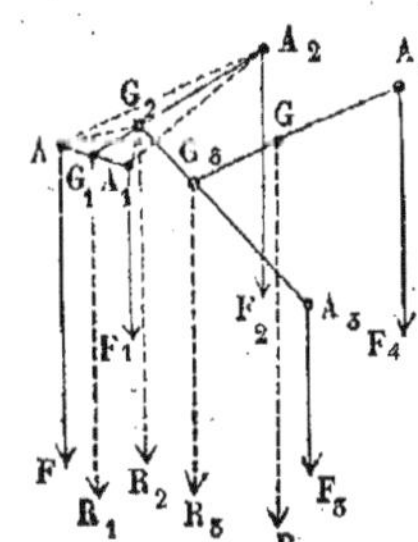

Fig. 59.

En effet, en appliquant successivement le théorème 4me (no 286), on trouve que les forces F et F_1 ont une résultante $R_1 = F + F_1$, appliquée au point G_1; que les forces R_1 et F_2 ont une résultante $R_2 = F + F_1 + F_2$, appliquée au point G_2; que les forces R_2 et F_3 ont une résultante $R_3 = F + F_1 + F_2 + F_3$, appliquée au point G_3; enfin que les forces R_3 et F_4 ont une résultante $R = F + F_1 + F_2 + F_3 + F_4$, appliquée au point G. C. Q. F. D.

294. THÉORÈME 7me.—*Si des forces, en nombre quelconque, parallèles, dirigées les unes dans un sens, les autres dans un sens contraire, sont appliquées en différents points d'un corps solide, elles ont, en général, une résultante unique; cette résultante est parallèle à leur direction, et égale à l'excès de la somme des forces qui agissent dans un sens sur la somme de celles qui agissent en sens contraire, et elle agit dans le sens de la plus grande somme.*

En effet, on peut d'abord composer toutes les forces qui agissent dans un même sens en une seule R_1, parallèle à leur direction et égale à leur somme : on peut de même composer toutes les autres en une seule R_2, parallèle à leur direction et égale à leur somme : enfin, si ces deux forces R_1 et R_2 sont inégales, on peut les composer en une seule R, parallèle à chacune d'elles et égale à leur différence, et agissant dans le sens de la plus grande.   C. Q. F. D.

295. REMARQUES.—Nous avons dit, dans l'énoncé, que ces forces ont, *en général*, une résultante, parce qu'il y a une exception. Si les deux sommes R_1 et R_2 sont égales, sans être directement opposées, elles forment un couple (n° 291), et *il n'y a pas de résultante.*

Remarquons, en outre, que, si les deux sommes sont à la fois égales et directement opposées, elles se détruisent, et le système est en équilibre.

296. THÉORÈME 8me. CENTRE DES FORCES PARALLÈLES.—*Lorsque les forces parallèles ont une résultante, cette force passe par un point qui reste invariable, quelle que soit la direction commune qu'on leur donne, pourvu qu'on n'altère pas leur parallélisme, et que l'on conserve leurs intensités ou du moins leurs rapports.*

En effet, si l'on se reporte à la figure 59, on voit que la position du point G_1 ne dépend que de celles des points A et A_1, et du rapport des forces F et F_1; que de même la position du point G_2 ne dépend que de celles des points G_1 et A_2, et du rapport des forces $R_1 = F + F_1$ et F_2; et ainsi de suite. Le point G restera donc le même, lorsqu'on inclinera toutes les forces sans altérer leur parallélisme, et que l'on conservera les intensités de ces forces, ou simplement les rapports de leurs intensités.

Le raisonnement s'applique évidemment au cas où certaines orces sont dirigées en sens contraire des premières.

Ce point remarquable se nomme le *centre des forces parallèles.*

297. THÉORÈME 9me. CAS PARTICULIER.—Lorsque le système se compose seulement de trois forces F, F_1, F_2 (fig. 59), le centre des forces parallèles jouit d'une propriété curieuse. En effet, joignons les trois points A, A_1, A_2, entre eux et au point G_2; on a d'abord :

$$\frac{R_2}{F_2} = \frac{A_2 G_1}{G_1 G_2} = \frac{AA_1 A_2}{AG_2 A_1}.$$

D'un autre côté, $\dfrac{R_2}{R_1} = \dfrac{A_2 G_1}{A_2 G_2}$, et $\dfrac{R_1}{F} = \dfrac{AA_1}{A_1 G_1}$;

d'où, en multipliant,

$$\frac{R_2}{F} = \frac{A_2 G_1 \times AA_1}{A_2 G_2 \times A_1 G_1} = \frac{AA_1 \times A_2 G_1 \times \sin A_2 G_1 A_1}{A_2 G_2 \times A_1 G_1 \times \sin A_2 G_1 A_1} = \frac{AA_1 A_2}{A_1 G_2 A_2}.$$

On prouverait de même que

$$\frac{R_2}{F_1} = \frac{AA_1 A_2}{AG_2 A_2}.$$

Ainsi
$$\frac{R}{AA_1 A_2} = \frac{F}{A_1 G_2 A_2} = \frac{F_1}{AG_2 A_2} = \frac{F_2}{AG_2 A_1}. \qquad (8)$$

Donc, *si l'on joint le centre des forces parallèles aux points d'application des trois composantes, et si l'on représente la résultante par l'aire du triangle total, chaque composante est représentée par l'aire du triangle partiel formé en joignant le centre aux points d'application des deux autres.*

Un théorème analogue a lieu dans le cas où l'une des composantes est dirigée en sens contraire des deux autres. Seulement le point G_2 n'est plus dans l'intérieur du triangle $AA_1 A_2$.

298. DÉCOMPOSITION D'UNE FORCE EN TROIS FORCES PARALLÈLES. — On peut décomposer une force R_2 en trois forces parallèles et de même sens, appliquées en trois points A, A_1, A_2, du corps, pourvu que le plan de ces trois points ne soit pas parallèle à la direction de cette force. Car, en joignant $G_2 A_2$, on décomposera d'abord R_2 en deux forces R_1 et F_2 appliquées en G_1 et A_2 (n° 292)); puis on décomposera R_1 en deux forces F et F_1 appliquées en A et A_1. On voit, d'ailleurs, que la décomposition ne pourra s'effectuer que d'une seule manière, puisque les composantes ont une somme constante, et qu'elles sont proportionnelles aux aires des trois triangles (n° 297).

299. CAS D'INDÉTERMINATION. — Mais si l'on voulait décomposer une force R en plus de trois forces parallèles, le problème serait indéterminé. On pourrait, en effet, appliquer à tous les points donnés, moins trois, des forces *arbitraires;* composer ces forces en une seule R_1; décomposer la force R donnée en deux autres, dont l'une serait R_1, et décomposer l'autre, que j'appelle R_2, en trois autres appliquées aux trois points non employés.

§ III. *Des moments des forces parallèles.*

300. DÉFINITION.—On appelle *moment d'une force* F, *par rapport à un plan quelconque* P, *le produit de l'intensité de cette force par la perpendiculaire abaissée de son point d'application sur ce plan.*

Lorsqu'on considère un système de forces parallèles, on regarde comme positives celles qui sont dirigées dans un sens déterminé, et comme négatives celles qui sont dirigées en sens contraire. En outre, comme en géométrie analytique la distance de chaque point d'application au plan est regardée comme positive ou négative, selon que le point est situé d'un côté ou de l'autre de ce plan.

Le moment d'une force, par rapport à un plan, est positif ou négatif, suivant que ses deux facteurs sont de même signe ou de signe contraire.

301. THÉORÈME 10me.—*Le moment de la résultante* R *d'un système de forces parallèles, par rapport à un plan quelconque* P, *est égal à la somme algébrique des moments des composantes.*

Nous distinguerons plusieurs cas.

302. PREMIER CAS.—*On donne deux forces* F *et* F_1, *de même sens* (fig. 60). Abaissons des points d'application A, A_1 et G, des composantes et de la résultante, les perpendiculaires $Aa = z$, $A_1 a_1 = z_1$, $Gg = \zeta$, sur le plan quelconque P; et menons par le point G une parallèle IL à la projection aga_1. Les triangles semblables AGI, GA_1L donnent:

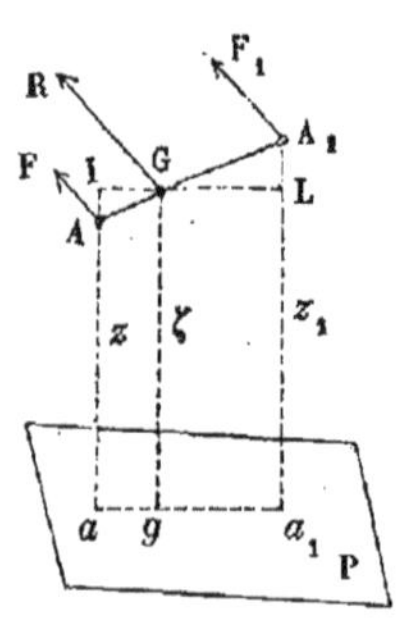

Fig. 60.

$$\frac{AI}{A_1L} = \frac{AG}{GA_1} = \frac{F_1}{F}, \quad \text{ou} \quad \frac{\zeta - z}{z_1 - \zeta} = \frac{F_1}{F},$$

ou, en effectuant, et en remarquant que $F + F_1 = R$,

$$F\zeta - Fz = F_1 z_1 - F_1\zeta, \quad \text{ou} \quad R\zeta = Fz + F_1 z_1. \quad (9)$$

C'est ce qu'il fallait démontrer. Il est vrai qu'on a supposé les trois points d'application d'un même côté du plan P, c'est-à-dire, z, z_1, ζ positives. Mais, si l'on désigne par h la hauteur quelconque d'un nouveau plan P′ au-dessus de ce plan, comme on a identiquement : $\mathrm{R}\,h = \mathrm{F}\,h + \mathrm{F}_1\,h$, on en conclut, par soustraction, $\mathrm{R}\,(\zeta - h) = \mathrm{F}\,(z - h) + \mathrm{F}_1\,(z_1 - h)$.

Or les ordonnées $\zeta - h$, $z - h$, $z_1 - h$, sont évidemment les distances des points d'application au nouveau plan P′, *prises avec leurs signes*. Donc le théorème des moments subsiste pour le plan quelconque P′.

303. SECOND CAS.—*On donne deux forces* F *et* F_1 *de sens contraire* (fig. 61). Si l'on fait une construction analogue, les triangles semblables GAI, GA_1L, donnent :

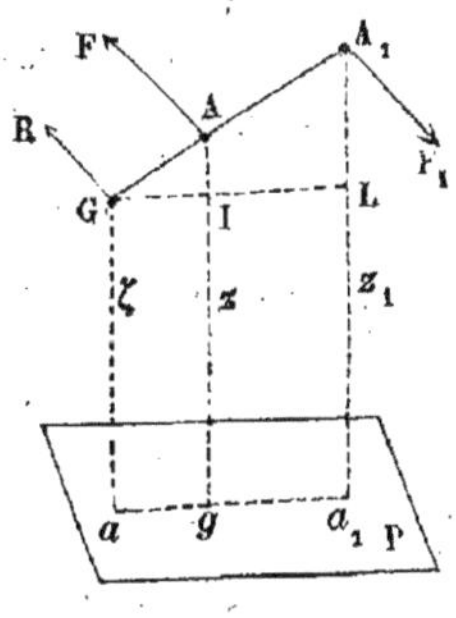

$$\frac{\mathrm{AI}}{\mathrm{A}_1\mathrm{L}} = \frac{\mathrm{GA}}{\mathrm{GA}_1} = \frac{\mathrm{F}_1}{\mathrm{F}}, \quad \text{ou} \quad \frac{z - \zeta}{z_1 - \zeta} = \frac{\mathrm{F}_1}{\mathrm{F}},$$

ou, en effectuant, $\mathrm{F}z - \mathrm{F}\zeta = \mathrm{F}_1 z_1 - \mathrm{F}_1 \zeta$, ce qu'on peut écrire,

$$(\mathrm{F} - \mathrm{F}_1)\zeta = \mathrm{F}z - \mathrm{F}_1 z_1, \quad \text{ou} \quad \mathrm{R}\zeta = \mathrm{F}z - \mathrm{F}_1 z_1. \quad (10)$$

C'est encore le théorème : car, dans ce cas, le moment de la force F_1 est de signe contraire à ceux des deux autres. On généraliserait d'ailleurs la formule, comme plus haut, si certaines ordonnées étaient négatives.

Fig. 61.

304. TROISIÈME CAS.—*On donne un nombre quelconque de forces parallèles,* F, F_1, F_2,...,, *dirigées les unes dans un sens, les autres en sens contraire.* Si l'on appelle R_1, R_2,..., R, les résultantes successives prises avec leurs signes, et ζ_1, ζ_2,..., ζ, les ordonnées positives ou négatives de leurs points d'application, on a, en vertu des deux premiers cas, chaque moment portant son signe avec lui :

$$\mathrm{R}_1 \zeta_1 = \mathrm{F}z + \mathrm{F}_1 z_1,$$
$$\mathrm{R}_2 \zeta_2 = \mathrm{R}_1 \zeta_1 + \mathrm{F}_2 z_2,$$
$$\dots\dots\dots\dots\dots\dots$$
$$\mathrm{R}\zeta = \mathrm{R}_{n-1} \zeta_{n-1} + \mathrm{F}_n z_n;$$

d'où, en ajoutant ces égalités membre à membre,

$$\mathrm{R}\zeta = \mathrm{F}z + \mathrm{F}_1 z_1 + \mathrm{F}_2 z_2 + \dots + \mathrm{F}_n z_n, \quad \text{ou} \quad \mathrm{R}\zeta = \Sigma \mathrm{F}z. \quad (11) \;\; \text{C.Q.F.D.}$$

305. COROLLAIRES.—1° *Si les points d'application de toutes les forces sont dans un même plan* Q, on peut prendre pour plan P un plan perpendiculaire au plan Q : alors les ordonnées z, z_1,... ζ, seront les distances des points d'application à la droite d'intersection des deux plans. Donc, dans ce cas, *le moment de la résultante, par rapport à une droite quelconque située dans le plan, est la somme algébrique des moments des composantes.*

2° *Si les points d'application sont tous sur une même droite,* on peut prendre pour plan P un plan perpendiculaire à cette droite; alors lés ordonnées z, z_1,... ζ, sont les distances des points d'application au point où la droite rencontre le plan. Donc, dans ce cas, *le moment de la résultante, par rapport à un point quelconque de la droite, est la somme algébrique des moments des composantes.*

306. REMARQUES.—1° Le théorème général s'applique au cas où les ordonnées, au lieu d'être perpendiculaires au plan P, seraient parallèles à une direction quelconque faisant un angle θ avec ce plan; car, en multipliant l'égalité (11) par $\sin\theta$, chaque facteur $z\sin\theta$ représenterait l'ordonnée oblique correspondante.

2° Si toutes les forces F sont égales et de même sens, l'égalité (11) devient

$$R\zeta = F(z + z_1 + ... + z_n).$$

D'ailleurs, dans ce cas,

$$R = nF;$$

donc :
$$\zeta = \frac{z + z_1 + z_2 + ... + z_n}{n}. \quad (12)$$

Ainsi, *la distance du centre des forces parallèles égales à un plan* P *est la moyenne arithmétique des distances des points d'application des composantes au même plan,* ces distances étant comptées parallèlement à une direction quelconque.

307. DÉTERMINATION ANALYTIQUE DU CENTRE DES FORCES PARALLÈLES.—Le théorème général des moments (n° 301) nous permet de résoudre complétement par le calcul le problème

de la composition des forces parallèles. En effet, on a d'abord (n° 294) :
$$R = \Sigma F, \quad (13)$$
équation qui donne l'intensité de la résultante. On connaît d'ailleurs sa direction. Pour obtenir son point d'application, on choisit trois plans coordonnés quelconques, non parallèles à la direction des forces : et désignant par x, y, z ; $x_1, y_1, z_1, \ldots$ ξ, η, ζ, les coordonnées des points d'application des forces F, $F_1, \ldots$ et de la résultante R, on a (n° 304) :

$$\xi = \frac{\Sigma.Fx}{\Sigma F}, \quad \eta = \frac{\Sigma.Fy}{\Sigma F}, \quad \zeta = \frac{\Sigma.Fz}{\Sigma F}. \quad (14)$$

Toutes les fois que ΣF n'est pas nulle, la résultante existe, et son point d'application est déterminé par les trois formules (14) ; ainsi le centre des forces parallèles existe, et il est unique, quel que soit l'ordre que l'on suive pour composer ces forces.

308. DISCUSSION.—Mais si $\Sigma F = 0$, la somme des forces qui agissent dans un sens est égale à la somme de celles qui tirent dans l'autre (n° 294). Par suite, si l'on désigne chacune de ces sommes par R′ et les coordonnées de leurs points d'application par x', y', z', et par x'', y'', z'', on aura, en vertu du théorème des moments (n° 301) :
$$\Sigma.Fx = R'(x' - x''), \quad \Sigma.Fy = R'(y' - y''), \quad \Sigma.Fz = R'(z' - z'').$$
Et il pourra arriver deux cas. En premier lieu, l'un, au moins, des coefficients de R′ n'est pas nul ; par exemple, x' n'est pas égal à x'', les deux forces R ne sont pas directement opposées ; alors la coordonnée correspondante ξ est infinie ; la résultante est nulle, et son point d'application est transporté à l'infini : c'est le cas où le système se réduit à un couple (n° 291). En second lieu, les trois coefficients de R′ sont nuls à la fois, on a : $x' = x''$, $y' = y''$, $z' = z''$; les deux forces R′ sont égales et directement opposées, et il y a équilibre : dans ce cas, les trois coordonnées ξ, η, ζ, se présentent sous la forme $\frac{0}{0}$.

§ IV. *De l'équilibre des forces parallèles.*

309. THÉORÈME 11ᵐᵉ.—*Pour qu'un système de forces parallèles appliquées à un corps solide soit en équilibre, il faut et il* *suffit : 1o que la somme algébrique des forces soit nulle; 2o que la somme algébrique de leurs moments, par rapport à deux plans qui se coupent et qui sont parallèles à leur direction commune, soit nulle séparément pour chacun d'eux.*

En effet, on peut toujours composer en une seule toutes les forces qui tirent dans un sens, et en une seule toutes celles qui tirent dans l'autre. Il faut d'abord, pour l'équilibre, que ces deux sommes soient égales; car deux forces inégales ont toujours une résultante (no 288). Il faut ensuite que ces deux forces soient directement opposées; car, autrement, elles se réduiraient à un couple. La première condition équivaut à $\Sigma F = 0$, la seconde à $\Sigma.Fx = 0$, $\Sigma.Fy = 0$, $\Sigma.Fz = 0$ (no 308).

Mais, si l'on choisit les deux plans xOz et yOz parallèles à la direction commune des forces, il n'est pas nécessaire, pour l'équilibre, que $z' = z''$, ou que $\Sigma.Fz = 0$; il suffit que $x' = x''$ et que $y' = y''$, pour que les deux résultantes partielles soient appliquées suivant la même droite. Ainsi les conditions d'équilibre sont :

$$\Sigma.F = 0, \quad \Sigma.Fx = 0, \quad \Sigma.Fy = 0. \quad (15) \quad \text{C. Q. F. D.}$$

§ V. *Du travail des forces parallèles.*

310. THÉORÈME 12me.—*Lorsqu'un système de forces parallèles a une résultante, le travail élémentaire de cette force est égal à la somme de ceux des composantes.*

En effet, on sait que, par rapport à un plan quelconque P, le moment de la résultante est la somme des moments des composantes (no 304), c'est-à-dire que :

$$R\zeta = Fz + F_1 z_1 + \ldots + F_n z_n.$$

Donnons au système un déplacement élémentaire quelconque, et soient ζ', z', z'_1,... les coordonnées nouvelles des points d'application : si les forces sont restées constantes en grandeur et en direction, la formule subsistera, et l'on aura :

$$R\zeta' = Fz' + F_1 z'_1 + \ldots + F_n z'_n ;$$

d'où, par soustraction,

$$R(\zeta' - \zeta) = F(z' - z) + F_1(z'_1 - z_1) + \ldots + F_n(z'_n - z_n). \quad (16)$$

Or on peut supposer que le plan P est perpendiculaire à la direction des forces : alors $\zeta' - \zeta$, $z' - z$, $z'_1 - z_1,\ldots,$ sont les projections des éléments de chemin parcourus sur les directions des forces, et les termes de l'égalité (16) sont les travaux élémentaires de ces forces : cette égalité démontre donc le théorème.

311. THÉORÈME 13me.—*Lorsque les forces parallèles se font équilibre, la somme de leurs travaux est nulle pour tout déplacement du corps solide.*

En effet, dans ce cas, $R = 0$, sans que $\zeta' - \zeta$ soit infinie donc l'égalité (16) devient :

$$0 = F(z' - z) + F_1(z'_1 - z_1) + \ldots + F_n(z'_n - z_n),$$

ou
$$\Sigma . TF = 0. \quad (17) \quad \text{C. Q. F. D.}$$

CHAPITRE IV.

DES CENTRES DE GRAVITÉ.

Programme : Centre de gravité : sa recherche se réduit à une question de géométrie quand le corps est homogène.—Cas où le corps a un plan de symétrie, un axe ou un centre de figure.—Notion du centre de gravité d'une ligne et d'une surface considérées comme composées d'éléments dont le poids est proportionnel à leur étendue.—Centre de gravité d'un triangle : il est le même que celui du système de trois sphères homogènes égales qui auraient leurs centres aux trois sommets.—Centre de gravité d'un polygone.—Cas particuliers d'un trapèze et d'un quadrilatère quelconque.—Centre de gravité du tétraèdre : il est le même que celui du système de quatre sphères homogènes égales qui auraient leurs centres aux quatre sommets, et se trouve au point d'intersection des droites qui joignent les milieux des arêtes respectivement opposées.—Centre de gravité de la pyramide, du cône.—La notion du centre de gravité ne suppose pas nécessairement la solidité des corps : elle s'applique à un système quelconque de points matériels.—Le travail de la pesanteur sur un corps ou sur un système de corps est le même que si la masse de ces corps se trouvait concentrée en leur centre de gravité général.—Application relative à l'élévation des fardeaux.

---

§ I. *Notions préliminaires.*

312. Définition du centre de gravité d'un corps.—On sait que la pesanteur agit sur toutes les molécules d'un corps (n° 147), et qu'elle est dirigée vers le centre de la terre. Comme les dimensions de ce corps sont insensibles par rapport au rayon du globe, il est permis de considérer les poids de toutes les molécules comme des forces parallèles et de même sens. Ces forces ont donc une résultante égale à leur somme, parallèle à leur direction, et dirigée comme elles vers le centre de la terre (n° 293). C'est cette résultante qui est le *poids* du corps.

En outre, cette résultante passe par un point fixe, qui ne change pas quelle que soit la position que l'on donne au corps par rapport à la direction de la pesanteur (n° 296). Ce centre des forces parallèles porte, dans ce cas particulier, le nom de *centre de gravité*.

Si ce point est un des points matériels composant le corps solide, on peut concevoir qu'on remplace les poids des diverses molécules par le poids du corps, et qu'on applique cette force unique au centre de gravité. On maintiendra, dans ce cas, le corps en équilibre, en appliquant à ce point une force égale et contraire à son poids. Si, au contraire, le centre de gravité n'appartient pas au corps, on ne peut plus regarder cette substitution que comme une conception permise pour simplifier les énoncés ou les démonstrations, mais qui n'a pas de réalité (n° 282).

313. DÉTERMINATION PRATIQUE DU CENTRE DE GRAVITÉ.—Lorsqu'on suspend un corps par un fil attaché à l'un de ses points, il arrive un instant où l'équilibre s'établit : alors le poids du corps étant détruit par la tension du fil, ce fil est vertical comme le poids, et sa direction prolongée va passer par le centre de gravité. Si on suspend le corps par un autre de ces points, la direction du fil en équilibre va passer encore par le centre de gravité, qui se trouve ainsi à l'intersection des deux droites. Cette méthode expérimentale ne donnerait pas facilement la position précise du centre de gravité, mais elle fournit quelques indications sur la région du corps où il se trouve.

314. CENTRE DE GRAVITÉ D'UN SYSTÈME DE CORPS.—La notion du centre de gravité s'étend naturellement à un système quelconque de corps, liés ou non les uns aux autres : c'est alors le point d'application de la résultante des poids de tous ces corps (n° 296). Par conséquent cette notion ne suppose pas nécessairement la solidité des corps : elle s'applique à un système quelconque de points matériels, dont les positions, les volumes, les densités peuvent varier, pourvu qu'on les considère dans un état donné, à un instant déterminé.

Lorsqu'on connaît les poids et les centres de gravité des divers corps qui composent un système, on détermine le centre de gravité général en appliquant les formules (13) et (14) du n° 307 qui fournissent le centre des forces parallèles. Le problème se ramène donc à la recherche du centre de gravité d'un corps isolé.

315. CENTRE DE GRAVITÉ DES CORPS, DES SURFACES, DES LIGNES HOMOGÈNES.—Nous ne nous occuperons ici que des corps *homogènes*, dans lesquels la matière est censée distribuée uniformément. Dans ce cas, le poids du corps est proportionnel à son volume. On peut remplacer alors, dans les formules (14) du n° 307 qui donnent le centre de gravité, les poids par les volumes; car, si l'on a, par exemple,

$$P\xi = px + p_1 x_1 + p_2 x_2 + \cdots,$$

comme $\quad P = V\rho g, \quad p = v\rho g, \quad p_1 = v_1\rho g,\ldots$ (n° 177),

on en conclut : $\quad V\xi = vx + v_1 x_1 + v_2 x_2 + \cdots$ (1)

Le problème est ainsi ramené à une question de géométrie, et le centre de gravité se nomme le *centre de gravité du volume.*

Si l'on considère une surface quelconque comme une feuille très-mince, homogène, ayant pour épaisseur constante le diamètre d'une molécule, cette feuille pesante a un centre de gravité, qu'on appelle *le centre de gravité de la surface.* Le volume de la feuille étant alors proportionnel à sa surface, l'équation (1) devient :

$$A\xi = ax + a_1 x_1 + a_2 x_2 + \cdots. \quad (2)$$

Si l'on considère une ligne quelconque comme une tige cylindrique homogène très-déliée, composée d'une file de molécules, cette tige pesante a un centre de gravité, qu'on nomme le *centre de gravité de la ligne.* Le volume de la tige étant alors proportionnel à sa longueur, l'équation (1) devient :

$$L\xi = lx + l_1 x_1 + l_2 x_2 + \cdots \quad (3)$$

316. CAS OU LA FIGURE A UN PLAN DE SYMÉTRIE, UN AXE OU UN CENTRE DE FIGURE.—Il est des cas où le centre de gravité est connu *à priori.* Ainsi : 1° *toute figure décomposable en parties ayant toutes leurs centres de gravité sur un même plan ou sur une même droite, a son centre de gravité dans ce plan ou sur cette droite.* Cela résulte, ou du théorème des moments (n° 304), ou de la composition des forces parallèles (n° 293).

2° *Toute figure, qui a un plan de symétrie, a son centre de gravité dans ce plan.* Car deux éléments symétriques quelconques ayant des poids égaux et des centres de gravité à égale distance du plan, le centre de gravité de leur système est dans ce plan : donc le centre de gravité général (1°) s'y trouve aussi.

3° *Toute figure, qui a un axe de symétrie, a son centre de gravité sur cet axe.* Car un axe de symétrie est l'intersection de deux plans de symétrie.

4° *Toute figure, qui a un centre de figure, a son centre de gravité en ce point.* Car toute droite passant par ce point et se terminant à la figure étant partagée par lui en deux parties égales, la file de molécules qu'elle contient a son centre de gravité en ce point. Donc, il en est de même (1°) du centre de gravité général.

317. COROLLAIRES.—Il résulte de là (n° 316, 4°) que :

Le centre de gravité d'une ligne droite est en son milieu.

Celui du contour ou de l'aire d'un parallélogramme est au point d'intersection des diagonales.

Celui du contour ou de l'aire d'un polygone régulier ou d'un cercle est au centre de la figure.

Celui de l'aire ou du volume d'un parallélipipède est au point de rencontre des diagonales.

Celui de la surface ou du volume d'une sphère est au centre.

Celui de l'aire ou du volume d'un cylindre droit ou oblique à bases circulaires est au milieu de son axe.

§ II. *Centres de gravité des lignes.*

318. CENTRE DE GRAVITÉ DU CONTOUR D'UN TRIANGLE.—Considérons un triangle ABC (fig. 62); les centres de gravité des trois côtés sont en leurs milieux a, b, c (n° 317, 1°), et les forces appliquées en ces points sont proportionnelles aux longueurs de ces côtés (n° 315). Donc, si l'on joint les points a, b, c, on forme un triangle abc semblable au premier, et dans lequel chaque force appliquée à un sommet est proportionnelle au côté opposé. Or les deux forces appliquées en a et en b se composent en une seule appliquée en un point I, tel que :

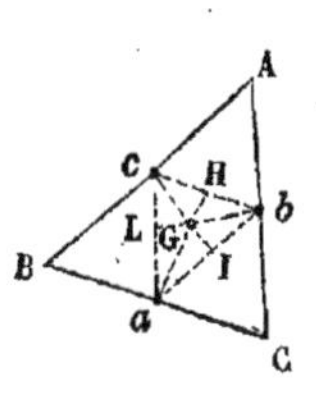

Fig. 62.

$$\frac{a\mathrm{I}}{b\mathrm{I}} = \frac{ac}{bc}. \quad (\text{n° 286})$$

Donc le point I est sur la bissectrice de l'angle c. Il faudrait ensuite composer la force appliquée en I avec la troisième force appliquée en c : sans chercher le résultat, on peut dire que le centre de gravité demandé est sur la bissectrice cI. On prouverait de même qu'il est sur les bissectrices aH, bL.

Donc *le centre de gravité du contour d'un triangle est au point d'intersection des bissectrices des angles d'un autre triangle formé en joignant les milieux des côtés du premier.*

319. CENTRE DE GRAVITÉ D'UN CONTOUR POLYGONAL.—Pour trouver le centre de gravité d'un contour polygonal, il faut de même concevoir, appliquées aux milieux des différents côtés, des forces proportionnelles à leurs longueurs, et composer ces forces par la règle générale (n° 293), ou appliquer le théorème des moments (n° 307).

320. CENTRE DE GRAVITÉ DE L'ARC DE CERCLE.—On peut obtenir aisément le centre de gravité d'un arc de cercle AB (fig. 63). En effet, ce point se

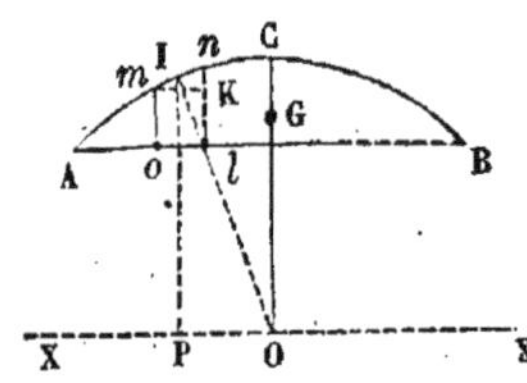

Fig. 63.

trouve d'abord sur le rayon OC qui partage l'arc en deux parties égales (n° 316, 3°) ; et il suffit de trouver sa distance $OG = x$ au centre O. Or menons la corde AB, et un diamètre XX' parallèle à cette corde : soit $mn = \Delta s$ un élément de l'arc, et soit il sa projection sur la corde. Si, du milieu de mn, on abaisse IP perpendiculaire sur XX', le moment de l'élément Δs par rapport à cet axe est $mn \times$ IP. Or les triangles semblables mnk, OPI, donnent :

$$\frac{mn}{\text{OI}} = \frac{mk}{\text{IP}}, \quad \text{d'où} \quad mn \times \text{IP} = mk \times \text{OI};$$

donc le moment de l'élément Δs est aussi $il \times$ OI. D'ailleurs, si l'on désigne l'arc AB par s, le moment de cet arc est sx. On a donc (n° 305) :

$$sx = \Sigma . il \times \text{OI},$$

ou, parce que OI est constant, $\quad sx = \text{OI} \times \Sigma . il.$

Or, $\Sigma . il = $ corde AB $= c$: donc en posant OI $= r$, on a :

$$sx = cr, \quad \text{d'où} \quad x = \frac{cr}{s}. \quad (4)$$

Dans le cas particulier, où l'arc AB est une demi-circonférence, on a :

$$s = \pi r, \quad c = 2r,$$

et, par suite,

$$x = \frac{2r}{\pi}.$$

§ III. *Centres de gravité des aires.*

321. CENTRE DE GRAVITÉ DE L'AIRE DU TRIANGLE.—Soit ABC (fig. 64) le triangle donné : menons la médiane AM, traçons un grand nombre de parallèles à la base BC, et par les points où

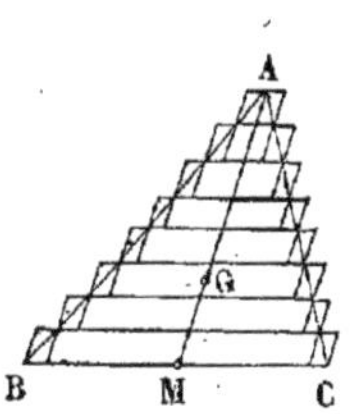

Fig. 64.

ces droites rencontrent les côtés AB et AC, menons des parallèles à AM. Nous formons ainsi deux séries de parallélogrammes; les uns sont inscrits, et leur somme est inférieure à l'aire du triangle; les autres ont une somme supérieure à cette aire. Or la droite AM partageant les bases de chacun d'eux en deux parties égales, contient tous leurs centres de gravité (n° 317). Donc le centre de gravité général de chaque série se trouve sur AM. Or cette propriété subsiste, quelque nombreuses que soient les parallèles : elle subsiste donc à la limite, c'est-à-dire, lorsque chaque somme est égale à l'aire du triangle. Le centre de gravité du triangle est donc sur la médiane AM : on démontrerait de même qu'il est sur les deux autres.

Donc *le centre de gravité de l'aire du triangle est le point d'intersection de ses trois médianes.* On sait d'ailleurs que ces trois droites se rencontrent au point situé aux $\frac{2}{3}$ de la longueur de chacune d'elles, à partir du sommet.

322. REMARQUE.—Si trois sphères homogènes égales ont leurs centres aux trois sommets A, B, C, le centre de gravité du système des sphères B et C est au milieu M de BC : et comme le poids appliqué en M est double du poids appliqué en A, le centre de gravité général doit être sur la droite AM, et la partager dans le rapport de 1 à 2; il est donc au point G. Ainsi *le centre de gravité de l'aire du triangle est le même que celui du système de ces trois sphères égales.*

323. CENTRE DE GRAVITÉ DU TRAPÈZE.—Soit ABCD le trapèze donné (fig. 65). Prolongeons AD et BC jusqu'à leur rencontre

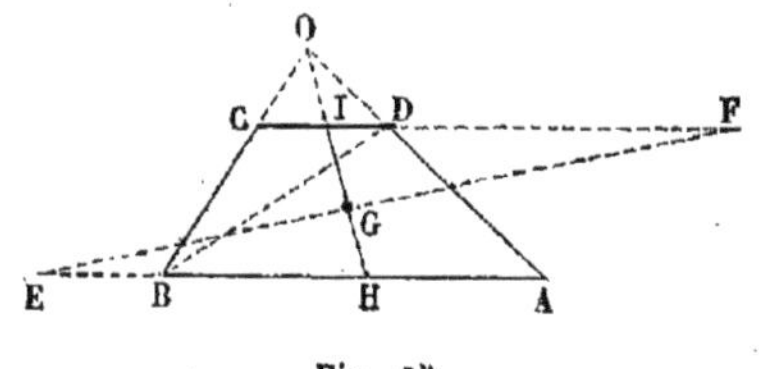

Fig. 65.

en O, et menons la médiane OIH. Les centres de gravité des deux triangles OAB, OCB, étant sur cette droite (n° 321), celui du trapèze, qui est leur différence, s'y trouve aussi (n° 288) : et pour le déterminer, il suffit de connaître sa distance à l'une des bases, ou même le rapport de ses distances aux deux bases. Or soient $AB = B$, $CD = b$, les deux bases, h la hauteur, x et y les distances du centre cherché à AB et à CD. Si l'on mène la diagonale BD, le moment du trapèze, par rapport à un axe quelconque situé dans son plan, est la somme des moments des deux triangles ABD, BCD (n° 305, 1°). Prenons donc d'abord les moments par rapport à AB; en remarquant que les distances des centres de gravité de ces triangles à AB sont respectivement $\dfrac{h}{3}$ et $\dfrac{2h}{3}$, nous avons (n° 315) :

$$ABCD \cdot x = ABD \cdot \frac{h}{3} + BCD \cdot \frac{2h}{3},$$

ou
$$ABCD \cdot x = (B + 2b) \cdot \frac{h^2}{6}.$$

Prenons ensuite les moments par rapport à CD; nous trouvons de même,
$$ABCD \cdot y = (2B + b) \frac{h^2}{6}.$$

On tire de là, par division,

$$\frac{x}{y} = \frac{B + 2b}{2B + b}. \qquad (5)$$

Cette formule conduit à la construction suivante : *On prolonge* AB *d'une longueur* $BE = b$, *puis* CD *d'une longueur* $DF = B$, *et l'on joint* EF : *on trace ensuite la droite* IH *qui joint les milieux des bases : et le centre de gravité du trapèze est à l'intersection* G *des deux droites* EF *et* IH. Car les triangles semblables EGH, IGF, donnent :

$$\frac{GH}{IG} = \frac{EH}{IF} = \frac{\dfrac{B}{2} + b}{B + \dfrac{b}{2}} = \frac{B + 2b}{2B + b}.$$

Ainsi le point G est sur la droite IH, et ses distances aux deux bases sont entre elles dans le rapport $\dfrac{GH}{IG}$, ou $\dfrac{B + 2b}{2B + b}$: donc il est le centre de gravité cherché.

324. CENTRE DE GRAVITÉ DU QUADRILATÈRE.—Soit un quadrilatère quelconque ABCD (fig. 66). Si l'on joint les deux sommets opposés B et D au milieu M de la diagonale AC, et si l'on prend $ME = \frac{1}{3}MB$ et $MF = \frac{1}{3}MD$, les points E et F sont les centres de gravité des triangles ABC, ACD (n° 321); le centre de gravité du quadrilatère est donc sur la droite EF (laquelle est parallèle à BD).

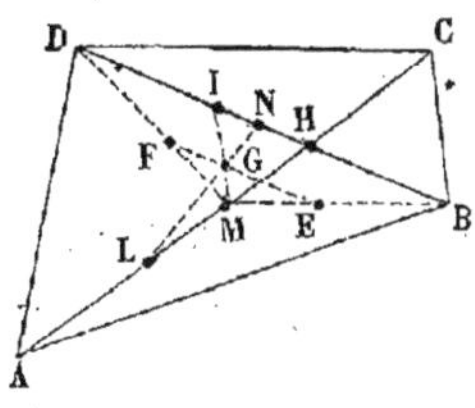

Fig. 66.

De plus, il doit partager cette droite en deux parties inversement proportionnelles aux aires des deux triangles. Or ces deux triangles, ayant même base AC, sont eux-mêmes proportionnels à leurs hauteurs ou aux segments BH et DH; si l'on porte BH en DI, et qu'on joigne MI, cette droite coupe EF en un point G, tel que l'on a :

$$\frac{EG}{FG} = \frac{BI}{DI} = \frac{DH}{BH} = \frac{ADC}{ABC}.$$

Donc le point G est le centre de gravité du quadrilatère. De là résulte la construction suivante : *On trace les diagonales* AC, BD ; *on prend, sur l'une d'elles* BD, *une longueur* DI = BH, *et l'on joint le point* I *au milieu* M *de l'autre diagonale ; enfin on partage* MI *au point* G, *de telle sorte que* $MG = \dfrac{MI}{3}$. *Le point* G *est le centre cherché.*

Si aucune des diagonales n'est coupée par l'autre en parties égales, on pourra simplifier la construction, en considérant les deux autres triangles ABD, BDC, c'est-à-dire, *en prenant* AL = CH, *et en joignant le point* L *au milieu* N *de* BD. *Cette droite contient aussi le centre de gravité* G, *qui se trouve ainsi à l'intersection de* MI *et de* NL. Mais cette construction ne réussit pas lorsque l'une des deux diagonales est coupée par l'autre en parties égales, parce qu'alors les deux droites MI et NL se confondent.

325. CENTRE DE GRAVITÉ D'UN POLYGONE.—Pour trouver le centre de gravité d'un polygone, on le décompose en triangles; on détermine les centres de gravité de chacun d'eux, et l'on applique en ces points des forces proportionnelles aux aires des triangles correspondants; puis on compose ces forces, soit par la méthode générale, soit par la théorie des moments.

326. CENTRE DE GRAVITÉ DU SECTEUR CIRCULAIRE.—Si l'on partage le secteur circulaire AOB (fig. 67) en un très-grand nombre de secteurs égaux,

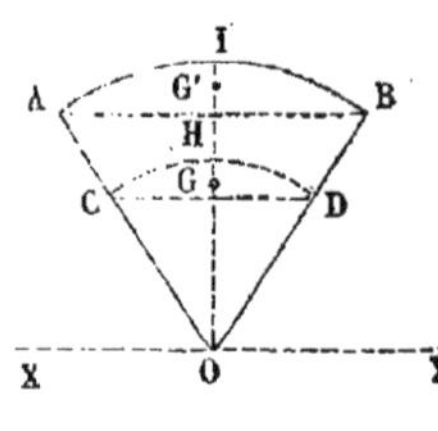

Fig. 67.

chacun d'eux peut être considéré comme un triangle, et son centre de gravité se trouve sur le rayon qui le partage en deux parties égales, et aux $\frac{2}{3}$ de sa longueur à partir du centre O. Par suite, si l'on décrit, du point O comme centre, un arc CD ayant pour rayon $OC = \dfrac{2\,OA}{3}$, les centres de gravité des divers triangles sont distribués uniformément sur cet arc : il en résulte que le centre de gravité du secteur AOB est le même que celui de l'arc de cercle CD. Ainsi il se trouve sur le rayon bissecteur OI ; et, en désignant par x sa distance OG au centre, on a (320) :

$$x = \frac{\text{corde CD} \times \text{OC}}{\text{arc CD}}, \quad \text{ou} \quad x = \frac{\frac{2}{3}\,\text{corde AB} \times \frac{2}{3}\,\text{OA}}{\frac{2}{3}\,\text{arc AB}},$$

ou, en posant *corde* AB $= c$, *arc* AB $= s$, OA $= r$,

$$x = \frac{2}{3} \cdot \frac{cr}{s}. \quad (6)$$

327. CENTRE DE GRAVITÉ DU SEGMENT DU CERCLE.—Le segment AIBH (fig. 67) est la différence entre le secteur AOBI et le triangle AOB. Donc, le centre de gravité G' du segment est situé sur le rayon bissecteur OI, sur lequel sont placés ceux du secteur et du triangle. D'un autre côté, si l'on prend les moments par rapport à un diamètre XX' parallèle à la corde AB, on a, en posant OG' $= x$, OH $= h$,

$$\text{segm. AIBH} \times x = \text{sect. AOB} \times \frac{2}{3}\frac{cr}{s} - \text{triang. AOB} \times \frac{2}{3}h,$$

ou
$$\frac{1}{2}(sr - ch)x = \frac{1}{3}cr^2 - \frac{1}{3}ch^2;$$

d'où l'on tire :
$$x = \frac{2c(r^2 - h^2)}{3(sr - ch)} = \frac{c^3}{6(sr - ch)}. \quad (7)$$

Si l'on désigne par α le demi-angle au centre du secteur, on a :

$$c = 2r\sin\alpha, \quad s = 2r\alpha, \quad h = r\cos\alpha,$$

et la formule (7) devient :

$$x = \frac{2r\sin^3\alpha}{3(\alpha - \sin\alpha\cos\alpha)}. \quad (8)$$

§ IV. *Centres de gravité des volumes.*

328. CENTRE DE GRAVITÉ DU PRISME.—Concevons qu'on partage un prisme quelconque, dont la base est b et dont la hauteur est h, en n prismes égaux par des plans équidistants, parallèles aux bases : évidemment les centres de gravité sont placés de la même manière dans tous ces prismes ; ainsi ils sont tous sur une même parallèle aux arêtes latérales, et chacun d'eux est à la même distance de la base inférieure du prisme correspondant. Soit donc x' cette distance ; les distances des divers centres de gravité au plan de la base inférieure du prisme, pris pour plan des moments, sont respectivement :

$$x', \quad x' + \frac{h}{n}, \quad x' + \frac{2h}{n}, \ldots, \quad x' + \frac{(n-1)\,h}{n}.$$

D'ailleurs le volume de chaque prisme partiel est $b\,\dfrac{h}{n}$: le volume du prisme total est bh. Si donc la distance du centre de gravité cherché à la base est x, l'équation des moments donne :

$$bhx = b\,\frac{h}{n}\left\{ x' + x' + \frac{h}{n} + x' + \frac{2h}{n} + \ldots + x' + \frac{(n-1)h}{n} \right\},$$

ou
$$x = \frac{1}{n}\left\{ nx' + \frac{h}{n}\left[1 + 2 + \ldots + (n-1) \right] \right\},$$

ou
$$x = x' + \frac{n\,(n-1)\,h}{2n^2},$$

ou
$$x = x' + \left(1 - \frac{1}{n} \right)\frac{h}{2}.$$

Si l'on suppose que n augmente indéfiniment, x' diminue indéfiniment, et $x = \dfrac{h}{2}$. Ainsi *le centre de gravité d'un prisme quelconque est au milieu de la droite qui joint les centres de gravité de ses bases.*

329. CENTRE DE GRAVITÉ DU TÉTRAÈDRE.—Soit maintenant un tétraèdre ABCD (fig. 68). Menons un très-grand nombre de plans parallèles à la base BCD ; et soient FGI, KLP, deux sections consécutives. Menons la droite AH du point A au centre de gravité de la base : elle passe par les centres de gravité des deux sections. Construisons deux prismes ayant pour hauteur la

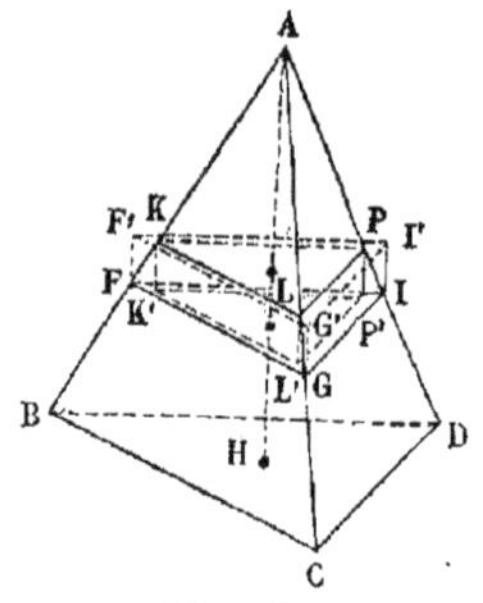

Fig. 68,

distance des deux plans, pour arêtes latérales des parallèles à AH, et pour bases, l'un le triangle FGI, l'autre le triangle KLP. Ces deux prismes, l'un extérieur, l'autre intérieur, ont leurs centres de gravité sur la droite AH (n° 328). Il en est de même de tous les prismes analogues construits sur les diverses sections. Par conséquent, le volume formé par la série des prismes extérieurs, et le volume formé par la série des prismes intérieurs ont chacun leur centre de gravité sur cette ligne. Et cette propriété subsiste pour le tétraèdre qui est leur limite commune. Le même raisonnement s'appliquant aux droites menées des autres sommets aux centres de gravité des bases opposées, on en conclut que *le centre de gravité du tétraèdre se trouve au point de rencontre de ces quatre droites.* On démontre d'ailleurs en géométrie que ces quatre droites se rencontrent effectivement en un même point, et que ce point est situé sur chacune d'elles aux $\frac{3}{4}$ de sa longueur à partir du sommet.

330. REMARQUES.—Si quatre sphères homogènes égales ont leurs centres aux quatre sommets A, B, C, D, le centre de gravité du système des trois sphères B, C, D, est au point H, centre de gravité du triangle BCD (n° 322). Le poids appliqué en H est donc triple du poids appliqué au quatrième sommet A; donc le centre de gravité général doit se trouver sur AH, et partager cette droite dans le rapport de 1 à 3; *il se confond donc avec le centre de gravité du tétraèdre.*

On peut composer les quatre poids d'une autre manière : on compose d'abord les poids A et B en un seul, qui est double, et appliqué au milieu de AB. Les deux autres poids C et D ont de même une résultante double, appliquée au milieu de CD. Par conséquent, *le centre de gravité général se trouve au milieu de la droite qui joint les milieux de deux arêtes opposées.* Comme il y a trois droites qui joignent ainsi les milieux de deux arêtes opposées, *le centre de gravité du tétraèdre se trouve à l'intersection de ces trois droites, au milieu de chacune d'elles.*

331. CENTRE DE GRAVITÉ DE LA PYRAMIDE QUELCONQUE.—
On peut toujours décomposer une pyramide quelconque, par
des plans diagonaux, en tétraèdres ayant un sommet commun
et même hauteur. Si l'on fait une section parallèle à la base, à
une distance du sommet égale aux $\frac{3}{4}$ de la hauteur, ce polygone renferme les centres de gravité de tous les tétraèdres
(nº 329), et, par conséquent, celui de la pyramide. De plus, les
centres de gravité des divers tétraèdres sont ceux des divers
triangles de la section : car la droite qui va du sommet d'un
tétraèdre au centre de gravité de sa base, passe par les
centres de gravité de toutes les sections parallèles à cette
base. Il suffit donc, pour obtenir le centre de gravité de la pyramide, d'appliquer aux centres de gravité des triangles de la
section des forces proportionnelles aux volumes des tétraèdres
correspondants, et de composer ces forces. Or ces tétraèdres,
ayant même hauteur, sont proportionnels à leurs bases, et, par
suite, aux triangles de la section : donc enfin les forces appliquées doivent être proportionnelles aux aires de ces triangles :
donc le centre de gravité cherché est le même que celui de l'ensemble de ces triangles, ou du polygone de section. Ainsi *le
centre de gravité d'une pyramide est celui de la section menée
parallèlement à la base, à une distance égale aux $\frac{3}{4}$ de la hauteur à partir du sommet : il est donc sur la droite qui va du
sommet au centre de gravité de la base.*

332. CENTRES DE GRAVITÉ DU CONE ET DU CYLINDRE.—Le raisonnement, que nous venons de faire, est indépendant du nombre des côtés de la base de la pyramide. Le résultat que nous
avons obtenu s'applique donc au cas où ce nombre devient
infini, et où la pyramide se change en cône. Donc *le centre de
gravité du cône est sur la droite qui joint son sommet au centre
de gravité de la base, et à une distance égale au quart de sa longueur à partir de la base.*

On verra de même que le résultat obtenu pour un prisme
quelconque (nº 328) s'étend au cylindre, et qu'ainsi *le centre
de gravité d'un cylindre est au milieu de la droite qui joint les
centres de gravité de ses bases.*

333. CENTRE DE GRAVITÉ DU TÉTRAÈDRE TRONQUÉ.—Soit maintenant un tronc de pyramide triangulaire ABCDEF dont la hauteur est h (fig. 69). Si

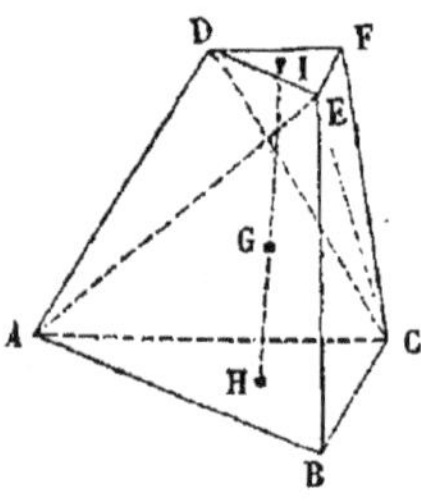

l'on rétablissait la pyramide complète, les centres de gravité de cette pyramide et de la pyramide enlevée seraient sur la droite HI qui joint les centres de gravité des deux bases (n° 328). Donc *le centre de gravité G du tronc se trouve sur cette droite*; et, pour le déterminer, il suffit de calculer le rapport de ses distances x et y aux deux bases ABC et DEF. Or décomposons le tronc en trois tétraèdres EABC, CDEF, ECAD, et considérons successivement les moments par rapport aux

Fig. 69.

deux bases (n° 301). Les distances du centre de gravité à la base inférieure ABC et à la base supérieure DEF sont respectivement $\frac{1}{4}h$ et $\frac{3}{4}h$ pour le tétraèdre EABC, $\frac{3}{4}h$ et $\frac{1}{4}h$ pour CDEF : elles sont $\frac{1}{2}h$ et $\frac{1}{2}h$ pour le tétraèdre ECAD, car le centre se trouve au milieu de la droite qui joint les milieux des arêtes opposées AC, DE. D'ailleurs, si l'on désigne par B et b les deux bases, on sait que les volumes des trois corps sont $\frac{1}{3}Bh$, $\frac{1}{3}bh$, $\frac{1}{3}\sqrt{Bb}.h$, et que le volume total est $\frac{1}{3}(B+b+\sqrt{Bb})h$. Par conséquent, les moments, pris par rapport à la base inférieure, donnent :

$$\frac{1}{3}(B+b+\sqrt{Bb})hx = \frac{1}{12}Bh^2 + \frac{1}{4}bh^2 + \frac{1}{6}\sqrt{Bb}.h^2,$$

ou $\qquad 4(B+b+\sqrt{Bb})x = (B+3b+2\sqrt{Bb})h.$

Les moments, pris par rapport à la base supérieure, donnent de même :

$$4(B+b+\sqrt{Bb}).y = (3B+b+2\sqrt{Bb})h.$$

On en tire, par division, $\qquad \dfrac{x}{y} = \dfrac{B+3b+2\sqrt{Bb}}{3B+b+2\sqrt{Bb}}.$ (9)

C'est le rapport cherché.

334. CENTRE DE GRAVITÉ DU TRONC DE PYRAMIDE.—Le centre de gravité du tronc de pyramide se trouve sur la droite qui joint les centres de gravité de ses bases : on le démontre en rétablissant la pyramide supérieure. D'un autre côté, si l'on partage le tronc, par des plans diagonaux, en troncs triangulaires de même hauteur, les centres de gravité de ces troncs partiels sont tous dans un même plan, dont les distances aux deux bases sont dans le rapport (9) : car le rapport (9) ne dépend, pour un tronc partiel, que du rapport de ses bases, lequel est constant pour tous. Ainsi *le centre de gravité du tronc de* *pyramide est celui de la section faite parallèlement aux bases*, à des distances dont le rapport est donné par la formule (9), dans laquelle B et b représentent les aires de ces bases.

335. CENTRE DE GRAVITÉ DU TRONC DE CÔNE.—Le raisonnement que nous venons de faire est indépendant du nombre des pans du tronc de pyramide ; il s'applique donc au cas où ce nombre devient infini, et où le tronc de pyramide devient un tronc de cône. D'ailleurs, si l'on désigne par R et r, les rayons des bases, on a : $B = \pi R^2$, $b = \pi r^2$, $\sqrt{Bb} = \pi Rr$; donc :

$$\frac{x}{y} = \frac{R^2 + 3r^2 + 2Rr}{3R^2 + r^2 + 2Rr}. \quad (10)$$

Ainsi *le centre de gravité du tronc du cône est sur la droite qui joint les centres de ses bases : il est le centre de la section faite par un plan parallèle aux bases, à des distances dont le rapport est donné par la formule* (10).

§ V. *Propriétés des centres de gravité.*

Nous nous proposons de démontrer ici deux théorèmes généraux fort remarquables sur les centres de gravité.

336. PREMIER THÉORÈME DE GULDIN.—*L'aire engendrée par un arc de courbe plane* AB $= l$, *tournant autour d'un axe* OZ *situé dans son plan, est égale au produit de la longueur de cet arc par la circonférence que décrit son centre de gravité* (fig. 70).

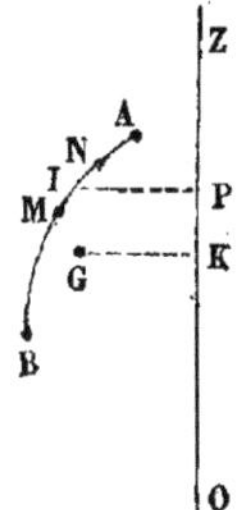

En effet, partageons l'arc AB en éléments rectilignes MN, et abaissons de leurs milieux des perpendiculaires IP sur l'axe. La surface décrite par l'un d'eux, en tournant autour de l'axe OZ, est égale à $2\pi.\text{IP.MN}$, et la surface totale est $\Sigma 2\pi.\text{IP.MN}$, ou $2\pi.\Sigma\text{IP.MN}$. Or $\Sigma\text{IP.MN}$ est la somme des moments des éléments de l'arc par rapport à l'axe : c'est donc aussi le moment de l'arc entier ; et si l'on désigne par g la distance GK

Fig. 70.

de son centre de gravité à l'axe, on a $lg = \Sigma\text{IP.MN}$: donc l'aire cherchée est

$$A = 2\pi gl. \quad (11) \qquad \text{C. Q. F. D.}$$

337. SECOND THÉORÈME DE GULDIN.—*Le volume engendré par une aire plane* ABC $= \sigma$, *tournant autour d'un axe* OZ *situé dans son plan, est égal au produit de cette aire par la circonférence que décrit son centre de gravité* (fig. 71).

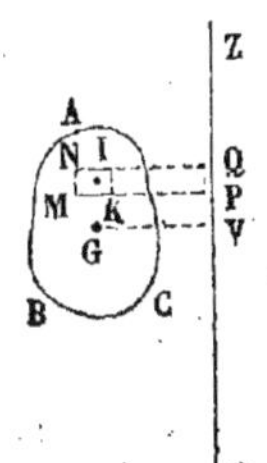

En effet, considérons un élément rectangulaire MNIK $= \Delta\sigma$ ayant ses côtés parallèles et perpendiculaires à l'axe. Le volume qu'il décrit, en tournant autour de l'axe, est la différence de deux cylindres, et a pour expression $\pi(\overline{MP}^2 - \overline{KP}^2) \times PQ$,

ou $2\pi\dfrac{MP + KP}{2}(MP - KP) \times PQ$, ou encore $2\pi.x.\Delta\sigma$, en

Fig. 71.

désignant par x la distance à l'axe du centre de gravité de l'élément. Le volume total est donc $\Sigma 2\pi.x.\Delta\sigma$, ou $2\pi.\Sigma x.\Delta\sigma$. Or $\Sigma x.\Delta\sigma$ est la somme des moments des éléments superficiels par rapport à l'axe : c'est donc aussi le moment de l'aire totale σ; et, si l'on désigne par g la distance GV de son centre de gravité à l'axe, on a : $\sigma g = \Sigma x.\Delta\sigma$: donc le volume cherché est :

$$V = 2\pi g \sigma. \quad (12) \quad \text{C. Q. F. D.}$$

338. REMARQUES.—Si l'arc ou l'aire ne décrivent qu'une portion déterminée de la révolution, l'aire ou le volume engendré s'obtiennent en multipliant l'arc l ou l'aire σ par l'arc qu'a décrit le centre de gravité.

§ VI. *Travail de la pesanteur sur un système de corps.*

339. THÉORÈME.—*Le travail de la pesanteur sur un corps ou sur un système de corps est le même que si la masse de ces corps se trouvait concentrée en leur centre de gravité général.*

En effet, soient $p, p_1, p_2,\ldots$ les poids des différents corps, poids qu'on peut supposer appliqués en leurs centres de gravité ; et soit P le poids total appliqué au centre de gravité général. Soient $z, z_1, z_2,\ldots, \zeta$, les distances des centres de gravité particuliers et général à un plan horizontal quelconque, à l'origine du mouvement; et soient $z', z'_1, z'_2,\ldots, \zeta'$, les distances au même plan, à l'époque t : ces distances sont positives ou négatives, suivant qu'elles sont comptées au-dessous ou au-dessus du plan. Le théorème des moments, appliqué successivement au premier et au second état, donne :

$$P\zeta = pz + p_1 z_1 + p_2 z_2 +\ldots$$
$$P\zeta' = pz' + p_1 z'_1 + p_2 z'_2 +\ldots,$$

et, par soustraction,

$$P(\zeta' - \zeta) = p(z' - z) + p_1(z'_1 - z_1) + p_2(z'_2 - z_2) +\ldots \quad (12)$$

Or $(z' - z)$ exprime la hauteur verticale dont le poids p est descendu ou monté, et son signe est $+$ dans le premier cas, et $-$ dans le second. Par conséquent $p(z' - z)$ est le travail du poids p (nº 227) pris avec son signe. Le second membre est donc le travail total du système de corps. Or le premier membre est le travail d'une masse dont le poids est le poids total du système, appliqué au centre de gravité général. Donc l'égalité (12) démontre le théorème énoncé.

340. APPLICATION.—Lorsqu'on élève un fardeau P d'un mouvement uniforme à une hauteur verticale h, on déploie une force F constante, qui est égale et contraire au poids P; le travail de cette force est donc égal et contraire à celui de P; et comme ce dernier est $- Ph$, le travail de la force F est $+ Ph$. Il ne dépend donc que de la hauteur verticale parcourue par le fardeau. Cependant si le moteur est un homme ou un animal, il faut tenir compte de la longueur du chemin parcouru horizontalement, laquelle occasionne ou une fatigue ou une perte de temps qui ne sont pas comprises dans l'évaluation précédente du travail.

CHAPITRE V.

COMPOSITION GÉNÉRALE ET ÉQUILIBRE DES FORCES

APPLIQUÉES A UN CORPS SOLIDE.

PROGRAMME : Composition générale des forces appliquées à un corps solide invariable.—Leur réduction à deux forces équivalentes, dont l'une passe par un point donné.—Pour l'équilibre, ces forces doivent être égales et directement contraires, et la somme algébrique des travaux des forces proposées doit être nulle pour tout déplacement fictif ou virtuel du corps. — En déduire les six équations d'équilibre.

§ I. *Composition générale des forces.*

341. DÉFINITION.—*Composer* un nombre quelconque de forces appliquées à un corps solide, c'est *chercher leur résultante,* si elles en ont une; ou du moins, c'est *les réduire au groupe de forces équivalentes le plus simple possible.*

342. THÉORÈME 1er.—*Un système quelconque de forces peut toujours être ramené à trois forces passant par trois points, non en ligne droite, pris arbitrairement dans le corps ou hors du corps, mais invariablement liés avec lui.*

En effet, désignons par A, B, C, les trois points donnés. Soit F l'une des forces, et désignons par M son point d'application. On peut toujours joindre MA, MB, MC, et décomposer la force F en trois autres dirigées suivant MA, MB, MC, ou leurs prolongements, en appliquant la règle du parallélipipède (n° 196) [1]; puis on peut transporter le point d'application des composantes

---

[1] Si les trois directions MA, MB, MC, étaient dans un même plan, on prendrait un autre point d'application de la force F, sur sa direction, et hors de ce plan : et si la force F était tout entière dans ce plan, la décomposition pourrait se faire d'une infinité de manières, ou suivant deux directions MA et MB seulement.

en A, B, C, sur leurs directions respectives (n⁰ 276). En opérant la même décomposition sur chaque force du système, on obtient trois groupes de forces, appliqués l'un en A, l'autre en B, le troisième en C. Chacun d'eux peut d'ailleurs se réduire à une force unique par la règle du polygone (n⁰ 197); et le système est ramené à trois forces appliquées en A, B, C. Ce qu'il fallait démontrer.

343. THÉORÈME 2ᵐᵉ.—*Trois forces quelconques* P, Q, R, *appliquées en trois points* A, B, C, *d'un corps solide, non en*

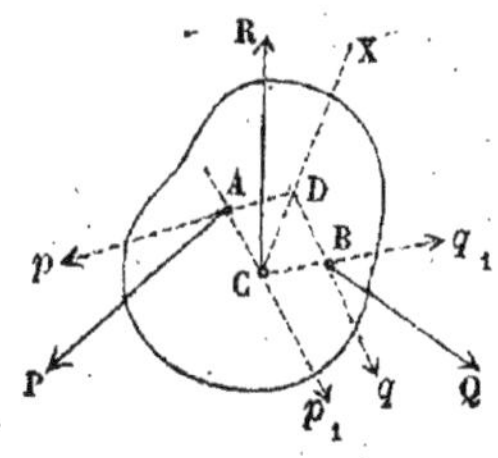

Fig. 72.

ligne droite, peuvent toujours se réduire à deux forces équivalentes, dont l'une passe par un des points A, B, C (fig. 72).

En effet, soit CX l'intersection des deux plans PAC, QBC ; s'il arrivait que ces deux plans se confondissent, CX serait une droite quelconque tracée dans le plan unique par le point C. Prenons sur CX un point D quelconque, invariablement lié au corps ; et joignons DA et DB. Puisque AP, AC, AD, sont dans un même plan, on peut toujours décomposer la force P en deux autres p, p_1, dirigées suivant AC et AD ou suivant leurs prolongements. On peut de même décomposer la force Q en deux autres, q, q_1, dirigées suivant BD et BC ou suivant leurs prolongements. Le système se compose alors de cinq forces, dont les deux premières, p et q, peuvent être regardées comme appliquées en D, et dont les trois autres R, p_1, q_1, peuvent être considérées comme appliquées en C. Or chacun de ces deux groupes se réduit à une seule force ; donc le système est ramené à deux forces appliquées, l'une en C, l'autre en D. C. Q. F. D.

344. COROLLAIRE.—Il résulte de ces deux théorèmes, qu'*un système quelconque de forces* F, F_1, F_2,..., *appliquées d'une manière quelconque à un corps solide, est toujours réductible à deux forces* S *et* T, *qui ne sont pas, en général, dans un même plan, mais dont l'une passe par un point* C *donné arbitrairement dans le corps, et dont l'autre passe par un point* D *pris arbitrairement sur une droite* CX. *De plus, il y a une infinité* de systèmes de forces S et T, dont l'une passe par un point donné C, qui sont équivalents au système des forces proposées, puisque les points A, B, restent entièrement arbitraires, et que le point D l'est en partie.

345. THÉORÈME 3ᵐᵉ.—*La somme algébrique des travaux des forces données est égale à la somme algébrique des travaux des deux résultantes S et T.*

En effet, les décompositions que nous avons faites, les transports des points d'application sur la direction des forces, les recompositions que nous avons effectuées, n'altèrent pas les travaux élémentaires (nᵒ 238 et 278). On peut donc écrire :

$$\Sigma . \, T\mathrm{F} = T.\mathrm{S} + T.\mathrm{T}. \quad (1)$$

346. REMARQUES.—S'il arrive que les forces S et T soient dans un même plan, on peut les réduire à une seule, qui est alors la résultante unique. Si, cependant, elles étaient égales, parallèles et de sens contraire, elles se réduiraient à un couple, et il n'y aurait pas de résultante. Mais généralement elles ne sont pas dans le même plan, et elles ne sauraient se réduire à une seule, comme on va le voir (nᵒ 348).

§ II. *Equilibre des forces appliquées à un corps solide libre.*

347. THÉORÈME 4ᵐᵉ.—*Pour qu'un système de forces quelconques, appliquées à un corps solide libre, soit en équilibre, il faut et il suffit que les deux forces S et T, auxquelles se ramène le système proposé, soient égales et directement opposées* (fig. 73).

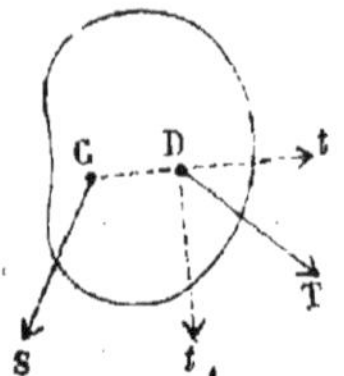

Fig. 73.

En effet, si l'équilibre existe, il n'est pas altéré quand on vient à fixer le point C. Mais alors la force S est détruite par la résistance de ce point, qu'on peut théoriquement supposer indéfinie; et il ne reste plus que la force T. Or on peut toujours décomposer celle-ci en deux forces rectangulaires t et t_1, dont l'une t, dirigée suivant DC ou son prolongement, est aussi détruite par la résistance du point C, tandis que l'autre t_1 a pour effet de faire tourner le point D autour du point C. Donc, pour que l'équilibre existe, il faut que la composante t_1 soit nulle, c'est-à-dire que la force T soit dirigée suivant la droite CD.

Mais alors les deux forces S et T sont appliquées au même point C ; et l'on sait que, pour l'équilibre, elles doivent être égales et directement opposées.   C. Q. F. D.

La réciproque est évidente.

348. COROLLAIRE I.—Il résulte de là que *deux forces* P *et* Q, *qui ont une résultante unique, sont situées dans un même plan* (fig. 72, p. 177). Car s'il existe une résultante unique, une force égale et contraire, que nous nommerons R, met l'équilibre dans le système. Si l'on applique à ces trois forces la transformation du n° 343, et qu'on ramène le système à deux forces S et T, appliquées en C et D, ces deux forces, se faisant équilibre, doivent être égales et opposées, et être dirigées suivant la droite CD. Par suite, les droites DA et DB, directions des forces p et q, sont dans un même plan avec DC, direction de leur résultante T : et ce plan contenant DA et AC, directions des forces p et p_1, contient aussi leur résultante P ; contenant DB et BC, directions des forces q et q_1, il contient encore leur résultante Q. Donc les deux forces P et Q sont dans le même plan.   C. Q. F. D.

On peut encore le démontrer, en remarquant que l'on peut tracer une droite qui rencontre P et R. Si l'on fixe cette droite, l'équilibre n'est pas troublé ; il faut donc que cette droite rencontre aussi la force Q : il faut donc que les trois forces P, Q, R, soient dans le même plan.

On en conclut, que *si deux forces* P, Q, *ne sont pas situées dans le même plan, elles ne peuvent avoir de résultante unique.*

349. COROLLAIRE II.—On voit encore que *si trois forces* P, Q, R, *se font équilibre, elles sont situées dans le même plan* (fig. 72). Car alors deux d'entre elles, P, Q, ont une résultante unique, égale et opposée à la troisième R : par suite elles sont dans un même plan (n° 348) ; et comme cette résultante est dans ce plan, la force R s'y trouve également.

350. THÉORÈME 5me.—*Lorsqu'un système de forces appliquées à un corps solide libre est en équilibre, la somme algébrique des travaux de ces forces est nulle pour tout déplacement fictif ou virtuel du corps, et réciproquement.*

En effet, on a, dans tous les cas (n° 345) :
$$\Sigma . TF = T.S + T.T;$$

mais, puisque les forces S et T sont, dans le cas de l'équilibre,
égales et directement opposées, on a (n° 280) :

$$T.S + T.T = 0;$$

donc : $\Sigma\, T.F = 0.$ (2)   C. Q. F. D.

Réciproquement, *si, pour tout déplacement du corps, on a,*
$\Sigma.TF = 0$, *les forces* F *se font équilibre.* Car, puisque $\Sigma.TF = 0$,
on en conclut $T.S + T.T = 0$ (fig. 73). Or, pour que cette
somme soit constamment nulle, il faut que les. forces S et T
soient égales et directement opposées. En effet, si l'on donne
d'abord au corps un déplacement quelconque autour du
point C, le travail de la force S est nul : il faut donc que le
travail de T le soit aussi. Il faut donc que cette force soit constamment normale au chemin parcouru, et par suite qu'elle
passe par le point C dans le prolongement de DC. On verra
de même que la force S doit se trouver dans la direction CD.
Cela posé, si l'on imagine un déplacement le long de cette
direction commune, le chemin parcouru par les deux points
d'application est le même ; et comme les travaux sont égaux et
de signe contraire, *les deux forces sont égales et opposées.* Donc
elles se font équilibre, et il en est de même du système des
forces F.   C. Q. F. D.

Ainsi, *la condition nécessaire et suffisante pour qu'un système de forces appliquées à un corps entièrement libre soit en
équilibre, est que la somme algébrique des travaux élémentaires
de ces forces soit nulle pour tout déplacement possible du corps.*
C'est cette condition qui va nous servir à calculer les équations d'équilibre.

351. THÉORÈME 6me : ÉQUATIONS D'ÉQUILIBRE D'UN CORPS
SOLIDE ENTIÈREMENT LIBRE.—Considérons un corps solide libre,
soumis à des forces quelconques (fig. 74) ; et soient F l'une
de ces forces, et M son point d'application. Traçons dans l'espace trois axes rectangulaires Ox, Oy, Oz, et décomposons
la force F en ses trois composantes $F\cos\alpha$, $F\cos\beta$, $F\cos\gamma$,
parallèles aux axes.

Puisque tous les déplacements sont possibles, donnons au
corps un déplacement de translation parallèle à l'axe Ox, de
telle sorte que chaque point décrive un même chemin $Mm = \varepsilon$.

Le travail de la force **F**, dans ce mouvement, se réduit à celui

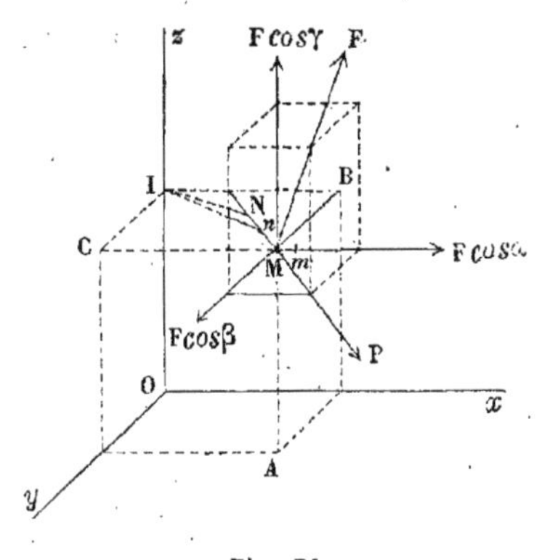

de sa composante F cos α, c'est-à-dire, à εF cos α : car les deux autres composantes sont normales à l'élément parcouru. Chacune des forces du système fournira un travail analogue : et il faudra, pour l'équilibre, que l'on ait (n° 350) :

$$\varepsilon F \cos \alpha + \varepsilon F_1 \cos \alpha_1 + \ldots = 0,$$
ou $$\varepsilon \Sigma . F \cos \alpha = 0,$$

et, par conséquent, $$\Sigma . F \cos \alpha = 0.$$

Des déplacements parallèles aux deux autres axes fournissent des conditions analogues. Ainsi, pour l'équilibre, il faut que l'on ait :

$$\Sigma . F \cos \alpha = 0, \quad \Sigma . F \cos \beta = 0, \quad \Sigma . F \cos \gamma = 0, \quad (3)$$

c'est-à-dire, *qu'il faut que les sommes algébriques des projections des forces sur chacun des trois axes rectangulaires soient nulles séparément.*

Donnons maintenant au corps un déplacement de rotation autour de l'axe Oz, c'est-à-dire un mouvement dans lequel chaque point du corps décrit un arc de cercle dont le plan est perpendiculaire à l'axe, dont le centre est sur l'axe, et dont le rayon est la distance du point à l'axe. Tous les arcs décrits sont semblables ; et si l'on désigne par ω l'angle de rotation, c'est-à-dire, l'arc décrit par un point situé à l'unité de distance de l'axe, l'arc décrit par un point situé à la distance d est $d\omega$. Menons par le point M un plan BMC perpendiculaire à l'axe Oz, et qui le coupe en I ; et décomposons la force F en deux autres, l'une P située dans ce plan, l'autre F cos γ perpendiculaire au plan. Puis abaissons du point I une perpendiculaire IN $= p$ sur la direction de la force P : on peut supposer que le point d'application de cette force est transporté en N. Dans le mouvement de rotation, le point N décrit autour du point I un arc élémentaire N$n = p\omega$, qui se confond avec la direction NM ; par conséquent, le travail de la composante P est $Pp\,\omega$: d'ailleurs celui de la composante $F\cos\gamma$ est nul, puisque cette force est normale à l'élément Nn. Donc le travail de la force F se réduit à $Pp\,\omega$. Les autres forces du système fournissant des travaux analogues, il faudra, pour l'équilibre, que l'on ait (n° 350) :

$$Pp\,\omega + P_1\,p_1\,\omega + P_2\,p_2\,\omega + \ldots = 0, \quad \text{ou} \quad \omega\,\Sigma.Pp = 0,$$

ou
$$\Sigma.Pp = 0.$$

Si l'on donne au corps des déplacements de rotation autour des deux autres axes, on trouvera des conditions analogues. Ainsi, en appelant Q et R les projections de la force F sur des plans perpendiculaires aux axes Oy et Ox, et q et r les plus courtes distances de ces projections aux axes correspondants, on devra avoir, pour l'équilibre :

$$\Sigma.Pp = 0, \qquad \Sigma.Qq = 0, \qquad \Sigma.Rr = 0. \qquad (4)$$

On remarque que Pp est, par définition, le moment de la force F, par rapport à l'axe Oz (n° 249). Ces conditions s'énoncent donc en disant qu'*il faut, pour l'équilibre, que les sommes des moments des forces du système par rapport à chacun des trois axes rectangulaires soient nulles séparément.*

352. **AUTRE FORME DES TROIS DERNIÈRES ÉQUATIONS D'ÉQUILIBRE.** —Les trois dernières équations (4) se mettent ordinairement sous une autre forme. Construisons les coordonnées $MC = x$, $MB = y$, $MA = z$ du point M. Comme la force P est la résultante des forces $F\cos\alpha$, $F\cos\epsilon$, le moment Pp de cette force, par rapport à l'axe Oz, est la somme des moments des composantes par rapport au même axe (n° 250). Or ces deux derniers moments sont évidemment $F\cos\alpha \times IC$ ou $Fy\cos\alpha$, et $F\cos\epsilon \times IB$ ou $Fx\cos\epsilon$: d'ailleurs ils tendent à faire tourner les points d'application C et B autour du point I en sens contraire : donc ils sont de signe contraire, et l'on a :

$$Pp = Fx\cos\epsilon - Fy\cos\alpha = F\,(x\cos\epsilon - y\cos\alpha).$$

On trouvera de même que :

$$Qq = F\,(z\cos\alpha - x\cos\gamma),$$

et que
$$Rr = F\,(y\cos\gamma - z\cos\epsilon).$$

Par conséquent, les trois équations (4) peuvent s'écrire :

$$\left.\begin{array}{c} \Sigma.F\,(x\cos\epsilon - y\cos\alpha) = 0, \quad \Sigma.F\,(z\cos\alpha - x\cos\gamma) = 0, \\[4pt] \Sigma.F\,(y\cos\gamma - z\cos\epsilon) = 0. \end{array}\right\} \quad (5)$$

353. THÉORÈME 7me : RÉCIPROQUEMENT, LES SIX ÉQUATIONS D'ÉQUILIBRE SONT SUFFISANTES. — Les six équations (3) et (5) sont nécessaires pour l'équilibre, puisque la somme des travaux des forces doit être nulle pour chacun des six déplacements. Mais il y a d'autres déplacements pour lesquels on doit avoir aussi $\Sigma.T\mathrm{F} = 0$. Il nous faut donc démontrer que cette condition est remplie pour tout déplacement possible, dès que les six équations (3) et (5) sont satisfaites; c'est-à-dire, que ces six équations sont suffisantes pour l'équilibre.

Supposons, en effet, que ces six équations soient vérifiées : si l'on ramène le système des forces F au système équivalent des forces S et T (n° 344), les six équations auront lieu pour le dernier système, puisqu'elles ont lieu pour le premier, et qu'on a toujours $\Sigma.T\mathrm{F} = T.\mathrm{S} + T.\mathrm{T}$. On aura donc :

$$\left.\begin{array}{l} \mathrm{S}\cos a + \mathrm{T}\cos a_1 = 0, \\ \mathrm{S}\cos b + \mathrm{T}\cos b_1 = 0, \\ \mathrm{S}\cos c + \mathrm{T}\cos c_1 = 0; \end{array}\right\} \quad (6)$$

$$\left.\begin{array}{l} \mathrm{S}(\xi\cos b - \eta\cos a) + \mathrm{T}(\xi_1\cos b_1 - \eta_1\cos a_1) = 0, \\ \mathrm{S}(\zeta\cos a - \xi\cos c) + \mathrm{T}(\zeta_1\cos a_1 - \xi_1\cos c_1) = 0, \\ \mathrm{S}(\eta\cos c - \zeta\cos b) + \mathrm{T}(\eta_1\cos c_1 - \zeta_1\cos b_1) = 0. \end{array}\right\} \quad (7)$$

On tire des trois premières, en faisant passer les seconds termes dans les seconds membres, les élevant au carré et les ajoutant :

$$\mathrm{S}^2 = \mathrm{T}^2, \quad \text{ou} \quad \mathrm{S} = \mathrm{T}; \quad (8)$$

par suite,

$$\cos a_1 = -\cos a, \quad \cos b_1 = -\cos b, \quad \cos c_1 = -\cos c: \quad (9)$$

donc *les forces* S *et* T *sont égales, parallèles et de sens contraire.* De plus, en éliminant $\mathrm{T}\cos a_1$, $\mathrm{T}\cos b_1$, $\mathrm{T}\cos c_1$, des trois dernières équations, à l'aide des trois premières, il vient :

$$\begin{array}{l} \mathrm{S}\cos b\,(\xi - \xi_1) = \mathrm{S}\cos a\,(\eta - \eta_1), \\ \mathrm{S}\cos a\,(\zeta - \zeta_1) = \mathrm{S}\cos c\,(\xi - \xi_1), \\ \mathrm{S}\cos c\,(\eta - \eta_1) = \mathrm{S}\cos b\,(\zeta - \zeta_1); \end{array}$$

d'où l'on tire, par division (si aucun des diviseurs n'est nul),

$$\frac{\xi - \xi_1}{\cos a} = \frac{\eta - \eta_1}{\cos b} = \frac{\zeta - \zeta_1}{\cos c}. \quad (10)$$

Or, si l'on désigne par l la distance des points d'application des forces S et T, $\dfrac{\xi - \xi_1}{l}$, $\dfrac{\eta - \eta_1}{l}$, $\dfrac{\zeta - \zeta_1}{l}$, sont les cosinus des angles que cette droite fait avec les axes. Les relations (10) expriment donc que ces cosinus sont proportionnels aux cosinus des angles que la direction commune des forces S et T fait avec les axes. Mais la somme des carrés des premiers est égale à 1, comme la somme des carrés des derniers : donc les cosinus sont respectivement égaux ; et les deux directions, qui ont un point commun, se confondent. Donc, *les deux forces* S *et* T *sont directement opposées :* comme elles sont égales, elles se font équilibre ; et il en est de même du système proposé.

354. REMARQUE.—La dernière partie de la démonstration précédente repose sur les égalités (10). Or la troisième de ces égalités est la conséquence des deux autres ; les cinq premières équations d'équilibre entraînent donc, en général, la sixième, et sont, par conséquent, dans ce cas, seules nécessaires et suffisantes. Mais certains cas peuvent se présenter (et l'on peut les faire naître par un choix convenable de coordonnées), où les cinq équations ne seraient plus suffisantes, et où la démonstration est en défaut. Ce sont ceux où certains facteurs sont nuls, et où les divisions qui fournissent les équations (10) ne sont plus permises. Supposons, par exemple, qu'on choisisse l'axe des z parallèle à la direction de la force T ; c'est-à-dire que l'on ait :

$$a_1 = 90^\circ, \quad b_1 = 90^\circ, \quad c_1 = 0,$$

les trois équations (6) deviennent, dans cette hypothèse :

$$\text{S}\cos a = 0, \quad \text{S}\cos b = 0, \quad \text{S}\cos c = -\text{T} ;$$

et comme S n'est pas nulle, on en conclut, $a = 90^\circ$, $b = 90^\circ$, et par suite $c = 0$, $\text{S} = -\text{T}$: les forces S et T sont donc égales et contraires. En outre, les deux premières des équations (7) deviennent :

$$0 = 0, \quad 0 = \text{S}\,(\xi - \xi_1) ;$$

et, pour les vérifier, il suffit de prendre $\xi = \xi_1$, c'est-à-dire de choisir le plan yOz parallèle au plan des deux forces, ce qui est aussi toujours possible. Ainsi, en adoptant ces deux hypothèses, les cinq premières équations d'équilibre sont vérifiées ;

et cependant il n'y a pas nécessairement équilibre ; car les deux forces S et T peuvent alors former un couple. Ces équations ne sont donc pas suffisantes. Mais si l'on y joint la dernière $S(\eta - \eta_1) = 0$, laquelle exige que $\eta = \eta_1$, on voit que les deux forces ont leurs points d'application sur une même parallèle à l'axe Oz ; elles sont donc directement opposées ; elles se font équilibre, et il en est de même du système proposé.

On doit donc conserver les six équations (3) et (5), comme représentant les conditions nécessaires et suffisantes pour l'équilibre général d'un corps solide entièrement libre.

355. AUTRE REMARQUE.—Si le corps n'était pas solide, les six équations ne seraient plus suffisantes pour l'équilibre : mais elles seraient encore nécessaires ; car, lorsqu'un pareil corps est en équilibre, l'équilibre n'est pas altéré, si l'on vient à le solidifier, et alors les six équations sont vérifiées.

Si, au contraire, le corps est solide, et gêné par un obstacle, les six équations sont toujours suffisantes ; mais elles peuvent n'être plus nécessaires ; car l'obstacle peut tenir lieu de certaines conditions.

356. THÉORÈME 8ᵐᵉ : CAS PARTICULIERS.—1° *Si toutes les forces sont concourantes,* on peut prendre le point de concours pour origine des coordonnées : alors les trois équations (5) sont vérifiées d'elles-mêmes, et les seules conditions d'équilibre sont :

$$\Sigma.F \cos\alpha = 0, \quad \Sigma.F \cos\beta = 0, \quad \Sigma.F \cos\gamma = 0. \quad (11)$$

Ce sont celles qui ont été trouvées (n° 207).

2° *Si toutes les forces sont parallèles,* on peut prendre l'axe des z parallèle à leur direction commune ; alors la première, la seconde et la quatrième équation d'équilibre sont vérifiées d'elles-mêmes, et il ne reste plus que les trois autres conditions :

$$\Sigma.F = 0, \quad \Sigma.Fx = 0, \quad \Sigma.Fy = 0. \quad (12)$$

Ce sont les conditions trouvées (n° 309).

3° *Si toutes les forces sont dans le même plan,* en prenant ce plan pour plan xOy, la troisième, la cinquième et la sixième équation sont vérifiées d'elles-mêmes, et les seules conditions d'équilibre sont :

$$\Sigma.F \cos\alpha = 0, \; \Sigma.F \cos\beta = 0, \; \Sigma.F (x \cos\beta - y \cos\alpha) = 0. \quad (13)$$

Ainsi, *il faut et il suffit, pour l'équilibre, que les sommes des projections des forces sur deux axes rectangulaires situés dans leur plan soient nulles séparément pour chacun d'eux, et que la somme des moments des forces, par rapport à un point quelconque du plan, soit égale à zéro.*

4° *Si les forces sont à la fois parallèles et dans le même plan,* on peut prendre ce plan pour plan xOy, et choisir l'axe des x parallèle aux forces : alors la deuxième des équations (13) est vérifiée d'elle-même, et les deux autres se réduisent à

$$\Sigma F = 0, \quad \Sigma.F y = 0. \quad (14)$$

Ainsi, *il faut et il suffit, pour l'équilibre, que la somme algébrique des forces soit nulle, et que la somme des moments des forces par rapport à un point du plan soit égale à zéro.*

§ III. *Equilibre des forces appliquées à un système géné.*

357. THÉORÈME 9ᵐᵉ : CAS D'UN POINT FIXE.—*Lorsque le corps a un point fixe* autour duquel il ne peut que tourner, on peut prendre ce point pour point d'application de l'une des deux forces S et T : l'effet de l'autre sera de faire tourner le corps, à moins que sa direction ne passe aussi par le point fixe. *Il faut donc, pour l'équilibre, et cela suffit, que le système ait une résultante unique, et que cette résultante passe par le point fixe.* Cette résultante représente d'ailleurs la *charge* du point fixe.

Désignons cette force par R, et les angles qu'elle fait avec les axes passant par le point fixe, par a, b, c. La résistance de ce point fixe est égale et contraire à R : et en introduisant cette dernière force dans le système, on peut regarder le corps comme entièrement libre. D'ailleurs ses moments par rapport aux axes sont nuls, puisqu'elle les rencontre : on doit donc avoir :

$$\left.\begin{array}{l} \Sigma.F \cos \alpha - R \cos a = 0, \\ \Sigma.F \cos \beta - R \cos b = 0, \\ \Sigma.F \cos \gamma - R \cos c = 0; \\ \Sigma.F (x \cos \beta - y \cos \alpha) = 0, \\ \Sigma.F (z \cos \alpha - x \cos \gamma) = 0, \\ \Sigma.F (y \cos \gamma - z \cos \beta) = 0. \end{array}\right\} \quad (15)$$

Les trois premières équations fournissent la grandeur et la direction de la résultante, et, par conséquent, de la résistance du point fixe. Les trois dernières sont les conditions d'équilibre. Ainsi, *il faut et il suffit, pour l'équilibre, que les sommes des moments des forces, par rapport à trois axes rectangulaires passant par le point fixe, soient nulles séparément.*

358. THÉORÈME 10me : CAS D'UN AXE FIXE.—*Lorsque le corps a deux points fixes, ou un axe fixe* autour duquel il ne peut que tourner, on peut prendre un point de l'axe pour point d'application de la force T. L'effet de la force S sera alors de faire tourner le corps, à moins qu'elle ne soit dans un même plan avec l'axe. Car on peut la décomposer en deux forces, l'une parallèle à l'axe et qui est détruite, l'autre perpendiculaire et qui fait tourner. *Il faut donc, pour l'équilibre, et cela suffit, que les deux forces S et T soient dans un même plan avec l'axe.*

Prenons l'axe fixe pour axe des z, et le point d'application de T pour origine. Soient a, b, c, et a_1, b_1, c_1 les angles que les directions des forces S et T font avec les axes ; et soit l le z du point d'application de la force S. Les réactions de l'axe sont deux forces égales et contraires à S et à T ; et, en les introduisant dans le système, on peut regarder le corps comme entièrement libre. Les six équations (n° 354) sont donc applicables, et l'on a :

$$\left.\begin{array}{l}
\Sigma.\mathrm{F}\cos\alpha - \mathrm{S}\cos a - \mathrm{T}\cos a_1 = 0, \\
\Sigma.\mathrm{F}\cos\beta - \mathrm{S}\cos b - \mathrm{T}\cos b_1 = 0, \\
\Sigma.\mathrm{F}\cos\gamma - \mathrm{S}\cos c - \mathrm{T}\cos c_1 = 0; \\
\Sigma.\mathrm{F}\,(x\cos\beta - y\cos\alpha) = 0, \\
\Sigma.\mathrm{F}\,(z\cos\alpha - x\cos\gamma) - \mathrm{S}l\cos a = 0, \\
\Sigma.\mathrm{F}\,(y\cos\gamma - z\cos\beta) + \mathrm{S}l\cos b = 0.
\end{array}\right\} \quad (16)$$

Les deux dernières équations donnent les valeurs de S cos a et de S cos b ; puis la première et la seconde donnent celles de T cos a_1 et de T cos b_1, et la troisième donne celle de la somme S cos c+T cos c_1. La seule équation d'équilibre est la quatrième. Donc, *il faut et il suffit, pour l'équibre, que la somme des mo-*

ments des forces, par rapport à l'axe fixe, soit nulle d'elle-même.

359. REMARQUE.—On remarque ici que les réactions de l'axe ne sont pas complétement déterminées : on connaît leurs composantes perpendiculaires à cet axe; mais on ne connaît pas leurs composantes parallèles, et il n'y a que leur somme qui soit déterminée. Cela doit être; car si l'on appliquait suivant l'axe, deux forces *quelconques*, égales et opposées, l'équilibre ne serait pas altéré : mais les deux composantes seraient modifiées, et leur somme resterait la même.

360. THÉORÈME 11me.—*Si, cependant, le corps pouvait glisser le long de l'axe*, cet axe ne pourrait détruire que des forces normales : ses deux réactions seraient donc, dans ce cas, perpendiculaires à l'axe Oz ; et par suite leurs composantes suivant l'axe, $- S \cos c$ et $- T \cos c_1$, seraient nulles. Les forces S et T sont alors complétement déterminées par la première, la seconde, la cinquième et la sixième des équations (16). Les deux autres

$$\Sigma.F \cos \gamma = 0, \qquad \Sigma.F (x \cos \varepsilon - y \cos \alpha) = 0, \quad (17)$$

donnent les conditions d'équilibre. Ainsi, *il faut pour l'équilibre, dans ce cas, de plus que dans le cas précédent, que la somme des projections des forces sur l'axe soit nulle.*

361. THÉORÈME 12me : CAS D'UN PLAN FIXE.—*Si le corps s'appuie contre un plan fixe*, sur lequel il ne peut que glisser, les réactions de ce plan sur les points en contact ne peuvent être que normales; comme, d'ailleurs, elles sont de même sens, elles ont une résultante égale à leur somme et normale au plan. *Il faut donc, pour l'équilibre, que les forces du système aient une résultante unique, égale et opposée à cette réaction, c'est-à-dire, normale au plan, et rencontrant ce plan dans l'intérieur du polygone formé par les points de contact.*

Si l'on prend le plan fixe pour plan xOy, toutes les pressions R, R$_1$, R$_2$,... R$_n$, sont parallèles à l'axe des z; et le système est en équilibre sous l'action des forces F, et sous les réactions égales et contraires à R, R$_1$,... R$_n$. Si donc on désigne par

ξ, ξ_1,... ξ_n, les abscisses, et par η, η_1,... η_n, les ordonnées de leurs points d'application, les six équations deviennent :

$$\left.\begin{aligned}
&\Sigma.F \cos \alpha = 0, \\
&\Sigma.F \cos 6 = 0, \\
&\Sigma.F \cos \gamma - \Sigma.R = 0, \\
&\Sigma.F (x \cos 6 - y \cos \alpha) = 0, \\
&\Sigma.F (z \cos \alpha - x \cos \gamma) + \Sigma.Rx = 0, \\
&\Sigma.F (y \cos \gamma - z \cos 6) - \Sigma.Ry = 0.
\end{aligned}\right\} \quad (18)$$

La troisième équation détermine $\Sigma.R$, c'est-à-dire la résultante, ou la charge totale du plan ; la cinquième et la sixième donnent $\Sigma.Rx$ et $\Sigma.Ry$: les trois autres fournissent les conditions d'équilibre. *Il faut et il suffit, pour l'équilibre, que les sommes des projections des forces sur deux axes rectangulaires situés dans le plan fixe, soient nulles séparément, et que la somme des moments de ces forces, par rapport à un axe perpendiculaire au plan fixe, soit aussi nulle.* Il faut, d'ailleurs, que $\Sigma.F \cos \gamma$ ait le signe convenable, pour que les forces F pressent le corps contre le plan.

362. REMARQUE.—S'il n'y a que trois points de contact, les équations (3), (5) et (6) du système (18) donnent les valeurs des trois pressions R, R_1, R_2. Mais s'il y en a plus de trois, le problème devient indéterminé, puisqu'on n'a, pour les déterminer, que trois équations. Toutefois l'indétermination ne tient ici qu'à l'hypothèse de la *solidité absolue* dont nous avons doué les corps : en réalité ils sont compressibles, et ils exercent l'un contre l'autre, aux points de contact, des réactions qui dépendent de la loi de déformation, et entre lesquelles il existe des relations inconnues propres à les déterminer.

§ IV. *Relation entre le travail et la force vive.*

363. THÉORÈME 13me.—*La demi-variation de la force vive d'un corps solide en mouvement, pendant un intervalle de temps donné, est égale à la somme algébrique des travaux des forces F appliquées à ce corps.*

En effet, désignons par m la masse d'une des molécules du corps, et par v_0 et v ses vitesses initiale et finale, la variation de sa force vive sera $mv^2 - mv_o^2$, et la variation de la force vive du corps sera la somme des variations relatives à chaque molécule, ou $\Sigma mv^2 - \Sigma mv_o^2$.

Or les forces appliquées à une molécule m sont, d'une part, la force *extérieure* F, et, de l'autre, des forces *intérieures* P, P_1,.... La molécule, sous l'action de ces diverses forces, est entièrement libre ; on a donc, d'après les théorèmes des nᵒˢ 235, 238 et suivants :

$$\frac{1}{2}(mv^2 - mv_o^2) = T.F + \Sigma.TP.$$

Des équations analogues ont lieu pour chaque molécule du corps. En les additionant membre à membre, on a :

$$\frac{1}{2}(\Sigma.mv^2 - \Sigma.mv_o^2) = \Sigma.TF + \Sigma.(\Sigma.TP).$$

Or le dernier terme est nul : car la force P ne peut être que la résistance exercée par un point fixe sur la molécule m, ou l'action d'une molécule m' sur celle-ci. Dans le premier cas, la molécule ne peut que tourner autour du point fixe, et décrire un élément normal à la direction de la résistance P : donc le travail de P est nul. Dans le second, l'action de m' sur m est égale et directement opposée à la réaction de m sur m', et la somme des travaux de ces deux forces est nulle. Ainsi l'expression $\Sigma.(\Sigma.TP)$ se compose de termes nuls d'eux-mêmes, et de termes deux à deux égaux et de signe contraire : cette somme est donc nulle, et l'on a :

$$\frac{1}{2}(\Sigma.mv^2 - \Sigma.mv_o^2) = \Sigma.TF \quad (19) \quad\quad \text{C. Q. F. D.}$$

364. COROLLAIRES.—1º *Si un corps entièrement libre est soumis à l'action de forces en équilibre*, on sait que

$$\Sigma.TF = 0; \quad \text{donc} \quad \Sigma.mv^2 = \Sigma.mv_o^2;$$

le corps est immobile, ou se meut avec une force vive constante, quoique chaque point en particulier puisse avoir un mouvement varié quelconque. C'est par cette circonstance que se manifeste l'inertie de la matière dans un corps solide libre. S'il s'agissait d'un seul point matériel, cette condition donnant

$v = v_{0}$, *le point serait immobile, ou son mouvement serait uniforme.*

2° *Si un corps est mobile autour d'un axe fixe, sous l'action de forces en équilibre,* la force vive est encore constante. Mais alors, si l'on désigne par ω la vitesse angulaire à l'époque t, et par ρ la distance de la molécule m à l'axe, comme on a : $v = \rho\omega$, la force vive devient $\Sigma m\rho^{2}\omega^{2}$; et, comme ω a la même valeur au même instant pour toutes les molécules, on peut écrire $\omega^{2}\Sigma m\rho^{2}$. Pour que cette expression soit constante, il faut et il suffit que ω le soit; ainsi *le corps est immobile, ou le mouvement de rotation est uniforme.* C'est de cette manière que se manifeste l'inertie de la matière dans un corps solide mobile autour d'un axe fixe.

CHAPITRE VI.

EXERCICES ET APPLICATIONS.

365. PREMIER PROBLÈME. —*Trouver le centre de gravité d'une zone sphérique.*

Ce point est situé sur le rayon de la sphère, perpendiculaire aux bases de la zone ; et il suffit de trouver sa distance x à la base inférieure. Or si l'on désigne par r le rayon de la sphère, et par h la hauteur de la zone, le moment de cette aire, par rapport à sa base, est $2\pi r h x$. D'un autre côté, si l'on partage la zone en n zones équivalentes par des plans équidistants parallèles aux bases, et si l'on désigne par x_1, x_2, x_3,... x_n, les distances des centres de gravité de chacune d'elles à leurs bases inférieures, les distances de ces mêmes points à la base inférieure de la zone donnée sont respectivement :

$$x_1, \quad x_2 + \frac{h}{n}, \quad x_3 + \frac{2h}{n}, \dots \quad x_n + \frac{(n-1)h}{n};$$

et comme l'aire de chaque zone partielle est $2\pi r \dfrac{h}{n}$, l'équation des moments donne :

$$2\pi r h x = 2\pi r \frac{h}{n}\left[x_1 + x_2 + \frac{h}{n} + x_3 + \frac{2h}{n} + \dots + x_n + \frac{(n-1)h}{n}\right],$$

ou $\qquad x = \dfrac{1}{n}\left[x_1 + x_2 + x_3 + \dots + x_n + \dfrac{h}{n}[1 + 2 + \dots + (n-1)]\right],$

ou $\qquad x = \dfrac{x_1 + x_2 + x_3 + \dots + x_n}{n} + \dfrac{hn(n-1)}{2n^2}.$

Or $\quad x_1 + x_2 + x_3 + \dots + x_n < h$, et $\dfrac{hn(n-1)}{2n^2} = \dfrac{h}{2}\left(1 - \dfrac{1}{n}\right)$;

donc, si l'on fait croître n indéfiniment, on a, à la limite :

$$x = \frac{h}{2}. \quad (1)$$

Ainsi *le centre de gravité de la zone est au milieu de la droite qui joint les centres de ses bases.*

On arrive au même résultat, en décomposant la zone en éléments plans ω, et en appliquant à ces éléments le théorème des moments. En effet, soit p la distance de l'élément ω au plan du grand cercle de la sphère qui est parallèle aux bases de la zone ; son moment, par rapport à ce plan, est $p\omega$ ou $r\omega \times \dfrac{p}{r}$. Or $\dfrac{p}{r}$ est le cosinus de l'angle que l'élément ω fait avec le plan du grand cercle ; donc $\omega\dfrac{p}{r}$ est la projection ω' de cet élément sur ce plan : donc le moment de l'élément est $r\omega'$. Ainsi, en désignant par z la distance du centre de gravité cherché au centre de la sphère, on a :

$$2\pi r h z = \Sigma r \omega' = r \Sigma \omega'.$$

Or $\Sigma\omega'$ est la projection de la zone sur le plan du grand cercle, ou la différence des aires de ses deux bases, c'est-à-dire $\pi\,(\rho'^2 - \rho''^2)$: d'ailleurs, en désignant par z_1 et z_2 les distances des deux bases au centre de la sphère, on a :

$$\rho'^2 = r^2 - z_1^2, \qquad \rho''^2 = r^2 - z_2^2 : \qquad \text{donc} \qquad \Sigma\omega' = \pi\,(z_2^2 - z_1^2) :$$
$$\text{donc :} \qquad\qquad 2\pi r h z = \pi r\,(z_2^2 - z_1^2),$$

et, comme $h = z_2 - z_1$, on tire de là :

$$z = \frac{z_2 + z_1}{2}. \quad (2). \qquad \text{C. Q. F. D.}$$

366. SECOND PROBLÈME.—*Trouver le centre de gravité d'un secteur sphérique.*

Ce point se trouve sur l'axe de révolution du secteur. Pour déterminer sa distance x au centre de la sphère, on conçoit le secteur partagé en une infinité d'éléments pyramidaux qui ont pour sommet commun le centre, et pour bases les éléments plans de la zone, base du secteur. Le centre de gravité de chacune de ces pyramides se trouve sur un certain rayon de la sphère, aux $\dfrac{3}{4}$ de sa longueur à partir du centre (nᵒ 331). Donc, si l'on trace une sphère concentrique à la sphère donnée avec les $\dfrac{3}{4}$ de son rayon, la zone, que comprend le secteur donné, contient tous les centres de gravité. D'ailleurs les poids appliqués en chacun de ces points sont proportionnels aux bases des éléments de volume, et, par suite, aussi aux aires interceptées par eux sur la zone intérieure. Donc, *le centre de gravité cherché est le même que celui de cette dernière zone.* Donc, si l'on désigne par x_1 et x_2 les distances du centre de la sphère aux deux plans qui limitent la base du secteur, on a :

$$x = \frac{3}{4}\,\frac{x_1 + x_2}{2}, \quad \text{ou} \quad x = \frac{3}{8}\,(x_1 + x_2). \quad (3)$$

Si l'on désigne par θ_1 et par θ_2 les angles que les rayons extrêmes du secteur circulaire générateur font avec l'axe de révolution, on a :

$$x_1 = r\cos\theta_1, \quad x_2 = r\cos\theta_2, \quad x = \frac{3}{8}\,r\,(\cos\theta_1 + \cos\theta_2). \quad (4)$$

Si la base du secteur est une calotte, $\theta_2 = 0$, $\cos\theta_2 = 1$, et

$$x = \frac{3}{4}\, r \cos^2 \frac{\theta_1}{2}. \qquad (5)$$

Si le secteur est une demi-sphère, $\theta_1 = 90°$, $\cos^2 \frac{\theta_1}{2} = \frac{1}{2}$, et

$$x = \frac{3}{8}\, r. \qquad (6)$$

367. TROISIÈME PROBLÈME.—*On extrait de l'intérieur d'une sphère, de rayon* R, *une sphère de rayon* r; *on demande le centre de gravité du volume qui reste.*

Soit d la distance des deux centres : le point cherché est sur cette ligne, de l'autre côté du centre de la grande sphère ; car le poids de cette dernière est la somme des poids de la petite sphère et du volume qui reste. De plus, les distances des centres de gravité de ces deux corps au centre de la sphère donnée doivent être en raison inverse de leurs poids ou de leurs volumes; on a donc, en désignant par x la distance du point cherché au centre de la sphère de rayon R,

$$\frac{x}{d} = \frac{\frac{4}{3}\pi r^3}{\frac{4}{3}\pi\,(R^3 - r^3)}, \quad \text{ou} \quad x = d\,\frac{r^3}{R^3 - r^3}. \qquad (7)$$

368. EXERCICES PROPOSÉS.—On pourra chercher à résoudre les questions suivantes :

1° *Trouver le centre de gravité de la surface latérale d'un cône droit.*

En décomposant cette aire en triangles élémentaires, on trouvera que *ce point est sur l'axe du cône, à une distance du sommet égale aux* $\frac{2}{3}$ *de la hauteur.*

On en conclura aisément la position du centre de gravité de la surface totale.

2° *Trouver le centre de gravité d'un segment sphérique à une base.* En considérant le segment comme la différence entre un secteur et un cône, on trouvera que la distance du point cherché au centre de la sphère est

$$x = \frac{3}{4}\,\frac{(r + d)^2}{(2r + d)},$$

d étant la distance de la base du segment au centre.

3° *Trouver le centre de gravité d'une tranche sphérique, comprise entre deux plans parallèles.*

En la considérant comme la différence de deux segments à une base, et en désignant par d, d' et x les distances des deux bases et du point cherché au centre de la sphère, on trouvera :

$$x = \frac{3}{4}\,\frac{(2r^2 - d^2 - d'^2)\,(d + d')}{(3r^2 - d^2 - d'^2 - dd')}.$$

4° *On applique à neuf des sommets d'un décagone régulier des poids égaux : on demande le centre de gravité du système.*

On raisonne comme dans le problème 3ᵐᵉ (n° 367).

5° *Trouver le centre de gravité de l'aire comprise entre un arc de la sinusoïde, $y = a \sin \dfrac{x}{a}$, et l'axe des x.*

On remarquera 1° que l'aire de la courbe est la fonction dont $a \sin \dfrac{x}{a}$ est la dérivée (n° 60); si donc on prend cette aire entre $x = 0$ et $x = \pi a$, on trouvera pour sa valeur $2\,a^2$. 2° Le centre de gravité se trouve sur l'ordonnée correspondante à $x = \dfrac{\pi a}{2}$ (n° 316, 3°). 3° Le moment d'un élément $y \Delta x$ de l'aire, par rapport à l'axe des x, est $\dfrac{y^2 \Delta x}{2}$ ou $\dfrac{a^2 \sin^2 \dfrac{x}{a} \Delta x}{2}$; et la somme de ces moments est l'aire d'une autre courbe dont l'équation serait

$$y = \frac{a^2 \sin^2 \dfrac{x}{a}}{2};$$ donc elle est la fonction dont $\dfrac{a^2 \sin^2 \dfrac{x}{a}}{2}$ est la dérivée; cette fonction, prise depuis $x = 0$, est $\dfrac{a^2 x - a^3 \sin \dfrac{x}{a} \cos \dfrac{x}{a}}{4}$; et entre $x = 0$ et $x = \pi a$, elle a pour valeur $\dfrac{\pi a^3}{4}$. On conclut de là, pour l'ordonnée du centre de gravité,

$$y = \frac{\pi a}{8}.$$

569. THÉORÈME.—*Le centre de gravité d'un système quelconque se meut comme un point matériel qui réunirait toute la masse du système, et qui serait sollicité par toutes les forces extérieures, transportées en ce point parallèlement à elles-mêmes.*

En effet, soient m, m', m'',... les masses d'un système de points matériels en mouvement sous l'action de forces quelconques (extérieures ou mutuelles): et soient, à l'époque t, x, x', x'',... les abscisses de leurs centres de gravité. Si l'on pose $m + m' + m'' + \ldots = M$, et si l'on désigne par ξ l'abscisse du centre de gravité du système, on sait que l'on a (n° 307):

$$M \xi = mx + m' x' + m'' x'' + \ldots \qquad (8)$$

Si l'on prend les dérivées des deux membres, on a, en désignant par v_x, v'_x, v''_x,... V_x, les vitesses de chaque point et celle du centre de gravité du système, estimées suivant l'axe Ox:

$$MV_x = mv_x + m' v'_x + m'' v''_x + \ldots \qquad (9)$$

formule qui fait connaître V_x ou la projection de la vitesse du centre de gravité du système sur l'axe des x: deux formules analogues, relatives aux axes

Oy et Oz, feraient connaître les projections V_y et V_z, et, par suite la vitesse V du centre de gravité dans l'espace.

Prenons encore les dérivées des deux membres de l'équation (9) : en désignant par γ_x, γ'_x, γ''_x,... Γ_x, les accélérations estimées suivant Ox, nous avons :
$$M\Gamma_x = m\gamma_x + m'\gamma'_x + m''\gamma''_x + \dots \quad (10)$$
Cette formule et deux autres analogues font connaître les composantes Γ_x, Γ_y, Γ_z, de l'accélération Γ du centre de gravité du système; et par suite Γ est déterminée.

Or $m\gamma$ représente la résultante des forces qui agissent sur le point m, soit que ces forces soient extérieures, soit qu'elles naissent des actions des autres points du système sur celui-ci. De même $m'\gamma'$, $m''\gamma''$,... sont les résultantes des forces qui agissent sur les points m', m'',.... Si donc on imagine que toutes ces forces soient transportées parallèlement à elles-mêmes au centre de gravité du système, la somme $m\gamma_x + m'\gamma'_x + m''\gamma_x'' + \dots$ représente leur résultante totale estimée parallèlement à Ox. Mais $M\Gamma_x$ est la force, estimée suivant le même axe, avec laquelle la masse totale M du système, concentrée au centre de gravité, devrait être sollicitée, pour que ce point reçût l'accélération qu'il possède réellement. Donc l'équation (10) prouve, qu'en projection sur un axe *quelconque* Ox, le centre de gravité se meut, comme si toute la masse du système était concentrée en ce point, et comme si, en même temps, toutes les forces y étaient transportées parallèlement à elles-mêmes. Il en est donc de même dans l'espace.

D'ailleurs l'action qu'un point m reçoit d'un point m' est égale et opposée à celle que le point m' reçoit du point m : transportées au centre de gravité, ces deux actions se détruisent, et n'ont aucune influence sur son mouvement. Ce mouvement ne dépend donc, ni pour sa direction, ni pour sa nature, des actions mutuelles des points du système : il est celui d'un point qui réunirait toutes les masses, et qui serait sollicité par toutes les forces *extérieures*, transportées en ce point parallèlement à elles-mêmes. C'est ce qu'il fallait démontrer.

370. QUATRIÈME PROBLÈME.—*Deux boules sphériques pesantes* A *et* A', *de masses* m *et* m', *sont liées l'une à l'autre par un fil inextensible et sans masse* AA'$=1$: *l'une d'elles*, A', *peut glisser, sans frottement, sur un plan horizontal fixe* H, *dans une rainure* BC ; *une fente, pratiquée dans la rainure*, *laisse passer le fil* AA'. *On écarte la boule* A *de la verticale*, *de manière que le plan* BCA *reste vertical*, *et on l'abandonne à elle-même, sans vitesse initiale* : *on propose de déterminer la trajectoire de cette boule* A (fig. 75).

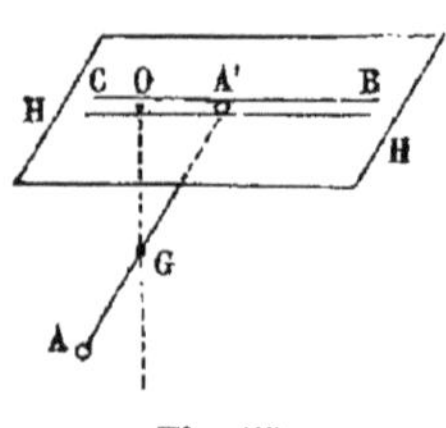

Fig. 75.

Le système en mouvement se compose des deux masses pesantes A et A', liées l'une à l'autre par un fil tendu AA'. Les forces qui agissent sur la masse m de A, à l'époque t, sont: 1° son poids mg, 2° la tension T du fil, dirigée de A vers A'. Les forces qui agissent sur la masse m' de A' sont : 1° son poids $m'g$, 2° la tension T du fil, dirigée de A' vers A, 3° la réaction N du plan horizontal H, dirigée de bas en haut. Toutes ces forces agissent dans le plan vertical BCA, et la vitesse initiale est nulle : le système ne sortira donc pas de ce plan.

Si l'on transporte ces forces, parallèlement à elles-mêmes, au centre de gravité G du système des deux masses, les tensions T se détruisent comme actions mutuelles; les autres forces $mg, m'g$, N, sont verticales. Donc le point G se meut, comme un point dont la masse serait $m + m'$, et qui serait sollicité par ces trois forces verticales (n° 369). D'ailleurs la vitesse initiale est nulle : donc le point G se meut verticalement : il n'abandonne pas la verticale OG dans laquelle il se trouve à l'origine du mouvement.

Comme le point A' décrit en même temps l'horizontale BC, et que la longueur A'G est constante, il résulte de l'un des modes de génération de l'ellipse que *le point A décrit une ellipse*, dont les demi-axes sont AA' et AG, et dont le centre est au point O. En désignant, suivant l'usage, ces demi-axes, par a et b, on a :

$$a = l, \qquad b = l \times \frac{m'}{m + m'}. \qquad (11)$$

Si les deux masses m et m' sont égales, le point G est au milieu de AA', et l'on a :

$$a = l, \qquad b = \frac{l}{2}.$$

Si la masse m' est très-grande par rapport à m, le rapport $\dfrac{m'}{m + m'}$ est très-voisin de l'unité, les axes sont à peu près égaux, et l'ellipse converge vers un cercle dont le centre serait A'. C'est ce cercle que décrit le point A à la limite, lorsque m' est infinie : on pouvait aisément le prévoir, car alors les forces du système ne peuvent plus mettre en mouvement cette masse qui reste immobile, et le système devient un pendule ordinaire.

Si, au contraire, la masse m est très-grande par rapport à m', l'axe b devient très-petit, l'ellipse s'allonge, et tend à devenir une ligne droite verticale.

571. CINQUIÈME PROBLÈME.—*Un chariot ABC, pesant, de masse μ, en forme de triangle rectangle, est placé verticalement sur un plan horizontal H, et peut glisser sans frottement sur ce plan : une petite boule sphérique pesante, dont la masse est* m, *est placée sur l'hypoténuse AB de ce triangle, et roule, en vertu de son poids, en repoussant le triangle qui se meut dans le sens BC. On demande de déterminer* 1° *le mouvement de recul du chariot,* 2° *le mouvement de la bille* (fig. 76).

Désignons l'angle ABC par α. Soit M la position du mobile sur le chariot, à l'époque t : examinons les influences qui agissent sur lui, à cet instant. Ce

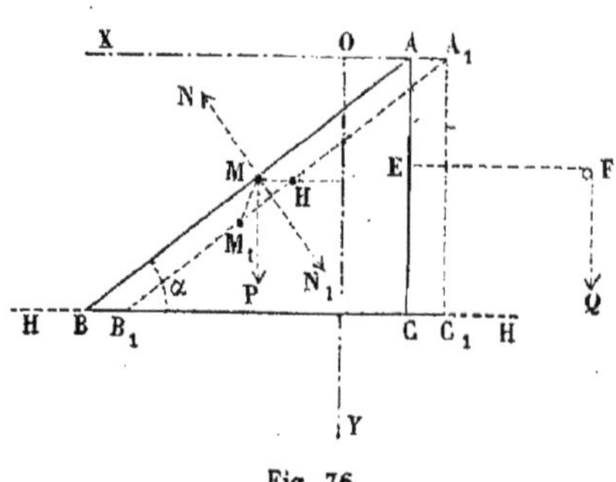

Fig. 76.

sont : 1° sa vitesse acquise, dont nous appellerons v la composante parallèle à AB, et v_1 la composante parallèle à BC ; 2° son poids mg, dirigé de haut en bas ; 3° la réaction N du plan AB sur la bille, réaction dirigée suivant la normale extérieure MN.

Quant au triangle, les influences auxquelles il est soumis, au même instant, sont : 1° sa vitesse acquise v_1 (la même que la composante horizontale de la vitesse de la bille, parce que celle-ci n'abandonne pas l'hypoténuse) ; 2° son poids μg ; 3° la pression N de la bille sur l'hypoténuse, pression égale et contraire à celle de l'hypoténuse sur la bille, et par suite dirigée suivant la normale intérieure MN_1 ; 4° la réaction du plan fixe H, réaction dirigée verticalement de bas en haut.

Ce sont ces influences qui déterminent, à l'époque t, pendant l'instant très-court θ, les mouvements des deux mobiles. Or, comme on peut supposer les forces et les vitesses constantes pendant cet élément de temps, les vitesses produiront des mouvements uniformes, et les forces des mouvements uniformément accélérés, dont l'accélération s'obtiendra en divisant la force par la masse sur laquelle elle agit. On voit donc, qu'en vertu de chacune de ces causes, la bille parcourrait le chemin $v\theta$ parallèle à AB, le chemin $v_1\theta$ parallèle à BC, le chemin $\frac{1}{2}g\theta^2$ parallèle à AC, et le chemin $\frac{1}{2}\frac{N}{m}\theta^2$ parallèle à MN.

Par conséquent, le chemin réel MM_1, parcouru par la bille, est la droite qui ferme le polygone de ces mouvement. Donc, en désignant par l et par n les projections de MM_1 sur AB et sur NN_1, on a :

$$l = v\theta - v_1\theta\cos\alpha + \frac{1}{2}g\theta^2\sin\alpha,$$

$$n = v_1\theta\sin\alpha + \frac{1}{2}g\theta^2\cos\alpha - \frac{1}{2}\frac{N}{m}\theta^2; \qquad (12)$$

et, si l'on désigne par i l'inclinaison de MM_1 sur AB, on a, pour déterminer MM_1 et i,

$$\overline{MM_1}^2 = l^2 + n^2, \qquad MM_1\sin i = n. \qquad (13)$$

Le mouvement du triangle, étant horizontal, n'est pas influencé par son poids μg, ni par la réaction du plan fixe. Il est dû à sa vitesse v_1 et à la composante horizontale N sin α de la pression N qu'exerce sur lui la bille ; d'ailleurs cette force N sin α, agissant sur une masse μ, lui imprime une accélération $\dfrac{N \sin \alpha}{\mu}$: donc, en représentant par MH le chemin parcouru par cha-

un de ses points pendant l'instant θ, on a :

$$\text{MH} = v_1 \theta + \frac{1}{2} \frac{N \sin \alpha}{\mu} \theta^2. \qquad (14)$$

Cela posé, pour qu'au bout de l'instant θ, la bille soit encore sur l'hypo-ténuse AB, il faut et il suffit que les deux chemins MM_1 et MH aient leurs extrémités M_1 et H sur une parallèle $A_1 B_1$ à AB. Le triangle MM_1H fournit donc cette condition nécessaire et suffisante,

$$MM_1 \sin i = \text{MH} \sin \alpha,$$

ou, d'après les équations (12), (13) et (14),

$$v_1 \theta \sin \alpha + \frac{1}{2} g \theta^2 \cos \alpha - \frac{1}{2} \frac{N}{m} \theta^2 = \left(v_1 \theta + \frac{1}{2} \frac{N \sin \alpha}{\mu} \theta^2 \right) \sin \alpha,$$

équation qui se réduit, après avoir supprimé les termes communs et divisé par $\frac{1}{2}\theta^2$, à

$$g \cos \alpha - \frac{N}{m} = \frac{N \sin^2 \alpha}{\mu};$$

et l'on en tire,

$$N = \frac{g \cos \alpha}{\dfrac{1}{m} + \dfrac{\sin^2 \alpha}{\mu}}, \quad \text{ou} \quad N = \frac{m \mu g \cos \alpha}{\mu + m \sin^2 \alpha}. \qquad (15)$$

L'une de ces formules détermine la pression N : elle montre que *cette force est positive* : ainsi la bille presse constamment le triangle et ne l'abandonne pas. La formule montre, en outre, que *cette pression est constante*, mais qu'elle est moindre qu'elle ne serait si le plan AB était fixe. On voit enfin que, si μ croît indéfiniment, N croît et a pour limite $mg \cos \alpha$, comme si le triangle était fixe ; ce qui était facile à prévoir. Si, au contraire, μ décroît jusqu'à zéro, N décroît aussi jusqu'à zéro ; et la bille, à cette limite, doit tomber verticalement, comme s'il n'y avait pas d'obstacle ; ce que l'on pouvait encore prévoir, puisque l'obstacle n'a pas de masse, pas de force d'inertie.

La pression ou réaction N étant une fois connue, il est facile de déterminer le mouvement du triangle et celui de la bille. En effet, le mouvement du trian-gle est dû uniquement à la composante horizontale $N \sin \alpha$, ou $\dfrac{m \mu g \cos \alpha \sin \alpha}{\mu + m \sin^2 \alpha}$, expression que l'on peut transformer ainsi $\dfrac{\mu mg \tan \alpha}{\mu + (m + \mu) \tan^2 \alpha}$. L'accéléra-tion, qu'elle imprime au triangle dont la masse est μ, est $\dfrac{mg \tan \alpha}{\mu + (m + \mu) \tan^2 \alpha}$; elle est constante ; et, par suite, *le mouvement est uniformément accéléré.* Si donc on prend pour origine du temps le moment où la bille était au sommet A, et pour origine des espaces le point O, position initiale du point A, et si l'on fait passer par ce point deux axes rectangulaires, OX parallèle à CB, et OY parallèle à AC, le chemin $x_1 = OA$ parcouru par le triangle, et sa vitesse v_1, à l'époque t, seront donnés par les formules :

$$x_1 = -\frac{1}{2} \frac{mg \, \text{tang} \, \alpha}{\mu + (m + \mu) \, \text{tang}^2 \, \alpha} t^2, \quad v_1 = -\frac{mg \, \text{tang} \, \alpha}{\mu + (m + \mu) \, \text{tang}^2 \, \alpha}. \quad (16)$$

Nous plaçons le signe — devant ces formules ; car le mouvement est dirigé en sens contraire des abscisses positives. On remarque que le mouvement est d'autant plus lent que μ est plus grand.

Quant à la bille, son mouvement est produit par les deux forces mg et N, l'une dirigée de haut en bas, et l'autre suivant MN, toutes deux constantes en grandeur et en direction : leur résultante est donc aussi constante en grandeur et en direction ; et comme la vitesse initiale est nulle, *ce mouvement est aussi rectiligne et uniformément accéléré.* Pour obtenir ses équations, décomposons les forces parallèlement à OX et à OY ; en désignant les composantes par X et par Y, nous aurons :

$$\left. \begin{array}{l} X = N \sin \alpha = \dfrac{m \mu g \cos \alpha \sin \alpha}{\mu + m \sin^2 \alpha}, \\[2mm] Y = mg - N \cos \alpha = \dfrac{m (m + \mu) g \sin^2 \alpha}{\mu + m \sin^2 \alpha}. \end{array} \right\} \quad (17)$$

Les accélérations correspondantes s'obtiendront en divisant X et Y par m. Donc les composantes de la vitesse de la bille, à l'époque t, seront :

$$v_x = \frac{\mu g \cos \alpha \sin \alpha}{\mu + m \sin^2 \alpha} t, \quad v_y = \frac{(m + \mu) g \sin^2 \alpha}{\mu + m \sin^2 \alpha} t, \quad (18)$$

et les composantes du chemin parcouru seront :

$$x = \frac{1}{2} \frac{\mu g \cos \alpha \sin \alpha}{\mu + m \sin^2 \alpha} t^2, \quad y = \frac{1}{2} \frac{(m + \mu) g \sin^2 \alpha}{\mu + m \sin^2 \alpha} t^2. \quad (19)$$

Enfin, si l'on élimine t entre ces deux dernières équations, il vient :

$$\frac{y}{x} = \frac{m + \mu}{\mu} \text{tang} \, \alpha. \quad (20)$$

Telle est la droite parcourue par la bille. Si l'on considère le triangle ABC dans sa position initiale $A_0 B_0 C_0$, on voit facilement que *cette droite part du sommet* A_0, *et partage la base* $B_0 C_0$ *en deux segments* $B_0 K$, $C_0 K$, *proportionnels à* m *et à* μ (fig. 77). Car, en désignant par θ l'inclinaison de $A_0 K$ sur l'axe $A x$, on a :

$$\text{tang} \, \theta = \frac{A_0 C_0}{C_0 K} :$$

or, $\quad \text{tang} \, \alpha = \dfrac{A_0 C_0}{B_0 C_0} ; \quad$ donc, $\quad \text{tang} \, \theta = \dfrac{B_0 C_0}{C_0 K} \text{tang} \, \alpha = \dfrac{m + \mu}{\mu} \text{tang} \, \alpha.$

On reconnaît en même temps que cette droite, qui est la médiane du triangle quand les masses m et μ sont égales, se rapproche de la verticale $A_0 C_0$ quand μ diminue, et se confond avec elle, quand $μ = 0$; qu'elle se rapproche de l'hypoténuse $A_0 B_0$, quand μ augmente, et qu'elle se confondrait avec elle, si μ était infinie.

372. REMARQUES.—On peut arriver aux résultats précédents d'une autre manière. Pour cela, remarquons d'abord que le centre de gravité du système se meut, comme un point qui réunirait les masses m et μ des deux corps qui en font partie, et auquel on appliquerait, parallèlement à elles-mêmes, les *forces extérieures* (n° 369). Or les forces extérieures sont les poids mg et μ g de la bille et du triangle, et la réaction du plan fixe H contre le triangle. Quant à la pression N de la bille et à la réaction égale et contraire du triangle, ce sont des *actions mutuelles*. Donc les forces appliquées au centre de gravité sont toutes verticales : donc *ce point se meut, sans quitter la verticale sur laquelle il se trouve à l'origine*.

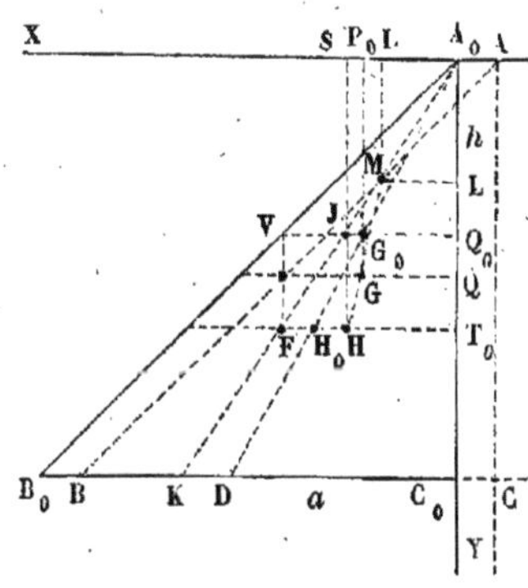

Fig. 77.

Soient $A_0 B_0 C_0$ (fig. 77) la position initiale du triangle, H_0 son centre de gravité situé au tiers de la médiane $A_0 D$, et A_0 la position initiale de la bille : menons la droite $A_0 K$, qui partage la base $B_0 C_0$ en deux segments $B_0 K$, $C_0 K$, proportionnels à m et à μ : traçons successivement $H_0 F$ parallèle à la base, FV parallèle à la hauteur, et VQ_0 parallèle à la base du triangle ; le point d'intersection G_0 de cette dernière droite avec $A_0 D$ est la position du centre de gravité du système à l'origine ; et, par conséquent, la verticale $G_0 P_0$ est la droite sur laquelle il se meut. Car les figures semblables nous donnent :

$$\frac{H_0 G_0}{G_0 A_0} = \frac{FJ}{JA_0} = \frac{VJ}{JQ_0} = \frac{B_0 K}{C_0 K} = \frac{m}{μ}.$$

Traçons les deux axes $A_0 X$, $A_0 Y$; posons $G_0 Q_0 = x_0$, $G_0 P_0 = y_0$; on a, pour déterminer ces coordonnées initiales du point G_0 :

$$\frac{x_0}{H_0 T_0} = \frac{A_0 G_0}{A_0 H_0}, \quad \frac{y_0}{A_0 T_0} = \frac{A_0 G_0}{A_0 H_0} ;$$

or

$$\frac{A_0 G_0}{A_0 H_0} = \frac{μ}{m + μ}, \quad H_0 T_0 = \frac{2}{3} C_0 D = \frac{1}{3} a, \quad A_0 T_0 = \frac{2}{3} A_0 C_0 = \frac{2}{3} h ;$$

donc

$$x_0 = \frac{1}{3} a \times \frac{μ}{m + μ}, \quad y_0 = \frac{2}{3} h \times \frac{μ}{m + μ}. \tag{21}$$

Soit ABC la position du triangle, à l'époque t ; soit $A_0 A = B_0 B = H_0 H = e$, l'espace parcouru par chacun de ses points pendant ce temps : la bille se trouve alors sur l'hypoténuse AB, en un point M tel que la droite HM est partagée par la verticale $G_0 P_0$ en deux segments HG, GM, proportionnels à

m et à μ; et G est la position du centre de gravité du système, à l'époque t. Connaissant e, on peut calculer les coordonnées $A_0 I = \xi$, $IM = \eta$ du point M, et l'ordonnée $P_0 G = y$ du point G. En effet, on a :

$$\frac{SP_0}{P_0 I} = \frac{HG}{GM} = \frac{m}{\mu}.$$

Or, $\quad SP_0 = H_0 T_0 - H_0 H - P_0 A_0 = \dfrac{1}{3}\, a - e - x_0 = \dfrac{1}{3}\, a\, \dfrac{m}{m + \mu} - e,$

$$P_0 I = A_0 P_0 - A_0 I = x_0 - \xi = \frac{1}{3}\, a\, \frac{\mu}{m + \mu} - \xi;$$

donc,

$$\frac{\dfrac{1}{3}\, a\, \dfrac{m}{m + \mu} - e}{\dfrac{1}{3}\, a\, \dfrac{\mu}{m + \mu} - \xi} = \frac{m}{\mu},$$

où, en réduisant, $\qquad\qquad m\xi = \mu\, e.$ $\qquad$ (22)

On pouvait prévoir ce résultat, en remarquant que la force horizontale qui pousse le triangle est constante, et égale et contraire à la composante horizontale de celle qui agit sur la bille, et que par suite les chemins parcourus, dans cette direction, par les deux mobiles, doivent être inversement proportionnels à leurs masses. D'ailleurs le point M se trouve sur la droite AB, dont l'équation est $\qquad \eta = \operatorname{tang} \alpha.\,(\xi + e)$.

Si l'on élimine e au moyen de sa valeur (22), on a :

$$\eta = \frac{m + \mu}{\mu}\, \operatorname{tang} \alpha.\xi,$$

équation du lieu des positions de la bille, que l'on connaît déjà. Si, au contraire, on élimine ξ, on a :

$$\eta = \frac{m + \mu}{m}\, \operatorname{tang} \alpha.e. \qquad (23)$$

D'un autre côté, on a :

$$\frac{LQ}{LT_0} = \frac{MG}{MH} = \frac{\mu}{m + \mu};$$

or, $\qquad\qquad LQ = A_0 Q - A_0 L = y - \eta,$

$$LT_0 = A_0 T_0 - A_0 L = \frac{2}{3}\, h - \eta;$$

donc,

$$\frac{y - \eta}{\dfrac{2}{3}\, h - \eta} = \frac{\mu}{m + \mu};$$

d'où, $\qquad\qquad y - \eta = \dfrac{2}{3}\, h\, \dfrac{\mu}{m + \mu} - \eta\, \dfrac{\mu}{m + \mu},$

ou, d'après l'équation (21),

$$y - y_0 = \eta - \eta\, \frac{\mu}{m + \mu} = \eta\, \frac{m}{m + \mu},$$

ou, enfin, en remplaçant η par sa valeur (23),

$$y - y_0 = \operatorname{tang} \alpha.e. \qquad (24)$$

Si l'on remarque que la valeur de e n'est autre chose que la valeur trouvée plus haut pour x_1 (formule 16), on pourra remplacer e par cette valeur dans les formules (22), (23), (24), et l'on aura :

$$e = \frac{1}{2} \frac{mg \sin \alpha \cos \alpha}{\mu + m \sin^2 \alpha} t^2, \quad (25)$$

$$\xi = \frac{1}{2} \frac{\mu g \sin \alpha \cos \alpha}{\mu + m \sin^2 \alpha} t^2, \quad (26)$$

$$\eta = \frac{1}{2} \frac{(m + \mu) g \sin^2 \alpha}{\mu + m \sin^2 \alpha} t^2, \quad (27)$$

$$y - y_0 = \frac{1}{2} \frac{mg \sin^2 \alpha}{\mu + m \sin^2 \alpha} t^2; \quad (28)$$

formules qui font connaître les mouvements du triangle, de la bille et du centre de gravité du système.

Nous nous bornerons à faire remarquer, que, d'après la dernière de ces formules, l'accélération du centre de gravité du système est $\dfrac{mg \sin^2 \alpha}{\mu + m \sin^2 \alpha}$; par conséquent, la force qui le met en mouvement est $\dfrac{(m + \mu) mg \sin^2 \alpha}{\mu + m \sin^2 \alpha}$ (n° 369). On voit qu'elle est égale à la composante verticale Y (formule 17 du numéro précédent), c'est-à-dire, à $mg - N \cos \alpha$. Or elle est évidemment égale à $mg + \mu g - R$, R étant la réaction du plan fixe H. Donc :

$$mg - N \cos \alpha = mg + \mu g - R,$$

d'où
$$R = \mu g + N \cos \alpha = \frac{(m + \mu) \mu g}{\mu + m \sin^2 \alpha}. \quad (29).$$

373. SIXIÈME PROBLÈME.—*Les données étant les mêmes que dans le problème précédent (n° 371), on applique au triangle un poids $Q = Mg$, qui agit comme une force horizontale, par l'intermédiaire d'un cordon EF et d'une poulie de renvoi F, et qui accélère son mouvement. On propose d'étudier les circonstances du mouvement du système (fig. 76).*

Admettons d'abord que le poids Q n'est pas assez grand pour forcer la bille à quitter le triangle. Les formules (12) et (13), qui déterminent la grandeur et la direction du chemin MM_1 parcouru par la bille pendant l'élément de temps θ, ne subissent aucune modification. Mais la formule (14), qui donne le chemin MH parcouru par le triangle, doit contenir un terme de plus, dû à l'action du poids Q. Or, *il est très-important de remarquer* que le poids Q agit, non-seulement sur sa masse M, mais encore sur la masse μ du triangle : *il imprime donc à cette masse* $(M + \mu)$ *une accélération égale à* $\dfrac{Q}{M + \mu}$, ou à $\dfrac{Mg}{M + \mu}$: et l'espace qu'il lui fait parcourir, dans le temps θ, est, par suite, égal à $\dfrac{1}{2}\dfrac{Mg}{M+\mu}\theta^2$. La formule (14) doit donc être remplacée par celle-ci :

$$MH = v_1\theta + \frac{1}{2}\frac{N\sin\alpha}{\mu}\theta^2 + \frac{1}{2}\frac{Mg}{M+\mu}\theta^2. \quad (30)$$

D'ailleurs, si la bille n'abandonne pas le triangle, on doit toujours avoir :

$$MM_1 \sin i = MH \sin\alpha,$$

c'est-à-dire,

$$v_1\theta\sin\alpha + \frac{1}{2}g\theta^2\cos\alpha - \frac{1}{2}\frac{N}{m}\theta^2 = \left(v_1\theta + \frac{1}{2}\frac{N\sin\alpha}{\mu}\theta^2 + \frac{1}{2}\frac{M'_,g}{M+\mu}\theta^2\right)\sin\alpha$$

équation qui se réduit à

$$g\cos\alpha - \frac{N}{m} = \frac{N\sin^2\alpha}{\mu} + \frac{Mg\sin\alpha}{M+\mu};$$

et l'on en tire :

$$N = \frac{m\mu\,[Mg\,(\cos\alpha - \sin\alpha) + \mu g\cos\alpha]}{(M+\mu)\,(\mu + m\sin^2\alpha)}. \quad (31)$$

Telle est la pression de la bille sur le plan AB, dans ce cas. *Elle est constante. Si* $\cos\alpha > \sin\alpha$, *c'est-à-dire, si* α *est plus petit que* 45°, *elle est positive ; et, quel que soit le poids* Mg, *la bille ne peut abandonner le triangle. Si l'angle* α *est plus grand que* 45°, *la pression* N *reste positive, tant que l'on a :*

$$Mg < \mu g\,\frac{\cos\alpha}{\sin\alpha - \cos\alpha}, \quad \text{ou} \quad Mg < \frac{\mu g}{\tang\alpha - 1}; \quad (32)$$

et la bille reste sur le triangle. Mais les deux corps se séparent, lorsque le poids Mg *est au moins égal à* $\dfrac{\mu g}{\tang\alpha - 1}$.

Dans le premier cas, le mouvement de la bille est rectiligne et uniformément accéléré : il en est de même de celui du triangle, et il est facile de trouver les équations de ces mouvements, comme dans le problème précédent. Dans le second, la bille décrit la verticale, comme s'il n'y avait pas d'obstacle ; et le chariot n'est soumis qu'à la force Mg.

374. REMARQUE.—Lorsqu'un poids constant Q agit sur un système, par l'intermédiaire d'un cordon, la tension T du cordon est égale au poids Q, toutes les fois que le système est en repos, ou qu'il possède un mouvement uniforme. Mais si, comme dans le problème précédent, le mouvement est accéléré, l'égalité n'existe plus ; la tension est plus petite que le poids, et c'est l'excès Q — T qui est employé à accélérer le mouvement. Par exemple, si les masses du système et du poids sont μ et M, la force Q, ayant à mouvoir une masse $(M+\mu)$, lui imprime une accélération $\dfrac{Q}{M+\mu}$ ou $\dfrac{Mg}{M+\mu}$. Le système se mouvant avec l'accélération $\dfrac{Mg}{M+\mu}$, la force capable de lui donner cette accélération est $\dfrac{\mu \mathrm{M} g}{\mathrm{M} + \mu}$. Or cette force est la tension du cordon : donc

$\mathrm{T} = \dfrac{\mu \mathrm{M} g}{\mathrm{M} + \mu}$. Le poids $\mathrm{M}g$ se trouve donc soutenu par une force égale ; et

c'est ce qui reste, $\mathrm{Q} - \mathrm{T}$ ou $\dfrac{\mathrm{M}^2 g}{\mathrm{M} + \mu}$, qui produit le mouvement uniformément accéléré.

Nous résoudrons, en terminant, quelques problèmes relatifs à l'équilibre des corps : nous en empruntons les énoncés à un excellent recueil du P. *Jullien* [1].

375. SEPTIÈME PROBLÈME.—*Une tige homogène* AB, *dont le poids est* P, *et la longueur* 2l, *repose par son extrémité inférieure* A *sur un plan horizontal* H ; *elle presse en* A' *une cheville placée au-dessus d'elle, et est soutenue en* A" *par une autre cheville placée au-dessous d'elle. La distance des deux chevilles est* d, *et leurs hauteurs au-dessus du plan* H *sont* h' *et* h". *On demande quelles sont, lors de la position d'équilibre, les pressions* R, R', R", *exercées sur la tige par le plan et par les chevilles* (fig. 78).

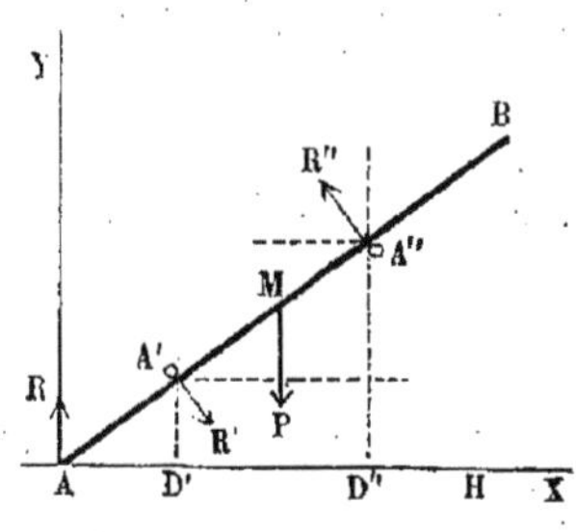

Fig. 78.

Si l'on désigne par α l'inclinaison de la tige sur l'horizon, on a évidemment :

$$\sin \alpha = \frac{h'' - h'}{d}. \qquad (33)$$

La tige étant en équilibre sous l'action de son poids P et des réactions normales R, R', R", et toutes ces forces agissant dans un même plan vertical les conditions d'équilibre sont celles du n° 356, 3° :

$$\Sigma \mathrm{X} = 0, \quad \Sigma \mathrm{Y} = 0, \quad \Sigma \mathrm{P} p = 0.$$

Projetons donc ces forces, d'abord sur l'horizontale Ax, puis sur la verticale Ay, et nous aurons :

$$\mathrm{R}' \sin \alpha - \mathrm{R}'' \sin \alpha = 0,$$
$$\mathrm{P} - \mathrm{R} + \mathrm{R}' \cos \alpha - \mathrm{R}'' \cos \alpha = 0 ;$$

d'où l'on tire :
$$\mathrm{R}' = \mathrm{R}'', \quad \text{et} \quad \mathrm{R} = \mathrm{P}.$$

Prenons ensuite les moments par rapport au point A, et nous aurons :

$$\mathrm{P} l \cos \alpha + \mathrm{R}'.\mathrm{AA}' - \mathrm{R}''.(\mathrm{AA}' + d) = 0,$$

ou, réduisant,
$$\mathrm{P} l \cos \alpha - \mathrm{R}'' d = 0.$$

Donc enfin,
$$\mathrm{R} = \mathrm{P}, \quad \mathrm{R}' = \mathrm{R}'' = \frac{\mathrm{P} l \cos \alpha}{d}. \qquad (34)$$

[1] *Problèmes de mécanique rationnelle,* par le P. M. JULLIEN, de la compagnie de Jésus. 2 vol., chez Mallet-Bachelier; 1855.

376. HUITIÈME PROBLÈME.—*Une tige homogène AB, dont le poids est P, et la longueur 2l, s'appuie par son extrémité inférieure A contre un plan vertical V : elle repose en A' sur une cheville fixe, et elle porte un poids Q à son extrémité supérieure. On demande de déterminer la position d'équilibre, et les pressions R, R', exercées sur la tige par le plan et par la cheville (fig. 79).*

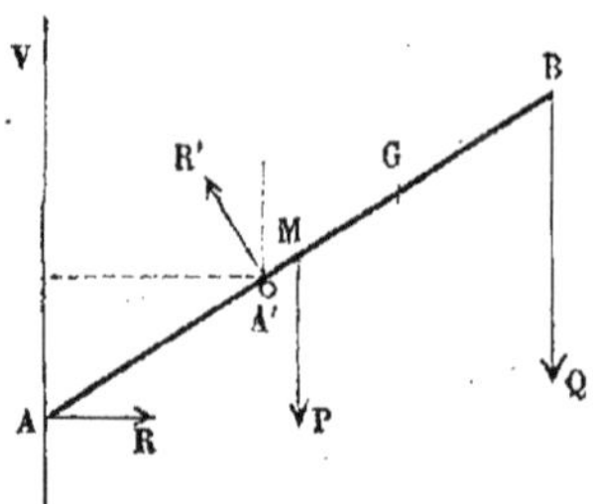

Fig. 79.

Soit d la distance de la cheville au plan vertical V : désignons par α l'inclinaison de la tige sur l'horizon, dans la position d'équilibre, et par x la longueur de la portion AA' comprise entre la cheville et le plan.

Le plan vertical, qui contient alors la tige, est nécessairement perpendiculaire au plan V; car l'équilibre ne saurait exister dans une autre position. Les conditions d'équilibre sont donc les mêmes que dans le problème précédent, pour les quatre forces P, Q, R, R'. Ainsi en les projetant, d'abord sur l'horizontale, puis sur la verticale, on a les deux équations :

$$R = R' \sin \alpha,$$
$$P + Q = R' \cos \alpha.$$

Puis, en prenant leurs moments par rapport au point A, on trouve :

$$Pl \cos \alpha + 2Ql \cos \alpha - R' x = 0.$$

D'ailleurs,
$$d = x \cos \alpha.$$

En remplaçant, dans la troisième équation, x et R' par leurs valeurs, on a :

$$\left.\begin{aligned}
\cos^3 \alpha &= \frac{(P+Q)\,d}{(P+2Q)\,l}, \\
x^3 &= \frac{l d^2 (P+2Q)}{P+Q}.
\end{aligned}\right\} \quad (35)$$

et, par suite,

On en déduit aisément R' et R.

Pour que le problème soit possible, il faut que l'on ait :

$$\frac{(P+Q)\,d}{(P+2Q)\,l} < 1, \quad \text{ou} \quad d < \frac{(P+2Q)\,l}{P+Q},$$

ou
$$d < \left(1 + \frac{Q}{P+Q}\right) l. \quad (36)$$

Si donc on détermine sur AB le point G par lequel passerait la résultante des deux forces P et Q, $\left(\dfrac{MG}{MB} = \dfrac{Q}{P+Q}\right)$, il faut que l'on ait, $d < AG$.

377. NEUVIÈME PROBLÈME.—*On place, dans l'intérieur d'une sphère creuse, de rayon r, une lame ABC homogène, dont le poids est P, ayant la forme d'un triangle isocèle : les trois sommets s'appuient sur la surface de la sphère. On demande de déterminer la position d'équilibre (fig. 80).*

Le poids P de la lame est une force verticale appliquée à son centre de gravité, c'est-à-dire, en un point G situé aux $\frac{2}{3}$ de sa hauteur AH. Les trois sommets, en s'appuyant sur la surface intérieure de la sphère, déterminent

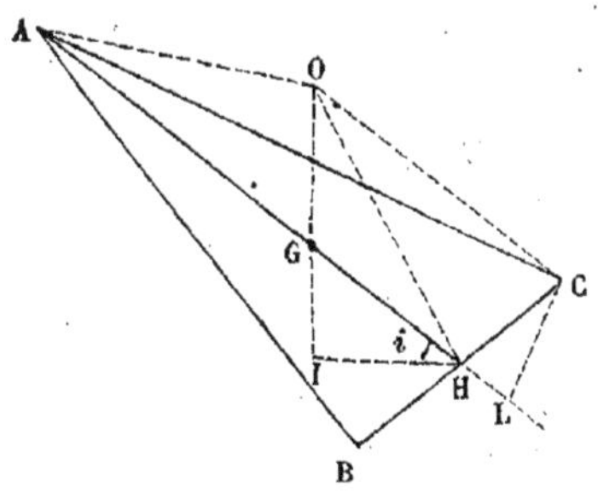

trois pressions normales qui sont détruites par les réactions égales et contraires de la surface. Ce sont ces trois réactions qui font équilibre au poids P. Or, ces forces, dont les directions vont passer par le centre O, ont une résultante unique passant par ce point ; et il faut et il suffit, pour l'équilibre, que cette résultante soit égale et directement opposée au poids P. Il faut donc, d'abord, que *le centre de gravité de la lame soit sur la verticale passant par le centre de la sphère.*

Fig. 80.

Il résulte de là que le plan mené par la verticale OG et par la hauteur AH est vertical ; et, comme la droite OH, menée du centre de la sphère au milieu de la corde BC, est perpendiculaire sur cette corde, on en conclut que *la base BC du triangle est perpendiculaire au plan OGA, c'est-à-dire horizontale.* Par suite, si l'on mène par le point H dans le plan OGA, l'horizontale HI, l'angle AHI mesure l'inclinaison du plan de la lame sur l'horizon.

Cela posé, désignons l'angle AHI par i, et la distance OG par x ; et calculons ces deux inconnues du problème. Soient $AB = AC = a$, $BC = b$, $AH = h$; on a :

$$a^2 = h^2 + \frac{b^2}{4}, \quad \text{et} \quad \overline{OH}^2 = r^2 - \frac{b^2}{4}. \quad (37)$$

Joignons OA et OC par des rayons. Le triangle AOG, dans lequel l'angle $G = \frac{\pi}{2} - i$, donne :

$$r^2 = x^2 + \frac{4h^2}{9} - \frac{4h}{3} x \sin i, \quad (38)$$

et le triangle OGH, dans lequel l'angle $G = \frac{\pi}{2} + i$, donne :

$$\overline{OH}^2 \quad \text{ou} \quad r^2 - \frac{b^2}{4} = x^2 + \frac{h^2}{9} + \frac{2h}{3} x \sin i. \quad (39)$$

En retranchant cette dernière équation de la précédente, on a :

$$\frac{b^2}{4} = \frac{h^2}{3} - 2hx \sin i,$$

d'où

$$x = \frac{4h^2 - 3b^2}{24 h \sin i} = \frac{a^2 - b^2}{6 h \sin i}.$$

Substituant cette valeur dans l'équation (38), on obtient, après quelques réductions,

$$\sin^2 i = \frac{(a^2 - b^2)^2}{9\, r^2\,(4a^2 - b^2) - 8\, a^4 - 2\, a^2 b^2 + b^4},$$

et l'on tire facilement de là :

$$\operatorname{tang} i = \frac{a^2 - b^2}{\pm\, 3\, \sqrt{(4a^2 - b^2)\, r^2 - a^4}}: \quad (40)$$

on obtient ensuite aisément la valeur d'x,

$$x = \frac{\sqrt{(a^2 - b^2)^2 + 9\,[(4a^2 - b^2)\, r^2 - a^4]}}{3\, \sqrt{4a^2 - b^2}}. \quad (41)$$

Comme on a toujours évidemment $2a > b$, la seule condition nécessaire et suffisante pour que le problème soit possible, est :

$$(4a^2 - b^2)\, r^2 - a^4 > 0, \quad \text{ou} \quad 4h^2 r^2 - a^4 > 0,$$

d'où l'on tire, $$2r > \frac{a^2}{h}. \quad (42)$$

Élevons en C sur AC la perpendiculaire CL jusqu'à la rencontre de la hauteur AH; la condition (42) s'énoncera, en disant que le diamètre de la sphère doit être supérieur à AL, c'est-à-dire au diamètre du cercle circonscrit au triangle ABC : ce qu'il était facile de prévoir.

378. DIXIÈME PROBLÈME.—*Une lame homogène* ABC, *dont le poids est* P, *et dont la forme est celle d'un triangle rectangle isocèle, est placée dans un plan vertical, et repose, par ses côtés égaux, sur deux chevilles fixes* E *et* F, *dont la distance* EF = d *est horizontale : on demande de déterminer la position d'équilibre* (fig. 81).

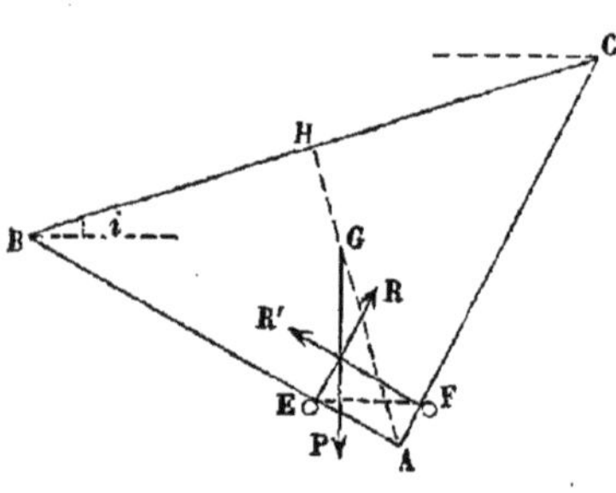

Fig. 81.

La lame ABC est soumise à trois forces qui se font équilibre : ce sont son poids P, appliqué en son centre de gravité G, et les deux réactions R, R', exercées normalement aux côtés AB et AC par les chevilles E et F. Ces trois forces sont dans le plan vertical, et les conditions d'équilibre sont celles du n° 375. Désignons par i l'inclinaison de la base BC sur l'horizon, ou celle de la hauteur AH = h sur la verticale : en projetant les forces successivement sur ER et sur FR', on a :

$$\begin{aligned} R &= P\cos(45^\circ - i), \\ R' &= P\sin(45^\circ - i). \end{aligned} \quad \right\} \quad (43)$$

et, en prenant les moments par rapport au point A, il vient :

$$P \times \frac{2}{3} h \sin i = R d \cos(45^o - i) - R' d \sin(45^o - i). \quad (44)$$

On tire de là, en éliminant R et R′,

$$\frac{2}{3} P h \sin i = P d \left[\cos^2(45^o - i) - \sin^2(45^o - i)\right],$$

ou $\qquad \dfrac{2}{3} P h \sin i = P d \sin 2 i = 2 P d \sin i \cos i.$

Cette équation fournit les deux solutions :

$$\sin i = 0, \quad \cos i = \frac{h}{3 d}. \quad (45)$$

La première est toujours possible, pourvu que l'on ait, $d < BC$.

Pour que la seconde soit possible, il faut que l'on ait, $3 d > h$. Il faut, en outre, que AE soit plus petite que AB. Or

$$AE = d \cos(45^o - i) = \frac{d \sqrt{2}}{2} (\cos i + \sin i),$$

ou $\qquad AE = \dfrac{d \sqrt{2}}{2} \left(\dfrac{h + \sqrt{9 d^2 - h^2}}{3 d}\right) = \dfrac{h \sqrt{2}}{6} + \dfrac{\sqrt{2} \sqrt{9 d^2 - h^2}}{6}.$

Il faut donc que l'on ait, $\qquad \dfrac{h \sqrt{2}}{6} + \dfrac{\sqrt{2} \sqrt{9 d^2 - h^2}}{6} < h \sqrt{2};$

d'où l'on tire $\qquad 3 d < h \sqrt{26}.$

Il faut enfin que AF ou $d \sin(45^o - i)$ soit positif, ce qui exige que l'on ait :

$$i < 45^o, \quad \text{ou} \quad \cos i > \frac{\sqrt{2}}{2}, \quad \text{ou} \quad \frac{h}{3 d} > \frac{\sqrt{2}}{2}, \quad \text{ou} \quad 3 d < h \sqrt{2}.$$

En résumé, on voit qu'*il faut que* $3 d$ *soit compris entre* h *et* $h \sqrt{2}$, *c'est-à-dire entre* AH *et* AB.

379. EXERCICES PROPOSÉS.—Voici les énoncés de quelques questions à résoudre.

1° *Une tige homogène* AA′B, *dont le poids est* P, *appuie son extrémité inférieure* A *contre une droite verticale, et repose en* A′ *sur un point fixe situé au-dessous du corps. Déterminer les pressions* R *et* R′ *exercées sur la tige par la droite et par le point, lorsque l'équilibre a lieu* (fig. 79).

On traitera ce problème comme celui du n° 376. En désignant par α l'inclinaison de la tige sur l'horizon, par $2 l$ sa longueur, et par d la distance du point fixe à la verticale, on trouvera :

$$\cos^3 \alpha = \frac{d}{l},$$

$$R = P \sqrt{\frac{\sqrt[3]{l^2} - \sqrt[3]{d^2}}{\sqrt[3]{d^2}}}, \quad R' = P \sqrt{\frac{l}{d}}.$$

2° *Une tige rigide* AB, *dont le poids est* P, *et la longueur* l, *peut tourner librement autour de son extrémité inférieure* A, *laquelle est engagée dans une charnière fixe, tandis que son extrémité supérieure* B *s'appuie contre une droite verticale. Déterminer la pression* R *exercée par la droite, ainsi que les composantes horizontale et verticale* H *et* V *de la pression exercée par la charnière.*

En désignant par i l'inclinaison de la tige à l'horizon, et par d la distance de son centre de gravité à l'extrémité inférieure, on trouve immédiatement, par l'application des équations d'équilibre :

$$V = P, \qquad R = H = \frac{P\,d}{l\,\tang\,\alpha}.$$

3° *Une barre homogène, dont le poids est* P, *s'appuie par ses deux extrémités sur deux plans inclinés, faisant avec l'horizon des angles* α *et* α'. *On demande de trouver la position d'équilibre, et les pressions* R *et* R' *exercées par les plans sur la barre.*

On démontre d'abord que, dans la position d'équilibre, le plan vertical, qui contient la barre, est perpendiculaire à l'intersection des deux plans inclinés. Puis, en désignant par i l'angle que la barre fait alors avec l'horizon, on applique les équations d'équilibre, et l'on trouve :

$$\tang\,i = \frac{\sin\,(\alpha' - \alpha)}{2\sin\alpha\sin\alpha'}, \qquad R = \frac{\sin\alpha'}{\sin\,(\alpha + \alpha')}\,P, \qquad R' = \frac{\sin\alpha}{\sin\,(\alpha + \alpha')}\,P.$$

4° *Une barre* AB, *dont le poids est* P, *et la longueur* l, *peut tourner librement autour de son extrémité* A *qui est fixe, tandis que l'autre extrémité* B *est soutenue par un cordon, qui s'enroule sur une petite poulie de renvoi et porte un poids* Q. *Déterminer la position d'équilibre.*

On prend deux axes coordonnés horizontal et vertical passant par le point fixe A : on désigne par a et b les coordonnées données de la poulie, par d la distance du centre de gravité de la barre au point A, par i et i' les inclinaisons inconnues de la barre et du cordon à l'horizon ; et, en appliquant les équations d'équilibre, on trouve :

$$Q\,l\,\sin\,(i' - i) = P\,d\,\cos\,i,$$
$$l\,\sin\,(i' - i) = a\,\sin\,i' - b\,\cos\,i'.$$

5° *Une lame circulaire et homogène repose par son centre sur une tige verticale. Placer sur la circonférence trois poids* P_1, P_2, P_3, *de manière que la lame reste horizontale.*

On désigne par (P_1, P_2), (P_1, P_3) et (P_2, P_3) les angles au centre interceptant les arcs qui séparent les poids, et l'on trouve par le théorème des moments :

$$\cos\,(P_1, P_2) = -\,\frac{P_1{}^2 + P_2{}^2 - P_3{}^2}{2\,P_1\,P_2}, \qquad \cos\,(P_1, P_3) = -\,\frac{P_1{}^2 + P_3{}^2 - P_2{}^2}{2\,P_1\,P_3},$$
$$\cos\,(P_2, P_3) = -\,\frac{P_2{}^2 + P_3{}^2 - P_1{}^2}{2\,P_2\,P_3}.$$

380. THÉORÈMES A DÉMONTRER.—1° *Des forces concourantes* P, P', P'',... *en nombre quelconque, se font équilibre autour d'un même point* O; *si l'on prend sur leurs directions, à partir du point* O, *des longueurs proportionnelles à ces forces, et si l'on applique aux extrémités des poids égaux, le centre de gravité du système de poids est au point* O.

On le démontre, soit par le théorème des moments, soit par celui du polygone des forces.

2° *Si les forces concourantes* P, P', P'',... *ne se font pas équilibre, le centre de gravité du système de poids est sur la direction de la résultante de ces forces.*

Démonstration analogue.

3° *De quelque manière que l'on réduise un système de forces à deux résultantes* S *et* T, *le volume du tétraèdre, construit sur ces deux forces, comme arêtes opposées, reste constant.*

4° *On sait que l'on peut toujours astreindre l'une des deux résultantes* S *et* T *à passer par un point déterminé* A. *Démontrer que l'on peut, en outre, assigner à cette résultante une direction quelconque dans l'espace, à l'exception toutefois des directions contenues dans un certain plan déterminé.*

5° *Lorsque trois forces se font équilibre, elles sont situées dans le même plan.* Déduire ce théorème des six équations d'équilibre (n° 351).

LIVRE V.

DES MACHINES.

CHAPITRE I.

NOTIONS GÉNÉRALES.

Programme : Les machines ont, en général, pour but de transmettre, sous certaines conditions, l'action et le travail des forces.—Influence des résistances, dites *passives* : le travail moteur est toujours plus grand que le travail utile.—Notions élémentaires relatives aux machines simples, sollicitées uniquement par une puissance et une résistance. —Ce que l'on gagne en force, on le perd en temps ou en chemin.

---

381. Définition des machines.—Lorsque des forces réagissent les unes sur les autres, par l'intermédiaire d'un corps solide entièrement libre, elles ne peuvent se faire équilibre, à moins qu'elles ne remplissent certaines conditions que nous avons déterminées dans le livre précédent (nos 351 et suiv.). Mais si le corps est gêné dans son mouvement par un obstacle, ces conditions ne sont plus toutes nécessaires, ainsi qu'on l'a vu (nos 357 et suiv.). Par exemple, si l'obstacle est un point fixe autour duquel le corps a la liberté de tourner, il n'est plus nécessaire, pour l'équilibre, d'opposer à chacune des deux résultantes S et T une force égale et contraire ; comme l'une d'elles, S, peut toujours être amenée à passer par le point fixe, il suffit d'appliquer au corps une force U, choisie de telle manière que la résultante commune de T et de U aille aussi passer par le point fixe.

Un corps, ainsi gêné dans son mouvement par un obstacle,

est une *machine*. On comprend qu'à l'aide de cette machine, deux forces fort inégales peuvent se faire équilibre, si leur résultante rencontre l'obstacle fixe ; et qu'alors l'action de la plus faible se transmet par l'intermédiaire de la machine, en changeant de direction, et en se modifiant d'une manière qui peut être considérable.

Mais il ne suffit pas de considérer les machines à l'état d'équilibre. Il est indispensable d'étudier leur mouvement sous l'action des forces qui leur sont appliquées. Or on reconnaît toujours que ce mouvement est produit par une ou plusieurs forces dont les points d'application se déplacent de manière à développer un travail moteur, et qu'il triomphe de l'action d'autres forces dont les points d'application sont entraînés dans un sens contraire à celui qu'elles tendraient à leur faire suivre. Le travail résistant, développé par celles-ci, se trouve ainsi détruit, à l'aide de la machine, par le travail moteur des premières.

Et l'on peut dire, en général, qu'*une machine est un appareil destiné à transmettre, sous certaines conditions, l'action et le travail des forces.*

382. MACHINES SIMPLES.—Une *machine simple* est *un corps solide*, gêné dans son mouvement, et destiné à transmettre l'action et le travail des forces. En ayant égard à la nature de l'obstacle, on peut réduire les machines simples à trois principales : le *levier*, le *tour* ou *treuil*, et le *plan incliné*.

Dans la première, l'obstacle est un *point fixe*, autour duquel le corps solide a la liberté de tourner dans tous les sens.

Dans la seconde, l'obstacle est un *axe fixe*, autour duquel chaque point du corps solide n'a que la liberté de tourner dans un plan perpendiculaire à la direction de cet axe.

Dans la troisième, l'obstacle est un *plan fixe*, contre lequel le corps solide s'appuie, et sur lequel il a la liberté de glisser.

383. MACHINES COMPOSÉES. — Une *machine composée* est *l'ensemble de plusieurs machines simples* qui réagissent les unes sur les autres.

384. DISTINCTION DES DIVERSES FORCES.—On peut partager en trois classes les forces qui agissent dans les machines.

1° Les *forces mouvantes* ou *motrices*, comme le vent, la vapeur, un cours d'eau, l'action musculaire de l'homme ou de l'animal. Ce sont elles qui mettent la machine en mouvement ; on leur donne le nom de *puissance*. Le chemin parcouru par le point d'application de l'une d'elles fait toujours un angle aigu avec la direction de cette force. Le travail développé est positif ou *moteur :* nous représenterons sa valeur par T_m.

2° Les *résistances utiles :* ce sont les forces que la machine doit vaincre pour produire son effet : c'est, par exemple, la résistance d'un fardeau qu'elle doit élever, c'est celle d'une pièce qu'une scie doit diviser, c'est celle d'une meule à moudre le grain, que la machine doit mouvoir, etc. C'est pour triompher de ces résistances que la machine a été créée. Les chemins décrits par les points d'application de ces résistances vaincues font toujours des angles obtus avec les directions de ces forces. Le travail développé est négatif ou *résistant :* on le nomme le *travail utile* ; nous le représenterons par T_u.

3° Les *résistances passives* ou nuisibles, comme le frottement des diverses parties de la machine les unes sur les autres, la résistance des milieux dans lesquels elle se meut, la roideur des cordes, etc. Ces forces développent un travail résistant qui détruit une partie du travail moteur, et qui n'a aucune utilité : c'est un travail perdu ; nous le désignerons par T_p.

Indépendamment de ces diverses forces, on peut encore considérer les résistances qui naissent, dans une machine, du point fixe, de l'axe ou du plan invariable qui gêne son mouvement. Ces résistances sont assimilables aux forces que nous avons énumérées : comme les résistances passives, elles sont incapables de produire le mouvement, et elles ne peuvent servir qu'à le détruire. Rien n'empêche donc de considérer ces obstacles comme des forces égales et contraires à celles qu'ils détruisent actuellement. Mais dans les deux premiers cas (point ou axe fixe), leurs points d'application restent fixes pour tous les déplacements de la machine ; dans le dernier (plan fixe), ces forces sont normales au plan invariable. Donc le travail développé par elles est toujours nul, et l'on n'a pas à en tenir compte.

385. RELATION ENTRE LE TRAVAIL UTILE ET LE TRAVAIL MOTEUR.
—Lorsqu'une machine est en repos sous l'action des forces qui
la sollicitent, les puissances et les résistances de toute nature
se font équilibre, et la somme de leurs travaux est nulle pour
tous les déplacements possibles. Lorsque la machine est mise
en mouvement, on cherche à rendre ce mouvement uniforme,
et l'on y parvient toujours; car à mesure que le mouvement
s'accélère, les résistances vont en augmentant. Or, lorsque le
mouvement est devenu uniforme, *les forces sont dans les mêmes
conditions que si la machine était en repos;* elles se font mu-
tuellement équilibre, et la somme algébrique de leurs travaux
est nulle. On a donc alors, en tenant compte des signes,

$$T_m = T_u + T_p. \quad (1)$$

On tire de là

$$T_u = T_m - T_p.$$

Ainsi *le travail utile est l'excès du travail moteur développé par
les puissances sur le travail résistant développé par les résistances passives.*

C'est là *le principe de la transmission du travail.*

On en conclut encore

$$T_u < T_m. \quad (2)$$

Ainsi *le travail utile est toujours moindre que le travail moteur.*

Le rapport $\dfrac{T_u}{T_m}$ se nomme le *rendement* de la machine. Il est

toujours inférieur à 1. La machine est d'autant meilleure que
ce rapport est plus voisin de l'unité : mais il ne dépasse guère
$\dfrac{3}{4}$ dans les meilleures machines.

386. MOUVEMENT PERPÉTUEL.—On voit ainsi qu'une machine
ne peut transmettre plus de travail qu'elle n'en a reçu. Comme
le travail moteur est employé d'abord à vaincre les résistances
passives (qu'on peut atténuer, mais qu'on ne peut faire disparaître entièrement), la machine ne peut produire d'effet utile
si les puissances ne développent un travail supérieur à celui de
ces résistances. Elle doit donc être, dans ce cas, soumise à l'action de certaines puissances. Mais quand même l'effet utile
devrait être nul, il n'en faudrait pas moins appliquer une puis-

sance à la machine pour entretenir son mouvement uniforme, en triomphant des résistances passives. Une machine ne peut donc se passer de l'action d'un moteur; elle ne saurait être son moteur à elle-même. Il est donc impossible de construire une machine dont le mouvement se continuerait indéfiniment de lui-même, et sans l'action d'un moteur. En d'autres termes, *le mouvement perpétuel est impossible.*

387. ÉQUATION DU TRAVAIL ET DES FORCES VIVES.—Il existe une relation importante entre la variation de la force vive d'une machine en mouvement, et le travail de toutes les forces motrices ou résistantes appliquées à cette machine. Si l'on considère, en effet, l'une des pièces qui composent la machine, elle se meut de manière que la demi-variation de sa force vive est égale à la somme algébrique des travaux des forces qui la sollicitent. Or celles de ces forces qui représentent la résistance d'un point fixe, ou d'un axe fixe, ou d'un plan invariable, ne développent aucun travail; et nous n'avons à tenir compte que des forces extérieures P et des réactions R des autres pièces de la machine. On a donc, pour cette pièce,

$$\frac{1}{2} \Sigma m (v^2 - v_0{}^2) = \Sigma . T\mathrm{P} + \Sigma . T\mathrm{R}.$$

Chaque pièce donnant une équation semblable, on aura, en les ajoutant, une équation de même forme, dans laquelle le premier membre sera la demi-variation de la force vive de là machine, et le second la somme des travaux des forces extérieures et des réactions mutuelles. Or la somme des travaux développés par les réactions des pièces de la machine les unes sur les autres est nulle; car, à un moment donné, l'action d'une pièce sur une autre est égale et opposée à la réaction de la seconde sur la première, et le déplacement des points d'application est le même, puisque les pièces restent en contact. Donc, le second membre de l'équation se réduit à la somme des travaux des forces extérieures P, et l'on a :

$$\frac{1}{2} \Sigma m (v^2 - v_0{}^2) = \Sigma . T\mathrm{P}.$$

Ainsi, *la demi-variation de forces vives qui se produit entre deux positions données d'une machine en mouvement, est égale à la somme algébrique des travaux des forces extérieures, c'est-à-dire à l'excès du travail moteur des puissances sur le travail de toutes les résistances ;* ce qu'on peut écrire :

$$\frac{1}{2} \Sigma m \, (v^2 - v_0{}^2) = T_m - T_u - T_p. \quad (3)$$

388. CAS PARTICULIER.—Il peut arriver qu'une machine simple soit sollicitée seulement par deux forces, une puissance P et une résistance Q. Le problème qu'on se propose de résoudre consiste à rechercher la relation qui doit exister entre ces deux forces, pour que le mouvement, une fois produit, s'entretienne uniformément. Or ces conditions sont celles de l'équilibre des deux forces sur la machine ; car, si le mouvement est uniforme, l'équilibre existe ; et réciproquement. On pourra donc résoudre indifféremment l'une ou l'autre question : et, on le fera, en général, en égalant le travail de la puissance à celui de la résistance (abstraction faite de leurs signes).

Ainsi, en désignant par p et q les déplacements élémentaires des points d'application, estimés suivant la direction des forces, on posera : $\qquad Pp = Qq. \quad (4)$

Donc, *lorsqu'une machine de cette nature a un mouvement uniforme, la puissance et la résistance sont inversement proportionnelles aux déplacements élémentaires, estimés suivant leur propre direction, de leurs points d'application.*

Et c'est là aussi la relation qui doit exister entre P et Q, pour que ces forces se fassent équilibre sur la machine.

389. AUTRE ÉNONCÉ DU PRINCIPE PRÉCÉDENT.—Il résulte de ce qui précède que si la puissance P fait équilibre à une résistance Q qui est n fois plus forte, le déplacement p est n fois plus petit que q. C'est ce que l'on exprime, en disant :

Ce que l'on gagne en force, on le perd en chemin.

Comme le mouvement est uniforme, les espaces p et q, parcourus pendant le même temps, sont proportionnels aux vitesses des points d'application, estimées aussi suivant la direction des forces : donc on peut dire aussi :

Ce que l'on gagne en force, on le perd en vitesse.

Enfin, pour faire parcourir au point d'application de la résistance Q un espace p, que le point d'application de la puissance P parcourt dans le temps t, il faudra employer un temps nt, puisque $p = nq$. Donc :

Ce que l'on gagne en force, on le perd en temps.

390. REMARQUE.—Nous ne donnerons pas plus d'étendue à ces notions générales : les chapitres qui vont suivre contiendront les développements nécessaires à l'intelligence des machines les plus simples. Nous étudierons d'abord chaque machine, en faisant abstraction des résistances passives; puis nous consacrerons un chapitre spécial à l'influence de ces forces sur les conditions du mouvement.

CHAPITRE II.

DU LEVIER.

PROGRAMME : Équilibre et travail des forces appliquées au levier.—Des balances. Conditions à remplir pour qu'elles ne soient ni folles ni paresseuses.—Mesure de leur sensibilité.

§ I. *Équilibre et travail des forces appliquées au levier.*

391. DÉFINITION.—On appelle *levier* un corps solide, mobile autour d'un point fixe : on lui donne ordinairement la forme d'une barre droite ou courbe AB (fig. 82). Le point fixe F se nomme le *point d'appui.*

392. ÉQUILIBRE DU LEVIER, DANS LE CAS DE DEUX FORCES.— Considérons d'abord le cas où le levier est sollicité seulement par une puissance P et une résistance Q, et cherchons les conditions d'équilibre de la machine. Désignons par R la réaction exercée sur le levier par le corps F sur lequel il s'appuie ; les trois forces P, Q, R, doivent se faire équilibre, comme si le système était entièrement libre: *elles doivent donc être dans un même plan* (n° 349). Si cette

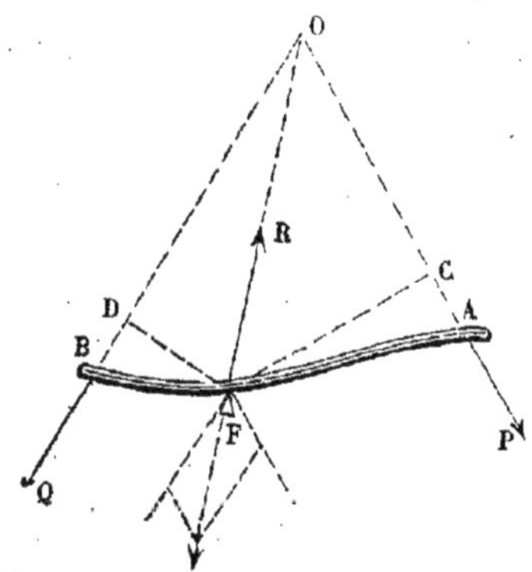

Fig. 82.

condition est remplie, il faut, en outre, que la somme des moments des forces, par rapport au point F situé dans ce plan, soit nulle (n° 354) ; et comme le moment de R est nul de lui-même, il faut que la somme algébrique des deux autres soit aussi égale à zéro : il faut donc que *les forces P et Q tendent à faire tourner le corps en sens contraire,* et, qu'en désignant

par p et par q les perpendiculaires FC, FD, abaissées du point
F sur les directions des forces P et Q, on ait :

$$P p - Q q = 0, \quad \text{ou} \quad \frac{P}{Q} = \frac{q}{p}. \quad (1)$$

Donc, pour qu'un levier soit en équilibre sous l'action d'une
puissance et d'une résistance, il faut : 1° *que ces deux forces
soient dans un même plan avec l'appui; 2° qu'elles tendent à
faire tourner la machine en sens contraires; 3° qu'elles soient
inversement proportionnelles à leurs distances au point
d'appui.*

Ce sont aussi les conditions pour que le mouvement, une
fois produit, s'entretienne uniformément.

393. CHARGE DU POINT D'APPUI.—Si les conditions d'équilibre sont remplies, les forces P et Q ont une résultante unique qui passe par le point fixe. Cette résultante est la *charge
du point d'appui : elle peut s'obtenir en transportant les
deux forces P et Q au point F, sans changer leur grandeur ni
leur sens, et en construisant le parallélogramme.* Elle est égale
et opposée à la réaction R.

CAS PARTICULIER.—Si les forces P et Q sont parallèles, les
perpendiculaires FC et FD sont en
ligne droite, et la charge du point
d'appui est la somme P $+$ Q ou la
différence P $-$ Q. Si, en outre, le
levier est droit (fig. 83), les *bras
de levier* FA, FB, sont proportionnels aux distances FC et FD. Par

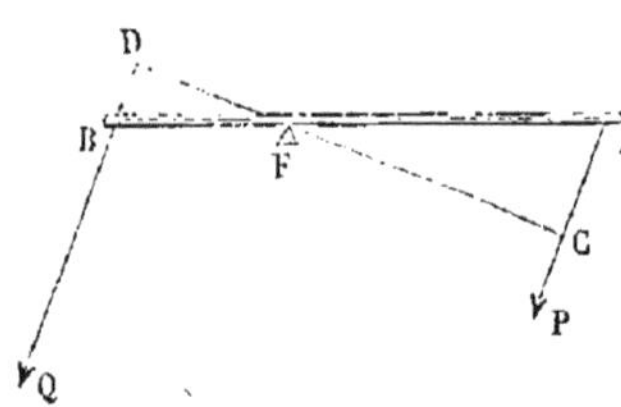

Fig. 83.

conséquent, dans l'équilibre, les deux forces P et Q sont réciproquement proportionnelles à leurs bras de levier.

394. DIVERSES ESPÈCES DE LEVIER DROIT.—On distingue ordinairement trois espèces de levier droit, suivant la position
qu'occupe le point d'appui par rapport à la puissance et à la
résistance.

Le levier du premier genre est celui dans lequel le point
d'appui F est entre les points d'application des deux forces
(fig. 83); l'avantage est à la puissance, si son bras de levier

est plus long. Telles sont les diverses espèces de balance.

Dans le levier du second genre, la résistance Q est entre le point d'appui F et la puissance P : cette dernière a toujours l'avantage. La *pince*, à l'aide de laquelle les ouvriers soulèvent les blocs de pierre, appartient à ce genre (fig. 84).

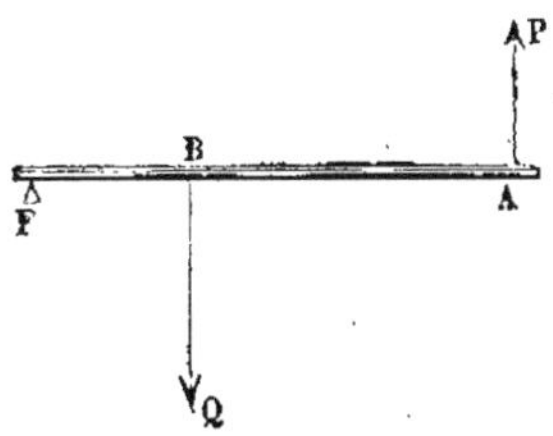

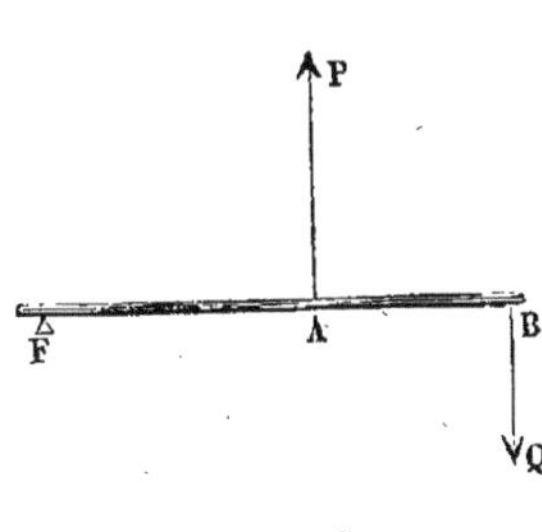
Fig. 84.

Dans le troisième genre, la puissance sépare le point d'appui de la résistance : l'avantage est alors à la résistance dont le bras de levier est le plus long (fig. 85). C'est à ce genre de levier qu'il faut rapporter le bras de l'homme ; le point d'appui est au coude, la puissance agit à l'aide d'un muscle attaché au milieu de l'avant-bras, et la résistance est le poids placé dans la main, à l'autre extrémité. C'est aussi à ce genre qu'appartient la pédale du rémouleur.

Fig. 85.

Mais la théorie de l'équilibre est la même dans tous les cas, et nous ne les distinguons que pour nous conformer à l'usage.

395. TRAVAIL DES FORCES APPLIQUÉES AU LEVIER.—On peut vérifier que, dans l'état d'équilibre, les deux forces sont en raison inverse des déplacements simultanés de leurs points d'application, estimés suivant la direction des forces, lorsqu'on imprime au levier un mouvement élémentaire autour d'un axe perpendiculaire au plan des forces. En effet, (fig. 86), soit α l'angle élémentaire dont on fait tourner la machine ; les points d'application A et B décrivent des arcs élémentaires AA', BB', proportionnels à leurs rayons FA, FB, arcs que l'on peut considérer,

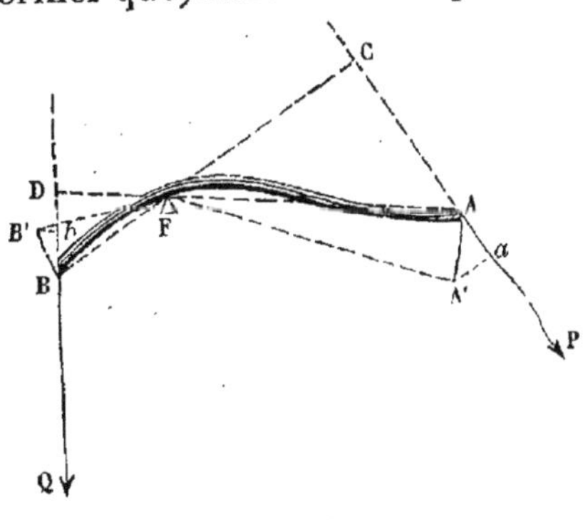
Fig. 86.

à la limite, comme des perpendiculaires à ces rayons en A et
en B. On a donc :
$$\frac{AA'}{FA} = \frac{BB'}{FB}.$$

Les projections de ces arcs sur les directions des forces sont
Aa, Bb. Or les triangles $AA'a$, AFC, ont leurs côtés perpendiculaires, et sont semblables ; donc :
$$\frac{AA'}{FA} = \frac{Aa}{FC}.$$

De même, à cause des triangles semblables $BB'b$, BFD,
$$\frac{BB'}{FB} = \frac{Bb}{FD}.$$

Donc :
$$\frac{Aa}{FC} = \frac{Bb}{FD}, \quad \text{ou} \quad \frac{Aa}{Bb} = \frac{FC}{FD}.$$

Or, puisqu'il y a équilibre,
$$\frac{Q}{P} = \frac{FC}{FD};$$

donc :
$$\frac{Q}{P} = \frac{Aa}{Bb}, \quad \text{ou} \quad P \times Aa = Q \times Bb. \quad (2) \quad \text{C.Q.F.D.}$$

La même formule montre que, *lorsque le mouvement est
uniforme, le travail élémentaire de la puissance est égal à celui
de la résistance.*

396. CAS GÉNÉRAL.—Supposons maintenant que le levier
soit sollicité par un nombre quelconque de forces P, Q, R,...,
situées dans un même plan avec le point d'appui. Il faudra,
pour l'équilibre, que la somme algébrique de leurs moments
par rapport à ce point soit nulle d'elle-même (n° 354). Si cette
condition est remplie, les forces auront une résultante passant
par le point fixe, et la charge du point d'appui sera représentée, en grandeur et en direction, par cette résultante.

Le poids du levier est une force verticale appliquée à son
centre de gravité. Si les autres forces sont contenues dans le
même plan vertical avec le point d'appui, la condition précédente sera applicable au système.

Mais si les forces ont des directions quelconques dans l'espace, trois équations deviennent nécessaires pour exprimer les
conditions d'équilibre (n° 357). On sait qu'il faut prendre trois
axes rectangulaires qui se croisent au point d'appui, et expri-

mer que les sommes algébriques des moments des forces, par rapport à chacun d'eux, sont nulles séparément.

397. REMARQUE.—Il arrive ordinairement que le levier ne fait que poser sur l'appui. Dans ce cas, les conditions que nous avons développées plus haut ne suffisent plus pour l'équilibre. Il faut, de plus (abstraction faite du frottement), que la résultante soit normale à la surface de contact, et qu'elle presse le levier contre l'appui.

§ II. *Des balances.*

398. DÉFINITION.—La *balance* est un levier du premier genre, dont les extrémités supportent, à l'aide de chaînes, les plateaux destinés à recevoir les poids que l'on veut comparer. Pour assurer la mobilité de la machine, le *fléau* est muni d'un couteau ou prisme d'acier, fixé transversalement au milieu de sa longueur, et qui fait saillie des deux côtés; ce couteau repose, par une arête déliée, sur deux plans d'acier horizontaux, fixés au pied de l'appareil. Cette arête est l'axe de rotation du fléau. Les extrémités du fléau présentent, pour les plateaux, un mode de suspension analogue (fig. 87).

Fig. 87.

399. JUSTESSE DE LA BALANCE.—On dit qu'une balance est

juste, lorsque le fléau se maintient horizontal, soit à vide, soit en présence de poids égaux placés dans les plateaux. Pour que la première condition soit remplie, *il faut et il suffit que le centre de gravité de l'appareil soit sur la verticale qui passe par l'arête du couteau, quand on donne au fléau cette position horizontale.* Pour que la seconde condition soit satisfaite, *il faut et il suffit que les bras de levier,* distances des couteaux de suspension des plateaux à l'axe de rotation, *soient rigoureusement égaux* (n° 392). Pour s'assurer de la justesse d'une balance, il ne suffit donc pas de vérifier l'horizontalité du fléau, en l'absence de tout poids : cette condition pourrait être remplie sans que les bras de levier fussent égaux. On doit mettre, en outre, deux corps en équilibre dans les plateaux, et ensuite les changer de place : si les bras de levier sont égaux, l'équilibre subsiste après le changement : mais s'ils ne le sont pas, les poids ne le sont pas non plus, puisqu'ils sont en raison inverse des bras de levier (n° 392); et le changement de place détruit l'équilibre, en faisant agir le poids le plus grand à l'extrémité du plus long bras de levier, et le poids le plus faible à l'extrémité du plus petit bras.

400. MESURE DES POIDS AVEC UNE BALANCE FAUSSE.—Lorsqu'une balance est juste, on pèse un corps en comptant le nombre de kilogrammes, grammes, etc. qui sont nécessaires pour lui faire équilibre. Si la balance est fausse, on emploie la méthode de *Borda,* dite des *doubles pesées.* On place le corps dans l'un des plateaux, et on lui fait équilibre en mettant de la grenaille ou du sable dans l'autre plateau. Lorsque le fléau est horizontal, on enlève le corps, et on le remplace par des poids étalonnés, qui rétablissent l'équilibre. Il est évident que ces poids, produisant le même effet que le corps, dans les mêmes circonstances, sont la mesure de son poids.

On peut encore, dans ce cas, employer la méthode suivante. On place successivement le corps dans les deux plateaux, en lui faisant chaque fois équilibre, à l'aide de poids étalonnés; et l'on prend *la moyenne géométrique* des deux résultats obtenus pour mesure du poids. En effet, soient P le poids cherché, p et q les poids qui lui ont fait successivement équilibre, et a

et b les longueurs des bras du fléau aux extrémités duquel ces poids agissaient, on a (n° 392) :

$$P b = p a, \quad \text{et} \quad P a = q b,$$

d'où, en multipliant ces égalités membre à membre,

$$P^2 = p q, \quad \text{ou} \quad P = \sqrt{pq}. \quad (3)$$

401. SENSIBILITÉ DE LA BALANCE; SA MESURE.—On dit qu'une balance est *sensible* lorsque, le fléau se maintenant horizontal sous l'action de deux poids égaux, un très-petit poids additionnel suffit pour la faire trébucher d'une manière appréciable. On exige, en outre, que le degré de sensibilité soit le même, quels que soient les poids placés dans les plateaux, si leur différence reste la même. Or, *pour qu'une balance juste soit sensible, il faut et il suffit : 1° que les arêtes des trois couteaux soient dans un même plan ; 2° que le centre de gravité du fléau soit au-dessous du point d'appui et très-près de ce point.*

Ces conditions sont suffisantes. En effet, si la première est

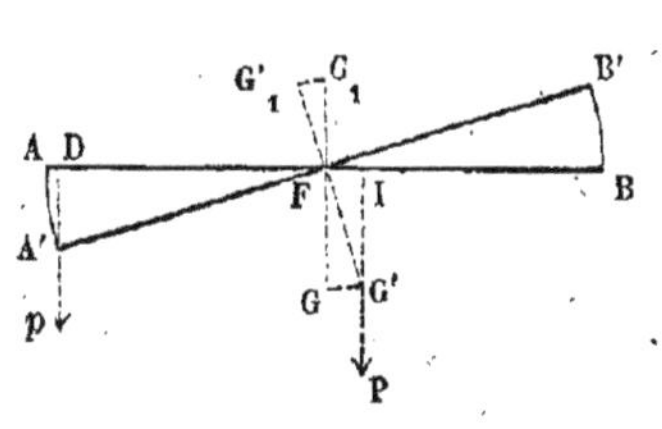

Fig. 88.

remplie, le point d'appui F (fig. 88) est constamment, quelle que soit la direction du fléau, le milieu de la droite AB qui joint les points sur lesquels agissent les poids placés dans les plateaux. Donc, si ces poids sont égaux, leur résultante passe toujours par le point F, et est détruite par sa résistance. La balance est donc dans les mêmes conditions que si les plateaux n'étaient pas chargés. Or, d'après la seconde condition, le centre de gravité de l'appareil est en G, sur la droite FG perpendiculaire à AB, et au-dessous du point F; donc, si le fléau est placé horizontalement, il doit se maintenir dans cette position ; et s'il s'incline en A'B', par une cause quelconque, le poids de la machine, appliqué en G', agit comme une force à l'extrémité du petit levier FI, et tend à la ramener à la position horizontale. Ainsi, quels que soient les poids égaux, la seule position d'équilibre est celle dans laquelle le fléau a une direction horizontale.

Si l'on place dans l'un des bassins un petit poids additionnel, le fléau s'abaisse du même côté; mais il s'arrête, lorsque le moment de ce petit poids, qui va en diminuant, est devenu égal au moment du poids de l'appareil, qui va en augmentant. Il prend ainsi une position d'équilibre, dont il est facile de calculer l'inclinaison. Soient, en effet, $2l$ et P la longueur et le poids du fléau, p le poids additionnel appliqué en A, et d la distance FG du centre de gravité G au point d'appui; désignons par α l'inclinaison A'FA du fléau dans la position d équilibre. Le moment de p est $p.$FD, ou $pl\cos\alpha$; celui de P est P.FI ou P$d\sin\alpha$. On doit donc avoir, pour l'équilibre,

$$\text{P}d\sin\alpha = pl\cos\alpha, \quad \text{d'où} \quad \tan\alpha = \frac{p}{\text{P}} \times \frac{l}{d}. \quad (4)$$

Ainsi, pour une balance donnée, $\tan\alpha$ est proportionnelle à p : l'inclinaison reste la même, quels que soient les poids employés, si leur différence p ne varie pas. On voit, en outre, que, pour un poids additionnel donné p, l'inclinaison est d'autant plus grande, ou la balance d'autant plus sensible, que la distance d est plus petite.

Mais les conditions énoncées sont nécessaires. En effet, si la distance d n'est pas très-petite, la formule (4) montre que l'angle α est très-petit, quand p est très-petit; donc si le poids additionnel est très-petit, la balance ne trébuche pas d'une quantité appréciable. On dit alors que la balance est *dormante* ou *paresseuse*. D'un autre côté, si le centre de gravité G est au point F lui-même, des poids égaux placés dans les plateaux se maintiennent en équilibre, quelle que soit l'inclinaison du fléau : car leur résultante passe toujours en F : et le plus petit poids additionnel tend à amener le fléau dans la position verticale, car pour $d = 0$, on a $\tan\alpha = \infty$: la balance, dans ce cas, est dite *indifférente*. Si le centre de gravité est au-dessus du point F, en G_1, on peut mettre en équilibre deux poids égaux, en rendant le fléau horizontal; mais c'est là un équilibre *instable;* car, la plus légère déviation plaçant le centre de gravité en G'_1, le poids de l'appareil agit de manière à renverser le fléau. Le même mouvement se produit nécessairement sous l'action d'un poids additionnel quelconque. On dit alors que la balance est *folle*. Il faut donc, pour qu'une balance soit sensible, que le centre de gravité de l'appareil soit au-dessous du point fixe et très-près de ce point.

Mais la première condition n'est pas moins nécessaire. Car si la droite, qui joint les points de suspension des plateaux, passe au-dessous du point d'appui, son milieu, dans le mouvement du fléau, passe du côté où le fléau s'élève, et la résultante des poids, appliquée en ce point, tend à ramener la droite à la position horizontale; la balance tend à devenir paresseuse, surtout pour les gros poids. Si, au contraire, la droite, qui joint les points de suspension, passe au-dessus du point d'appui, son milieu passe du côté où le fléau s'abaisse, et la résultante des poids ajoute son effet à celui du poids additionnel, pour renverser le fléau : la balance tend à devenir folle.

On prend la valeur de tang α (formule 4) pour mesure de la sensibilité de la balance.

402. REMARQUES.—Lorsqu'une balance sensible est chargée de poids trop lourds, il peut arriver que les bras du fléau fléchissent, et que les points de suspension ne soient plus en ligne droite avec le point d'appui. La balance devient paresseuse.

Lorsqu'une balance est très-sensible, la mobilité du fléau est telle qu'il ne s'arrête jamais à sa position d'équilibre sans avoir exécuté autour d'elle un grand nombre d'oscillations. Une aiguille (fig. 87), fixée au fléau dans une direction perpendiculaire, oscille avec lui, et parcourt les divisions d'un cercle gradué : lorsque, dans ce mouvement, elle s'écarte du zéro, également de chaque côté, on peut être certain que les poids sont égaux, et ne pas attendre que le fléau soit devenu horizontal.

§ III. *De la romaine.*

403. DÉFINITION.—La romaine est un levier du premier genre, dont les bras de levier sont inégaux (fig. 89). L'extrémité A du petit bras porte un crochet ou un bassin destiné à recevoir les corps qu'on veut peser. Un poids p se meut le long de l'autre bras à l'aide d'un anneau. En l'éloi-

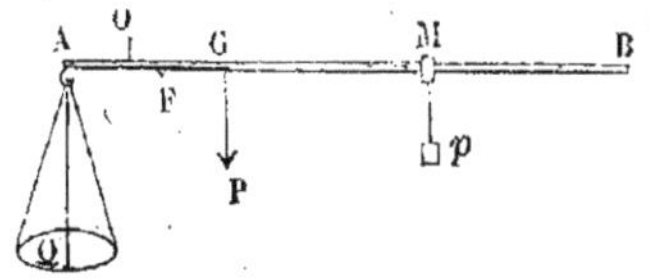

Fig. 89.

gnant suffisamment du point d'appui F, on lui donne un bras de levier qui lui permet de faire équilibre au corps placé dans le bassin; et si l'on a gradué le bras FB d'une manière convenable, la position du poids mobile p fait connaître le poids que l'on cherche.

404. PRINCIPE ET GRADUATION DE LA ROMAINE.—Pour nous rendre compte de l'usage de la romaine, et, en même temps, pour apprendre à la graduer, désignons par G le centre de gravité de la machine (levier et plateau), et par P son poids; soit $AF = r$ la longueur du petit bras de levier. Supposons qu'on fasse glisser le poids p le long du levier, et qu'on l'amène en un point O, tel que le levier demeure horizontal, le bassin étant vide; on aura la condition (n° 292):

$$p \times OF = P \times FG. \quad (5)$$

Plaçons maintenant un poids Q dans le bassin; l'équilibre sera rompu, et, pour le rétablir, il faudra transporter le poids p en un point M : alors on aura :

$$p \times FM + P \times FG = Q \times r,$$

ou, en remplaçant $P \times FG$ par $p \times OF$,

$$p \times FM + p \times OF = Qr,$$

ou encore, $$p \times OM = Qr.$$

On tire de là : $$OM = \frac{Qr}{p}. \quad (6)$$

Ainsi, *la distance du point* O *au point* M *est proportionnelle au poids* Q. Par conséquent, pour graduer la romaine, on détermine d'abord le point O, qui est le zéro de la graduation : puis on porte sur OB, à partir du point O, des longueurs égales à r, et l'on marque aux points de division correspondants les n°s 1, 2, 3,... On peut ensuite partager chaque intervalle en 10 parties égales, et donner aux nouveaux points de division les n°s 0,1, 0,2.... Si, pour équilibrer un poids Q, il faut placer le poids p en un point M, marqué n, on a

$$Q = np.$$

405. AVANTAGES DE LA ROMAINE.—L'un des avantages de la romaine est de n'exiger qu'un seul poids étalonné pour peser les différents corps. On peut remarquer encore que le point d'appui est moins chargé dans la romaine que dans la balance par les corps que l'on pèse : car, en supposant que le poids de la machine soit le même de part et d'autre, la charge de la balance est 2 Q, quand celle de la romaine est seulement $Q + p$.

§ IV. *Du peson.*

406. DÉFINITION.—Le *peson* est un levier coudé AFB, mobile autour de son sommet F, dont les deux bras font un angle

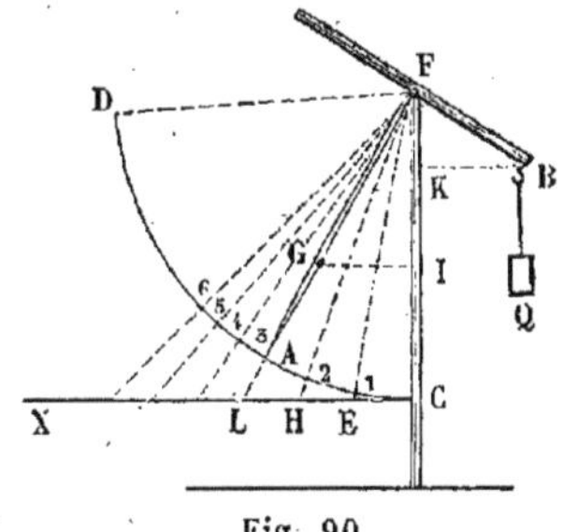

Fig. 90.

droit (fig. 90). L'une des extrémités B porte un crochet ou un plateau destiné à recevoir les corps que l'on veut peser. L'autre bras se termine en forme d'aiguille, et peut, dans son mouvement, parcourir les divisions d'un quart de cercle : cette aiguille a un certain poids, et l'on augmente quelquefois ce poids de poids additionnels. Quant au premier bras FB, il est prolongé au delà du point F, de manière que le centre de gravité de cette branche et du bassin qu'elle soutient soit en ce point, et, que, par suite, son poids soit détruit dans toutes les positions du peson par la résistance du point fixe.

407. PRINCIPE ET GRADUATION DU PESON. —Lorsqu'aucun poids n'est placé dans le bassin, l'aiguille FA est verticale, et le bras FB horizontal. Mais si l'on met un poids Q sur le plateau, le bras FB s'abaisse, et l'aiguille FA s'élève : le peson prend une position d'équilibre, dans laquelle les moments de l'aiguille et du poids sont égaux. Pour calculer cette position, soient G le centre de gravité de l'aiguille et des poids qui peuvent y être suspendus, et P son poids total : désignons par l la distance GF et par r la longueur FB. Soit, enfin, α l'angle AFC de l'aiguille avec la verticale dans la position d'équilibre. Les moments des poids P et Q appliqués, l'un en G, l'autre en B, sont $P \times GI$ ou $P l \sin \alpha$, et $Q \times BK$ ou $Q r \cos \alpha$: donc l'équation d'équilibre est :

$$P l \sin \alpha = Q r \cos \alpha, \quad \text{d'où} \quad \tan g\, \alpha = \frac{Q r}{P l}. \quad (7)$$

Ainsi la tangente de l'inclinaison de l'aiguille sur la verticale est proportionnelle au poids du corps que l'on veut peser.

De là résulte une graduation facile. On trace une tangente CX à l'arc CD : on place dans le bassin le poids qui doit servir d'unité, et on détermine le point E, où l'aiguille prolongée va rencontrer la tangente ; puis on porte sur cette tangente des longueurs EH, HL,... égales à CE ; et joignant le centre F aux points de division, on a, sur le quart de cercle, les points où l'on doit marquer les n°s 1, 2, 3... Et si l'on partage les longueurs CE, EH, HL,..., en parties égales, la même construction fournit les points de divisions intermédiaires. Lorsqu'un poids Q incline l'aiguille vers le nombre n, la mesure de ce poids est n unités de poids.

408. AVANTAGES DU PESON.—Le peson sert à peser les corps les plus considérables, car tang α peut croître jusqu'à l'infini. Mais lorsque l'angle α est très-grand, une augmentation de

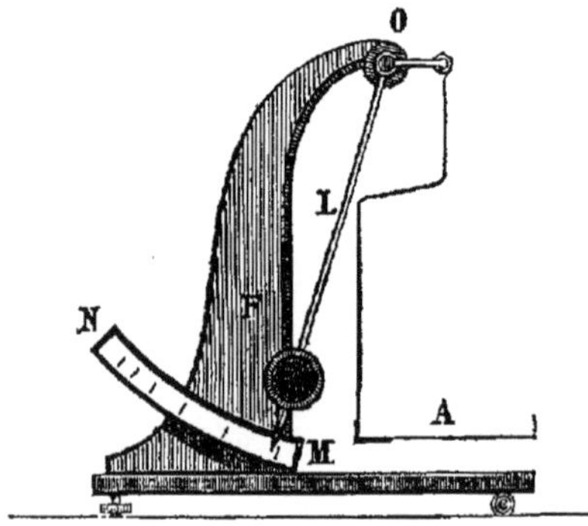

Fig. 91.

poids très-grande ne correspond qu'à une variation peu sensible de l'angle α. Il faut donc s'arranger pour que l'aiguille reste dans la partie moyenne de l'arc de cercle, et c'est ce que l'on obtient en la chargeant convenablement.

Le peson sert aussi à peser les corps les plus légers. En lui faisant subir de légères modifications de détail, on l'a employé à peser les lettres (fig. 91).

CHAPITRE III.

DU TREUIL ET DE LA POULIE.

Programme : Équilibre et travail des forces appliquées au treuil, à la poulie fixe ou mobile.—Moufles.

§ I. *Equilibre et travail des forces appliquées au treuil.*

409. DÉFINITION.—Le *treuil* ou *tour* est une machine qui n'a que la liberté de tourner autour d'un axe fixe. Il se compose ordinairement (fig. 92) : 1° d'un cylindre AB ; 2° de deux autres cylindres C et D, de même axe, d'un diamètre plus petit, adaptés à ses bases, et qu'on nomme *tourillons;* 3° d'une roue GH, dont le centre est sur l'axe, et dont le plan est perpendiculaire à l'axe. Les tourillons reposent sur deux *coussinets* cylindriques

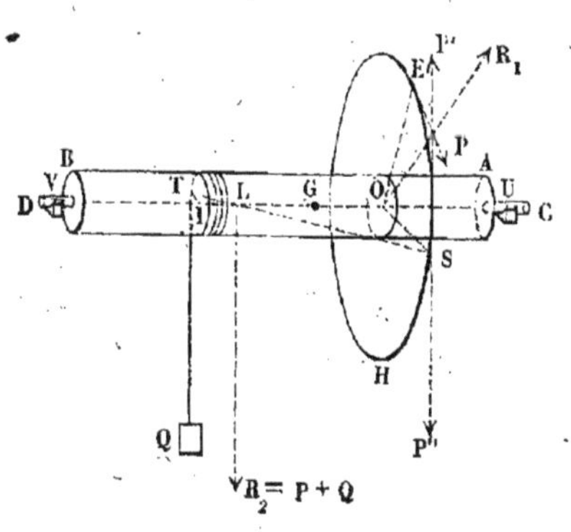

Fig. 92.

que soutiennent des appuis invariables.

La résistance Q à vaincre est appliquée à l'extrémité d'une corde qui s'enroule sur le cylindre : la puissance P agit tangentiellement à la circonférence de la roue. Quelquefois la roue est remplacée par une manivelle, ou par une barre qui traverse le cylindre à angle droit.

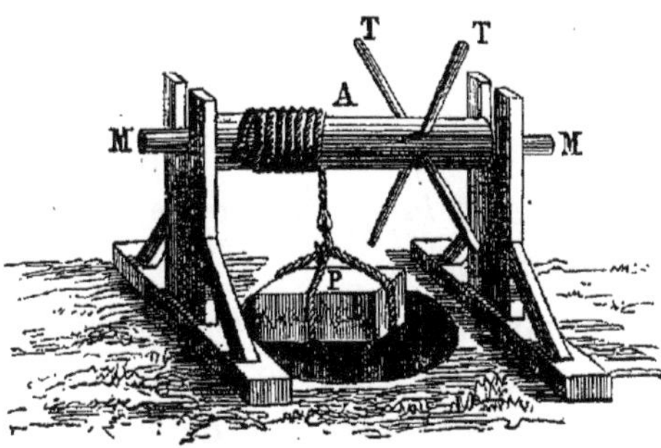

Fig. 93.

Lorsque l'axe est horizontal (fig. 93), la machine est ordi-

nairement employée à élever des poids ; elle porte alors spécialement le nom de *treuil*. On lui donne le nom de *cabestan*

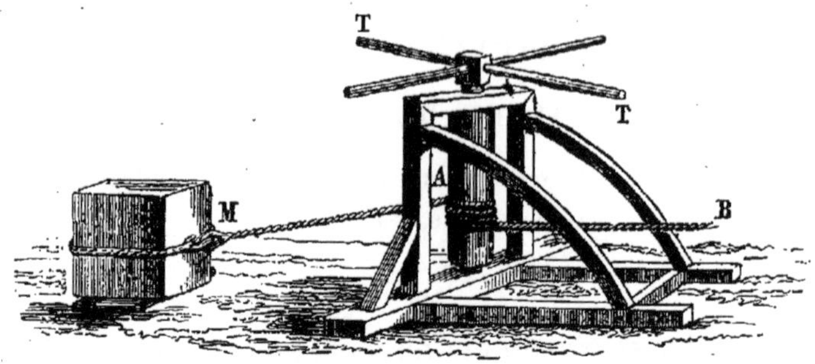

Fig. 94.

(fig. 94), lorsque l'axe est vertical. Mais les conditions de l'équilibre et du mouvement sont les mêmes dans tous les cas : nous
considérerons le treuil, de préférence, sous le premier aspect.

410. ÉQUILIBRE DU TREUIL.—Nous admettons que le centre
de gravité de la machine est un point de l'axe : ce qui arrive,
si les diverses pièces qui la composent sont homogènes. Son
poids est donc détruit, à chaque instant, par la résistance de
l'axe ; et il n'a aucune influence sur les conditions d'équilibre,
si nous faisons abstraction des résistances passives. Le système
se réduit alors aux deux forces P, Q (fig. 92). Pour que ces deux
forces se fassent équilibre, il faut et il suffit (n° 358) que la
somme algébrique de leurs moments par rapport à l'axe soit
égale à zéro. *Il faut donc que les deux forces tendent à faire
tourner la machine en sens contraires* : et si l'on désigne par R
et r les rayons de la roue et du cylindre, il faut et il suffit que
l'on ait :

$$\mathrm{PR} = \mathrm{Q}r, \qquad \text{ou} \qquad \frac{\mathrm{P}}{\mathrm{Q}} = \frac{r}{\mathrm{R}}. \qquad (1)$$

Ainsi, lorsque le treuil est en équilibre, ou animé d'un mouvement uniforme, *la puissance est à la résistance comme le
rayon du cylindre est au rayon de la roue.*

411. TRAVAIL DES FORCES APPLIQUÉES AU TREUIL.—Lorsque
le treuil a tourné d'un angle ω autour de son axe, les arcs décrits par les points d'application de la puissance et de la résistance sont respectivement Rω et rω : et comme les deux forces
restent constamment tangentes à ces arcs, leurs travaux sont

PRω et Qrω (n° 224) : donc ces travaux sont égaux, d'après l'équation (1). Donc, *le travail moteur est égal au travail utile.* Cette égalité prouve, en même temps, que *les chemins parcourus simultanément,* Rω *et* rω, *sont en raison inverse des forces* P *et* Q, ou que, ce que l'on gagne en force, on le perd en vitesse. Enfin le produit PRω étant l'expression du travail moteur correspondant à un mouvement quelconque, on voit combien il est facile d'en calculer la valeur.

412. CHARGES DES COUSSINETS.—Lorsque les conditions d'équilibre des forces appliquées au treuil sont satisfaites, chaque coussinet supporte une charge due aux deux forces P et Q et au poids même de la machine; nous allons donner le moyen d'en calculer la valeur. Soient E et T (fig. 92) les points d'application de la puissance et de la résistance, O et I les centres de la roue et de la section circulaire faite dans le cylindre par un plan mené par T perpendiculairement à l'axe. Menons les rayons OE et IT de la roue et du cylindre; puis menons le rayon OS parallèle à IT, mais de sens contraire; et appliquons au point S, en sens contraires, tangentiellement à la roue, deux forces P′ et P″ égales à P. L'équilibre n'est pas troublé, et la charge n'est pas modifiée, puisque ces deux forces se détruisent. Or les deux forces P et P′, égales entre elles, situées dans le même plan, ont une résultante unique R_1 dirigée suivant la bissectrice OR_1 de leur angle, et que l'on peut supposer appliquée en O sur sa direction. Les deux autres Q et P″ sont parallèles et de même sens; leur résultante R_2 est égale à leur somme Q + P, parallèle à leur direction, et est appliquée en un point de la droite ST qui joint leurs points d'application. Mais les rayons OS et IT étant parallèles, l'axe et la droite ST sont dans un même plan et se coupent en L; et les triangles semblables OSL, LTI, donnent:

$$\frac{TL}{LS} = \frac{r}{R}.$$

En comparant cette égalité avec la formule (1), on en conclut:

$$\frac{P}{Q} = \frac{TL}{LS}:$$

donc le point L est le point d'application de la résultante R_2 (n° 286).

Ainsi les deux forces P et Q chargent l'axe, comme le feraient les deux forces R_1 et R_2, d'intensités déterminées, appliquées sur cet axe aux points O et L, dans des directions connues. Or on peut décomposer la force R_1 en deux forces parallèles à sa direction, appliquées aux tourillons en U et en V (n° 292); on peut opérer une décomposition analogue pour la force R_2, et une troisième pour le poids du treuil, force verticale appliquée en son centre de gravité G sur l'axe. On peut enfin composer en une seule les trois forces appliquées en U, et en une seule les trois forces appliquées en V; les résultantes sont les charges des deux coussinets. Nous laissons à nos lecteurs le soin de faire le calcul [1].

413. REMARQUE.—Nous avons négligé la grosseur de la corde à laquelle est appliquée la résistance Q : cependant son diamètre a ordinairement une certaine longueur dont il faut tenir compte. Il peut arriver aussi que la puissance soit appliquée à l'extrémité d'une autre corde. Or on peut admettre que les deux forces agissent suivant les axes des deux cordons, et qu'ainsi les rayons du cylindre et de la roue sont augmentés des rayons de ces cordons. En désignant ces derniers par r_1 et R_1, l'équation d'équilibre (1) devient :

$$\frac{P}{Q} = \frac{r + r_1}{R + R_1}. \quad (2)$$

Elle ne changerait pas, si l'on avait $\dfrac{r_1}{R_1} = \dfrac{r}{R}$.

414. CAS PLUS GÉNÉRAL.—Lorsque le treuil est sollicité par des forces quelconques P, P′, P″,... faisant avec l'axe des angles ω, ω', ω'',..., il faut et il suffit, pour l'équilibre, que la somme de leurs moments par rapport à l'axe soit égale à zéro (n° 358); donc, en désignant par p, p', p'',... les plus courtes distances de ces forces à l'axe, la condition d'équilibre est :

$$\Sigma P p \sin \omega = 0. \quad (3)$$

---

[1] Nous avons recueilli cette élégante méthode aux examens de M. le colonel *Didion*, président du jury d'admission à l'École polytechnique.

§ II. *Equilibre et travail des forces appliquées à la poulie fixe ou mobile.*

415. DÉFINITION.—Une *poulie* est un cylindre circulaire de petite hauteur, sur la surface convexe duquel est creusée une gorge destinée à recevoir un cordon. Elle est mobile autour d'un axe qui passe par les centres de ses bases; une chape l'embrasse, et supporte les extrémités de l'axe.

La poulie est *fixe* (fig. 95), lorsque l'axe est fixe : elle ne peut alors que tourner autour de cet axe. Elle est *mobile* (fig. 96), lorsque l'axe est mobile; elle se déplace alors dans l'espace, en même temps qu'elle tourne.

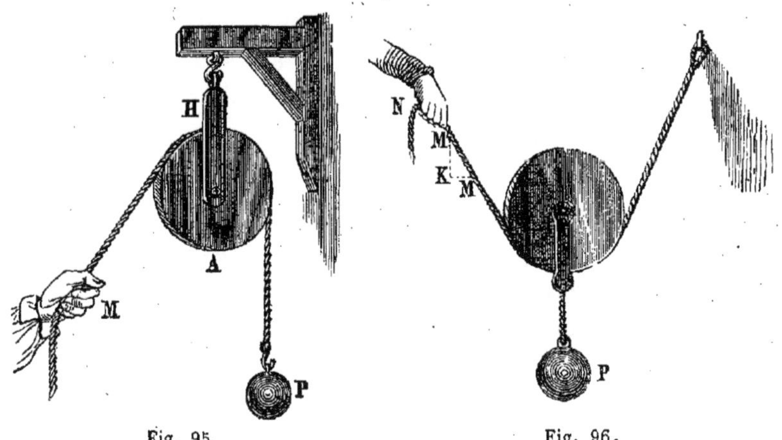

Fig. 95.   Fig. 96.

416. ÉQUILIBRE DES FORCES DANS LA POULIE FIXE.—Dans la poulie fixe (fig. 97), la chape est maintenue par un crochet F dans une position invariable, ordinairement verticale. Un cordon s'enroule sur la gorge de la poulie, et est sollicité à ses extrémités par la puissance P et la résistance Q. Le poids de la machine est détruit par la résistance de l'axe.

Que l'on mène les deux rayons CA, CB, aux points où le cordon PABQ est tangent à la circonférence, et que l'on imagine que les deux forces P et Q sont appliquées en ces points, suivant les axes des cordons. Si l'on peut considérer la machine comme un levier coudé ACB, dont les bras de levier CA, CB, sont égaux, on dira qu'il faut, pour l'équilibre (n° 392), que les forces P et Q soient égales. Si l'on peut encore la considérer comme un treuil, dans lequel le rayon de la roue égale celui du cylindre, on arrivera, pour les conditions d'équilibre, à la même conséquence (n° 410).

Mais l'assimilation n'est peut-être pas rigoureuse ; car, dans le levier et dans le treuil, la puissance et la résistance ne sont pas, comme dans la poulie fixe, appliquées aux extrémités *du même cordon*. Il est donc utile d'entrer dans quelques détails, pour justifier l'égalité P = Q. Or supposons que l'équilibre existe ; il ne sera pas troublé si l'on vient à fixer la poulie. Mais alors le système se réduit à une corde tendue à ses

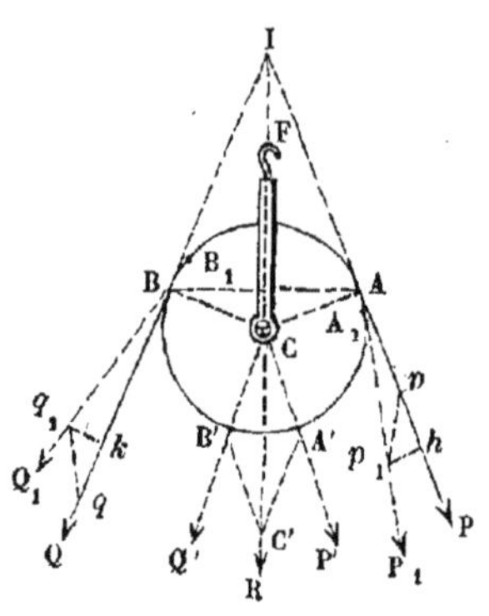

Fig. 97.

extrémités par deux forces P et Q ; et il faut, pour l'équilibre, que P = Q. Donc la condition est nécessaire. D'un autre côté, si cette condition est remplie, la corde ne peut plus se mouvoir ; on peut donc supposer qu'elle fait corps avec la poulie, et regarder les forces comme appliquées, non plus à la corde, mais au système composé du cordon et de la roue. Ce système est alors un véritable levier, dont les bras de levier sont égaux ; puisque les forces sont égales, ce levier est en équilibre. Donc la condition est suffisante.

Donc enfin, *pour qu'une poulie fixe soit en équilibre, ou tourne d'un mouvement uniforme, il faut et il suffit que la puissance soit égale à la résistance.*

La puissance n'a pas d'avantage dans cette machine, qui ne peut servir qu'à changer la direction de la force. C'est pourquoi la poulie fixe est nommée *poulie de renvoi.*

417. CHARGE DE L'AXE.—Les deux forces égales P et Q, situées dans le même plan, ont une résultante unique R, dirigée suivant la bissectrice de leur angle, et qui va, par suite, rencontrer l'axe. Cette résultante est la charge que l'axe supporte (abstraction faite du poids de l'appareil) : elle est évidemment la même que si les forces P et Q étaient transportées parallèlement à elles-mêmes en un point C de l'axe. Or les deux triangles isocèles ABC, CA′C′, ont leurs côtés perpendiculaires, et sont semblables ; donc :

$$\frac{CC'}{CA'} = \frac{AB}{AC}, \quad \text{ou} \quad \frac{R}{P} = \frac{c}{r}, \quad (4)$$

en désignant par r le rayon, et par c la corde de l'arc embrassé par le cordon.

Donc, *dans la poulie fixe en équilibre, la charge de l'axe est à la puissance ce que la sous-tendante de l'arc embrassé par la corde est au rayon.* Si l'on désigne par 2α l'angle AIB, on trouve aisément :

$$R = 2P \cos\alpha, \quad (5)$$

et l'on voit que la charge croît avec AB ; elle est maxima, lorsque $c = 2r$, $2\alpha = 0$; alors $R = 2P$. C'est le cas des cordons parallèles.

On peut d'ailleurs supposer que chaque tourillon supporte la moitié de cette charge.

418. TRAVAIL DES FORCES DANS LA POULIE FIXE.—Si l'on donne à la machine un déplacement élémentaire, en vertu duquel le cordon PABQ prend la position $P_1A_1B_1Q_1$, on voit aisément que *le travail moteur est égal au travail utile.* En effet, supposons, pour plus de clarté, que les points d'application des forces P et Q soient en p et q, et qu'ils se transportent dans le mouvement en p_1 et q_1 ; abaissons les perpendiculaires p_1h et q_1k sur les directions primitives des forces ; les travaux élémentaires de ces forces sont $P \times ph$ et $Q \times qk$. Or on peut, à la limite, regarder p_1h comme un arc de cercle décrit du point A comme centre : donc $Ah = Ap_1$; mais $Ap = A_1p_1$; donc $ph = AA_1$. On verra de même que $qk = BB_1$; mais $AA_1 = BB_1$; donc $ph = qk$. Donc $P \times ph = Q \times qk$.

Comme la force P reste constamment tangente à la roue, si la poulie tourne d'un angle ω, le travail moteur est $Pr\omega$.

419. ÉQUILIBRE DES FORCES DANS LA POULIE MOBILE.—La poulie mobile est embrassée et soutenue par une corde dont une des extrémités F est fixe, et dont l'autre est sollicitée par la puissance P (souvent par l'intermédiaire d'une poulie de renvoi). La chape supporte la résistance Q, qui est ordinairement un poids à élever (fig. 98).

Lorsque l'équilibre existe, le point fixe F oppose une résistance, que l'on peut considérer comme une force T appliquée

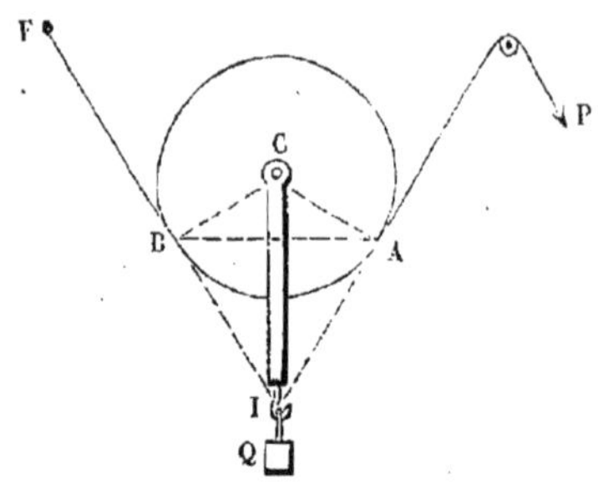

Fig. 98.

dans la direction BF ; et, en raisonnant, comme au n° 416, on voit qu'*il est nécessaire que l'on ait :* T = P. Ces deux forces, étant situées dans le même plan, ont donc une résultante dirigée suivant la bissectrice IC de leur angle ; et cette résultante doit faire équilibre au poids Q (poids dans lequel on peut comprendre le poids de la machine). Il faut donc que la chape tourne, par rapport à la poulie, de manière que la direction verticale de la force Q passe par le point I, et divise l'angle AIB des cordons en deux parties égales ; ce qui exige que *la corde* AB *soit horizontale.* Il faut, en outre, que, comme dans la poulie fixe, on ait :

$$\frac{P}{Q} = \frac{r}{AB}, \quad (6)$$

ou que *la puissance soit à la résistance, comme le rayon de la poulie est à la sous-tendante de l'arc embrassé par la corde.* En désignant par 2α l'angle AIB, on voit que AB = 2r cosα, d'où

$$P = \frac{Q}{2 \cos \alpha}. \quad (7)$$

Ces conditions sont évidemment suffisantes.

420. CAS PARTICULIERS. — *Si l'arc* AB = $\frac{\pi r}{3}$, cos α = $\frac{1}{2}$, P = Q, *la puissance est égale à la résistance. Si les deux cordons sont parallèles,* arc AB = πr, cos α = 1, P = $\frac{Q}{2}$, *la puissance est la moitié de la résistance :* c'est le cas le plus favorable à la puissance.

Si l'arc AB diminue, l'angle α augmente et tend à devenir droit ; la puissance augmente, et tend à devenir infinie. Si donc on tend un cordon horizontalement, et que l'on place au milieu une poulie portant un poids Q, le cordon doit se rompre sous l'action de ce poids, quelque petit qu'il soit, puisque sa tension doit être infinie. Si la rupture n'a pas lieu dans l'expérience, c'est que le cordon, qui n'est jamais inextensible, commence par s'allonger, et qu'alors ses deux parties, n'étant plus en ligne droite, peuvent faire équilibre au poids avec une tension finie.

421. TRAVAIL DES FORCES DANS LA POULIE MOBILE.—Le travail des forces appliquées à la poulie mobile, lorsqu'il y a équilibre, n'est pas

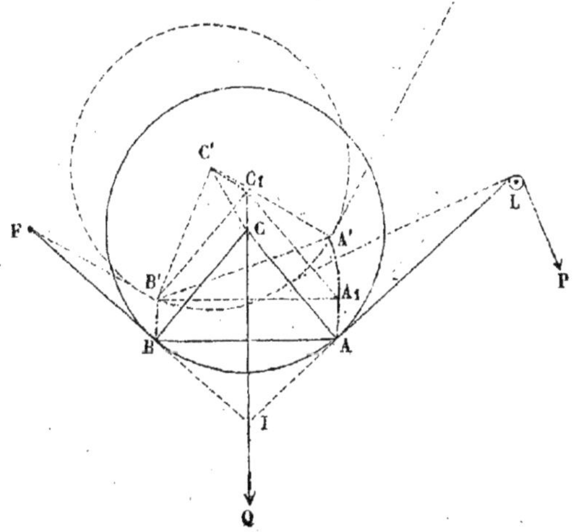

Fig. 99.

aussi facile à calculer, que dans les machines précédentes. Soient C et C′ les positions de l'axe de la poulie avant et après un déplacement élémentaire (fig. 99); AB et A′B′ les positions initiale et finale de la corde de l'arc embrassé par le cordon. Le mouvement de la poulie est complétement déterminé par la nouvelle position A′C′B′ du triangle ACB. Or on peut regarder ce mouvement comme résultant de deux autres : 1° d'une translation dans laquelle chaque point de la machine décrirait une droite égale et parallèle à BB′, translation qui amènerait le triangle ACB dans la position A_1C_1B' ; 2° d'une rotation autour du point B′, dans laquelle le triangle A_1C_1B' prendrait la position A′C′B′. Nous calculerons le travail de la puissance pour chacun des déplacements de son point d'application ; en ajoutant les deux résultats, nous obtiendrons le travail relatif au mouvement résultant ; car la projection du déplacement résultant sur la direction de la force étant la somme des projections des déplacements composants, le travail élémentaire de cette force est la somme des travaux relatifs à ces déplacements composants. Puis nous ferons un calcul analogue pour la résistance.

Soient 2α l'angle AIB des cordons, r le rayon de la poulie : désignons par ε le déplacement élémentaire BB′ du point B, et par ω l'angle élémentaire $A_1B'A'$, dont a tourné la corde AB. On a : $\varepsilon = \mathrm{BB'} = \mathrm{AA_1} = \mathrm{CC_1}$, et $\omega = \mathrm{A_1B'A'} = \mathrm{C_1B'C'}$.

On a, en outre,

$\mathrm{AB} = 2r\cos\alpha$, l'arc $\mathrm{A_1A'} = \mathrm{B'A_1} \times \omega = 2r\omega\cos\alpha$, l'arc $\mathrm{C_1C'} = r\omega$.

D'ailleurs nous supposons que le déplacement élémentaire de la machine n'a pas changé la longueur du cordon FB; de sorte que FB′ = FB, et que BB′ est, à la limite, normal à FB. Par suite, les déplacements parallèles BB′, $\mathrm{AA_1}$, $\mathrm{CC_1}$, font, avec la verticale, des angles égaux à $\frac{\pi}{2} - \alpha$; l'arc élémentaire $\mathrm{C_1C'}$, étant perpendiculaire à $\mathrm{B'C_1}$ ou parallèle à FB, fait, avec la verticale, l'angle α. Enfin l'élément $\mathrm{AA_1}$ fait, avec AL, l'angle $\alpha - \left(\frac{\pi}{2} - \alpha\right)$ ou $2\alpha - \frac{\pi}{2}$, et l'arc vertical $\mathrm{A_1A'}$ fait, avec AL, l'angle α.

Cela posé, lorsque le point A vient en $\mathrm{A_1}$, le travail de la puissance P, appliqué à ce point, est $\mathrm{P}\varepsilon\cos\left(2\alpha - \frac{\pi}{2}\right)$ ou $\mathrm{P}\varepsilon\sin 2\alpha$ (n° 219); puis, quand $\mathrm{A_1}$ vient en A′, le travail de P est $\mathrm{P.A_1A'.}\cos\alpha$, ou $2\mathrm{P}r\omega\cos^2\alpha$. Donc le travail de la puissance, lorsque son point d'application passe de A en A′, est :

$$\mathrm{P}\varepsilon\sin 2\alpha + 2\mathrm{P}r\omega\cos^2\alpha,$$

ou $\qquad T.\mathrm{P} = 2\mathrm{P}\cos\alpha\,(\varepsilon\sin\alpha + r\omega\cos\alpha). \qquad (8)$

D'un autre côté, lorsque le point C vient en $\mathrm{C_1}$, le travail de la résistance Q, appliquée à ce point, est $-\mathrm{Q}\varepsilon\cos\left(\frac{\pi}{2} - \alpha\right)$ ou $-\mathrm{Q}\varepsilon\sin\alpha$; et quand $\mathrm{C_1}$ vient en C′, le travail de Q est $-\mathrm{Q.C_1C'}\cos\alpha$, ou $-\mathrm{Q}r\omega\cos\alpha$. Donc le travail de la résistance, lorsque son point d'application passe de C en C′, est :

$$T.\mathrm{Q} = -\mathrm{Q}\,(\varepsilon\sin\alpha + r\omega\cos\alpha). \qquad (9)$$

Or la machine étant en équilibre, on a (n° 419), $\mathrm{Q} = 2\mathrm{P}\cos\alpha$; donc *le travail moteur est égal, en valeur absolue, au travail utile.*

422. ÉGALITÉ DU TRAVAIL MOTEUR ET DU TRAVAIL UTILE.—
Nous avons voulu calculer les expressions analytiques du travail moteur et du travail utile. Si nous avions voulu nous borner à constater leur égalité, nous eussions pu obtenir ce
résultat par une voie plus courte. Concevons, en effet, qu'après
avoir donné à la machine le déplacement élémentaire qui
l'amène de la position ACB à la position A'C'B', on lui imprime
un déplacement de translation égal et contraire à celui qu'a
reçu l'axe, de sorte que le point C' revienne en C, et que chaque point de la poulie et du cordon décrive une ligne droite
égale et parallèle à C'C : la somme des travaux des forces P,
Q, T, évalués dans ce dernier mouvement, est nulle (n° 350),
puisque le système est invariable, et que ces forces se font
équilibre : donc la somme des travaux développés dans le premier mouvement est la même que celle des travaux développés
dans l'ensemble des deux déplacements. Or cette dernière
somme est nulle; car, d'une part, l'axe peut être ici considéré
comme fixe, et par conséquent le travail de la force Q est nulle;
et, de l'autre, il n'y a plus à considérer que les travaux des
forces P et T dans le mouvement autour de cet axe, travaux
qui sont démontrés égaux et de signes contraires (n° 418). Donc
aussi, la somme des travaux développés dans le premier mouvement est égale à zéro.

§ III. *Des moufles.*

423. DÉFINITION.—Une *moufle* est un système de deux
chapes, l'une fixe et l'autre mobile, et dont chacune contient
plusieurs poulies, assemblées, soit sur des axes particuliers
(fig. 100), soit sur le même axe (fig. 101). Une même corde,
attachée à l'une des chapes par l'une de ses extrémités, s'enroule sur ces diverses poulies, en passant alternativement de
la chape mobile à la chape fixe, et de la chape fixe à la chape
mobile. La puissance F agit à l'extrémité libre de la corde, et
fait équilibre à la résistance P, poids suspendu à la chape
mobile.

424. ÉQUILIBRE DES FORCES DANS LES MOUFLES.—On suppose
ordinairement, ce qui a lieu d'une manière sensible, que les

cordons, qui vont d'une chape à l'autre, sont parallèles. Si l'équilibre existe, la corde doit être également tendue dans toute sa longueur, et sa tension doit être égale à la puissance F (n°s 416 et 419). Donc, si l'on désigne par n le nombre des cordons qui vont d'une chape à l'autre, on peut considérer la résistance P

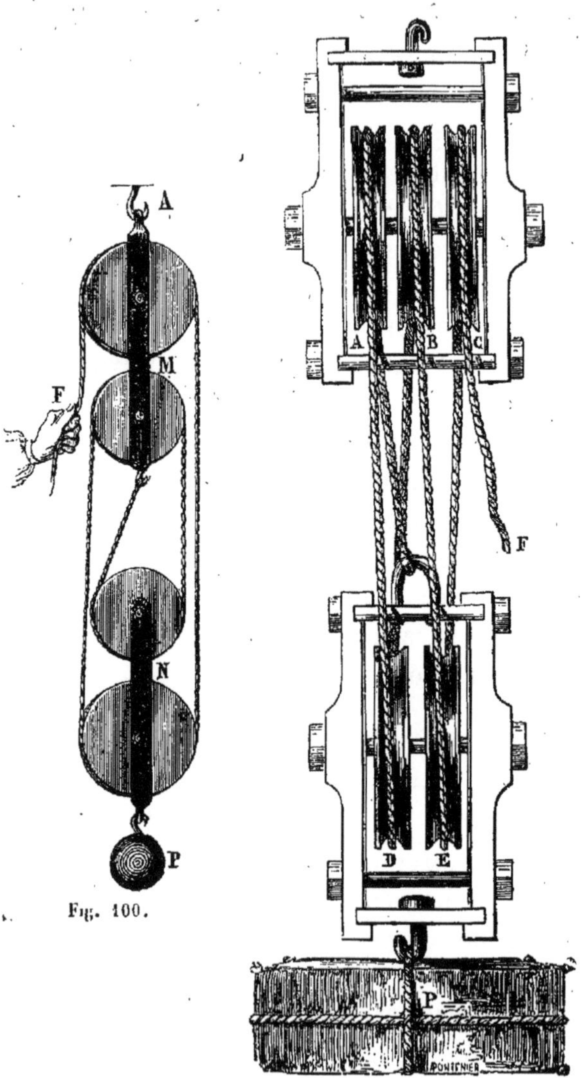

Fig. 101.

comme soutenue par n forces égales à F et parallèles entre elles. Donc : $P = nF$,   ou $\dfrac{F}{P} = \dfrac{1}{n}$.   (10)

Ainsi, *dans une moufle en équilibre, la puissance est à la résistance comme l'unité est au nombre des cordons qui vont d'une chape à l'autre.*

425. TRAVAIL DES FORCES DANS LES MOUFLES.—Lorsque dans un mouvement imprimé à une moufle en équilibre, la chape mobile a parcouru une longueur h, tous les cordons, qui vont d'une chape à l'autre, se sont raccourcis ou allongés à la fois de la quantité h : par suite, la puissance a parcouru une longueur nh. Ainsi les travaux correspondants de la puissance et de la résistance sont $F nh$ et $P h$ en valeur absolue ; et *ces travaux sont égaux,* puisque $P = nF$, à cause de l'équilibre.

CHAPITRE IV.

DU PLAN INCLINÉ.

PROGRAMME : Équilibre et stabilité d'un corps pesant posé sur un plan fixe horizontal ou incliné.—Réaction du plan.—Moments et degrés divers de stabilité.

426. ÉQUILIBRE D'UN POINT SUR UN PLAN.—Lorsqu'un point matériel est pressé contre un plan inébranlable et parfaitement poli par une force quelconque, cette force peut être décomposée en deux autres, l'une normale au plan, et l'autre située dans ce plan. La première est détruite par la résistance du plan, et ne peut faire mouvoir le point dans aucun sens ; la seconde, au contraire, a tout son effet. Donc, *pour que le point soit en équilibre, il faut et il suffit que la force soit normale au plan.*

On verra de même que, si le point s'appuie sur une surface courbe, *la force doit, pour l'équilibre, être normale à la surface ;* car on peut substituer à cette surface son plan tangent au point considéré.

Il suit de là qu'une surface polie ne peut détruire que des *pressions* normales, en opposant à ces forces des *résistances* égales et contraires.

427. ÉQUILIBRE D'UN CORPS SUR UN PLAN.—Lorsqu'un corps, sollicité par des forces quelconques (parmi lesquelles se trouve son poids), ne s'appuie sur un plan ou sur une surface inébranlable que par un seul point de contact O, il faut, pour l'équilibre, d'après ce qui précède, que toutes ces forces soient détruites par la résistance de la surface, force unique, normale, appliquée au point O. Donc, *il faut :* 1° *que toutes les forces aient une résultante unique ;* 2° *que cette résultante soit normale à la surface ;* 3° *qu'elle passe par le point de contact.*

Ces conditions sont évidemment suffisantes.

Lorsque le corps s'appuie sur un plan par plusieurs points de contact, chacun de ces points détermine une résistance normale au plan en ce point. Or toutes ces forces, parallèles et de même sens, se composent en une seule, égale à leur somme, normale au plan comme elles, et dont la direction tombe dans l'intérieur du polygone formé par les points de contact. *Il faut donc que toutes les forces appliquées au corps soient en équilibre avec cette résultante, c'est-à-dire, que toutes ces forces aient une résultante unique, normale au plan, et dirigée dans l'intérieur du polygone formé par les points de contact.* Ces conditions sont suffisantes.

Si les points de contact forment une surface finie, la résultante doit percer le plan en un des points de cette surface.

428. PRESSIONS EXERCÉES SUR LE PLAN AUX DIVERS POINTS.— Lorsque le corps ne s'appuie sur le plan que par un point O, la *pression* est la résultante des forces qui lui sont appliquées.

Lorsqu'il repose par deux points O et O′, la résultante P rencontre le plan sur la droite OO′, en un point H placé entre ces deux points (n° 427); et l'on peut décomposer cette force en deux forces parallèles p et p', appliquées en O et O′, et représentant les pressions respectives de ces deux points. Or on a vu (n° 287) que chacune de ces trois forces parallèles est pro-

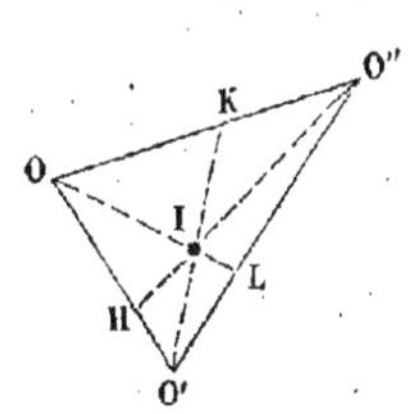
Fig. 102.

portionnelle aux distances des points d'application des deux autres : donc, si l'on représente la pression totale par la distance OO′, les deux pressions partielles p et p' seront représentées par les distances O′H et OH (fig. 102).

Si le corps s'appuie sur le plan par trois points, non en ligne droite, O, O′, O″, la résultante P des forces rencontre le plan en un point I situé dans l'intérieur du triangle OO′O″. Si l'on trace la droite OIL, on peut décomposer cette force en deux forces parallèles p et p_1, appliquées l'une en O, l'autre en L, en posant :

$$(1) \qquad p + p_1 = P, \qquad \frac{p}{IL} = \frac{p_1}{OI}. \qquad (2)$$

Puis on peut décomposer la force p_1, appliquée en L, en deux forces parallèles p' et p'', appliquées l'une en O', et l'autre en O'', en posant :

$$(3) \quad p' + p'' = p_1, \qquad \frac{p'}{O''L} = \frac{p''}{O'L}. \quad (4)$$

Et p, p', p'', sont les pressions exercées aux trois points O, O', O''.

On tire des égalités (1) et (3) :

$$p + p' + p'' = P;$$

puis l'égalité (2) donne :

$$\frac{p}{P} = \frac{IL}{OL} = \frac{O'IO''}{OO'O''}.$$

Enfin, l'égalité (4) donne :

$$\frac{p'}{p''} = \frac{O''L}{O'L} = \frac{O''OL}{O'OL} = \frac{O''IL}{O'IL} = \frac{O''OL - O''IL}{O'OL - O'IL} = \frac{OIO''}{OIO'}.$$

On conclut aisément de là que :

$$\frac{p}{O'IO''} = \frac{p'}{OIO''} = \frac{p''}{OIO'} = \frac{P}{OO'O''}. \quad (5)$$

Donc, si la pression totale est représentée par l'aire du triangle total OO'O'', la pression partielle en chaque point est représentée par l'aire du triangle formé en joignant le point I aux deux autres points de contact.

429. REMARQUE.—On reconnaît ainsi que la valeur de chaque pression reste la même, quel que soit l'ordre dans lequel on effectue la décomposition ; et, puisqu'on a trouvé,

$$p = P \times \frac{IL}{OL},$$

on a de même, $\quad p' = P \times \dfrac{IK}{O'K}, \quad p'' = P \times \dfrac{IH}{O''H},$

et, en ajoutant, $\quad \dfrac{IL}{OL} + \dfrac{IK}{O'K} + \dfrac{IH}{O''H} = 1, \quad (6)$

théorème connu de géométrie.

430. CAS D'INDÉTERMINATION.—Lorsque le corps a plus de trois points d'appui, ou même seulement trois points en ligne droite, les pressions partielles sont indéterminées. Car il y a une infinité de manières de décomposer la pression totale en forces parallèles appliquées à ces divers points (n° 299). Ce résultat, qui paraît paradoxal, est la conséquence nécessaire de l'hypothèse que nous avons faite de la parfaite solidité du corps, de l'invariabilité absolue du plan : et si, dans la réalité, les pressions en chaque point sont déterminées, c'est que le corps et le plan se sont déformés au contact, et que ces pressions dépendent essentiellement de la déformation qu'ils ont subie. Si nous savions de quelle manière les forces moléculaires qui sont en jeu autour de chaque point de contact agissent dans ces circonstances, nous pourrions écrire les conditions ou équations nouvelles qui déterminent la grandeur des pressions partielles, et le problème ne serait plus indéterminé. Mais notre hypothèse, contraire à la réalité, ne nous fournit pas les données suffisantes pour résoudre ce problème.

431. ÉQUILIBRE D'UN CORPS PESANT SUR UN PLAN INCLINÉ.— Examinons maintenant le cas simple, où un corps, de forme quelconque, est posé sur un plan inébranlable, *incliné* à l'horizon, et est sollicité seulement par deux forces, savoir : une

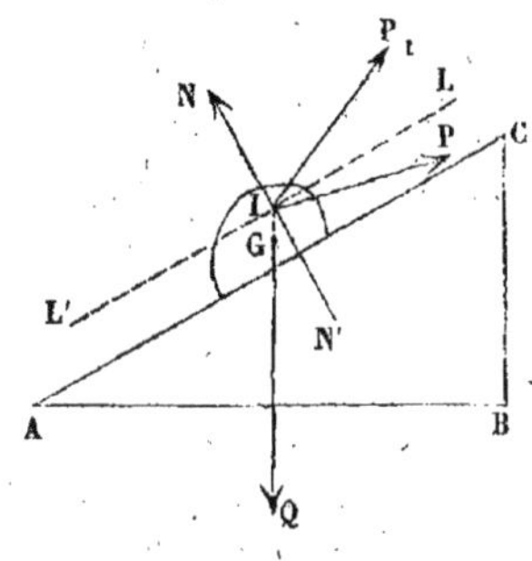

Fig. 103.

puissance P appliquée en un de ses points, et une résistance Q qui sera son poids, appliquée à son centre de gravité G (fig. 103). Pour que l'équilibre existe, il faut que ces deux forces aient une résultante normale au plan incliné (n° 427) : il faut donc qu'elles soient dans un même plan. Ce plan devant être perpendiculaire à la fois au plan incliné, parce qu'il contient la normale, et, à l'horizon, parce qu'il contient la verticale, doit être perpendiculaire à la trace horizontale du plan incliné. Si l'on fait une section par ce plan dans le système, l'horizon sera représenté par l'horizontale AB, le plan incliné par la droite AC, l'inclinaison de ce plan par l'angle BAC $= i$. Les deux forces P et Q, situées dans ce plan, vont se rencontrer en un point I ; leur résultante est dirigée suivant la normale IN', et tombe dans l'intérieur du polygone formé par les points de contact.

Menons par le point I une parallèle IL à AC, et désignons par θ l'angle LIP que la puissance fait avec cette droite. Décomposons la force P en deux autres, l'une $P \cos \theta$, dirigée suivant IL, et l'autre $P \sin \theta$, dirigée suivant IN'. Décomposons de même le poids Q en deux forces, l'une $P \sin i$, dirigée suivant IL', et l'autre $P \cos i$, dirigée suivant IN'. Enfin désignons par N la réaction normale du plan, dirigée suivant IN. Les conditions d'équilibre sont (n° 285) :

$$(7) \quad P \cos \theta = Q \sin i, \qquad N = P \sin \theta + Q \cos i. \quad (8)$$

La première fournit la relation qui doit exister entre les deux forces pour qu'il y ait équilibre, et la seconde fournit l'intensité de la pression que supporte le plan incliné dans ce cas. Cette dernière, d'ailleurs, peut s'écrire :

$$N = Q \left(\cos i + \frac{P}{Q} \sin \theta \right),$$

ou, en remplaçant $\dfrac{P}{Q}$ par sa valeur $\dfrac{\sin i}{\cos \theta}$ (formule 7), et, simplifiant,

$$N = Q \, \frac{\cos (i - \theta)}{\cos \theta}. \quad (9)$$

432. DISCUSSION.—Le poids Q et l'inclinaison i du plan sont donnés : si l'on donne aussi la puissance P, l'équation (7) fait connaître la direction de cette force ; car on a :

$$\cos \theta = \frac{Q \sin i}{P}.$$

Mais pour que l'équilibre soit possible, il faut que P soit au moins égale à $Q \sin i$. Ainsi *la plus faible valeur de la puissance, capable de retenir le poids* Q *sur le plan incliné, est* $Q \sin i$: dans ce cas, $\cos \theta = 1$, $\theta = 0$; et *la force* P *est parallèle au plan.* C'est la direction la plus favorable à la puissance.

Si P est plus grande que $Q \sin i$, l'angle θ, donné par son cosinus, a deux valeurs égales et de signe contraire, admissibles toutes les deux : la force P a deux directions IP et IP_1, également inclinées sur IL ; car, pour ces deux directions, l'équation d'équilibre (7) reste la même. Mais la réaction N du plan est, dans le cas de la direction IP_1, égale à $Q \cos i - P \sin \theta$, ou à $Q \dfrac{\cos (i + \theta)}{\cos \theta}$. Il faut d'ailleurs, dans ce dernier cas, que N soit positive, ou que l'on ait, $P \sin \theta < Q \cos i$, ou bien $\cos (i + \theta) > 0$, ou bien encore $i + \theta < \frac{\pi}{2}$.

433. CAS OU LA PUISSANCE EST PARALLÈLE AU PLAN INCLINÉ. — Si l'on abaisse, d'un point quelconque C, une perpendiculaire CB sur AB, on forme un triangle rectangle ABC, dans lequel les côtés AB, BC et AC ont reçu les noms de *base, hauteur* et *longueur* du plan incliné. Nous les désignerons par les lettres b, h, l.

Si la puissance P est parallèle à AC, $\theta = 0$, $P = Q \sin i$: or, dans le triangle ABC, $\sin i = \frac{BC}{AC} = \frac{h}{l}$: donc :

$$\frac{P}{Q} = \frac{h}{l}. \quad (10)$$

Ainsi, *la puissance parallèle au plan incliné est au poids qu'elle y retient en équilibre comme la hauteur du plan est à sa longueur.* Cette force P est égale et contraire à celle qui tend à faire descendre le corps le long du plan, c'est-à-dire, à *son poids relatif.* On voit donc que la résistance du plan incliné réduit un poids qu'il supporte à une fraction de sa valeur, représentée par $\sin i$ ou par $\frac{h}{l}$.

434. CAS OU LA PUISSANCE EST HORIZONTALE. — Si la force P est horizontale, $\theta = i$, et l'équation (7) donne $P = Q \tang i$: or, dans le triangle ABC, $\tang i = \frac{BC}{AB} = \frac{h}{b}$: donc :

$$\frac{P}{Q} = \frac{h}{b}. \quad (11)$$

Ainsi, *la puissance horizontale est au poids qu'elle retient en équilibre sur le plan incliné comme la hauteur du plan est à sa base.*

Il suit de là que le rapport $\frac{P}{Q}$ augmente ici avec $\frac{h}{b}$, ou avec $\tang i$; et il devient infini, quand $i = \frac{\pi}{2}$, c'est-à-dire quand le plan est vertical. Donc une force P, si grande qu'elle soit, ne peut retenir en équilibre un poids Q, si faible qu'il soit, en le pressant perpendiculairement contre un plan vertical, si l'on fait abstraction du *frottement*, comme nous l'avons supposé.

435. TRAVAIL DES FORCES APPLIQUÉES AU CORPS. — Si l'on donne au corps un déplacement le long du plan incliné, le point I décrit un chemin s parallèle à AC : le travail de la puissance P est, en valeur absolue, P$s\cos\theta$, et celui de la résistance est Q$s\sin i$. Donc, en vertu de l'équation (7), ces deux travaux sont égaux. Ainsi, *lorsque les deux forces se font équilibre sur le plan incliné, le travail moteur est égal au travail résistant, pour tout déplacement compatible avec les conditions du système.*

436. MOMENT DE STABILITÉ D'UN CORPS PESANT. — Lorsqu'un corps pesant repose sur un plan horizontal, les réactions du plan, aux différents points de contact, sont des forces verticales, dont la résultante est verticale elle-même, et tombe nécessairement dans l'intérieur de la figure formée par ces points. Pour que l'équilibre existe, il faut que cette résultante détruise le poids du corps; *il faut donc que la verticale qui passe par le centre de gravité rencontre aussi dans son intérieur la surface d'appui.*

Mais, lorsque cette condition est remplie, si, par une cause quelconque, le corps n'a pas la liberté de glisser sur le plan, on peut, sans troubler l'équilibre, lui appliquer une certaine force : il suffit que la résultante de cette force et du poids du corps ne tombe pas en dehors de la surface de contact. Concevons, par exemple, un parallélipipède rectangle pesant, repo-

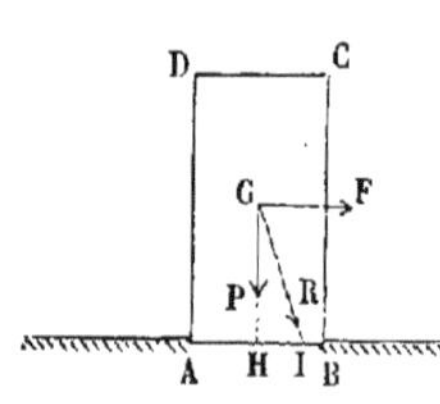

Fig. 104.

sant sur le sol horizontal et légèrement engagé dans la couche supérieure (fig. 104) : soit ABCD la coupe faite dans le corps par un plan vertical de symétrie. Si l'on applique au centre de gravité G une force F horizontale et parallèle à AB, elle tendra à faire tourner le corps autour de l'arête B :

mais ce mouvement ne se produira que lorsque la résultante GR des deux forces F et P ira rencontrer le sol en dehors de AB. Or, pour que la résultante passe en B, il faut que F $\times$ GH $=$ P $\times$ HB : donc l'équilibre subsistera, tant que l'on aura $F \times GH < P \times HB$. Le produit $P \times HB$, moment du poids du corps par rapport à l'arête B, mesure donc, en quelque sorte, l'énergie avec laquelle le poids P s'oppose à la rotation. On lui donne, en conséquence, le nom de *moment de stabilité* du corps par rapport à l'arête B.

437. DEGRÉS DIVERS DE STABILITÉ.—En général, le moment de stabilité d'un corps qui repose sur le sol varie avec l'arête que l'on prend pour axe de rotation, ou mieux encore, avec l'élément rectiligne du contour de sa base autour duquel on suppose que le mouvement s'opère. On comprend dès lors que le moment de stabilité est susceptible d'un minimum, et que ce minimum correspond à l'axe le plus voisin du pied de la verticale qui passe par le centre de gravité.

Si la verticale rencontre le contour de la base, le minimum est nul. Il devient négatif si elle tombe en dehors; alors l'équilibre est impossible, et le corps tourne autour de l'élément le plus voisin, à moins qu'une force convenable, dont le moment, par rapport à cet axe, serait au moins égal à celui du poids, ne s'oppose à ce mouvement.

Ainsi, pour que la stabilité d'un corps pesant sur un plan horizontal soit assurée, il faut que son moment minimum soit supérieur à l'excès de la somme des moments des forces qui tendent à le faire tourner sur la somme des moments des forces qui tendent à le retenir.

Les mêmes considérations s'appliquent au cas où le corps repose sur un plan incliné, sans avoir la liberté de glisser le long du plan. Il demeure en équilibre, si la verticale menée par son centre de gravité rencontre la surface d'appui; et sa stabilité est d'autant plus grande, que cette verticale est plus éloignée de l'élément autour duquel il pourrait tourner.

CHAPITRE V.

DU FROTTEMENT.

Programme : Lois expérimentales du frottement : 1º à l'instant du départ;
2º pendant le mouvement.—Expériences de Coulomb relatives au frottement des corps.—Mouvement uniforme et équilibre d'un corps sur un
plan incliné, en supposant ce corps uniquement soumis à l'action de la
pesanteur et au frottement du plan.—Cas du mouvement uniformément
accéléré.—Équation du travail et des forces vives.— Portion du travail
absorbée par le frottement.—Frottement dans la poulie fixe.

---

438. Diverses sortes de résistances passives.—En étudiant, dans les chapitres qui précèdent, les conditions d'équilibre ou de mouvement uniforme des diverses machines simples, nous avons négligé, à dessein, l'influence des résistances
passives. Il convient maintenant de dire en quoi consiste cette
influence qui est quelquefois considérable, et comment on doit
en tenir compte.

On distingue ordinairement, dans les machines, quatre
espèces de résistances passives :

1º *La roideur des cordes.* Nous avons supposé les cordes, les
courroies, parfaitement flexibles et inextensibles : or, si l'on
peut négliger leur extensibilité, qui, en général, est très-faible,
et qui, d'ailleurs, ne se produit que dans les premiers instants
du mouvement, il n'en est pas de même de leur défaut de
flexibilité, lequel produit, à tout moment, une résistance continue aux points où la corde ou la courroie doit s'enrouler ou
se dérouler.

2º *Le frottement de glissement,* ou *frottement de première
espèce.* Nous avons admis que les corps en contact étaient parfaitement polis, et qu'en conséquence, les pressions exercées
ne pouvaient être que normales à leurs surfaces. Mais il n'en
est pas ainsi dans la nature : en réalité, les corps les plus durs

et les mieux polis sont hérissés d'aspérités qui s'engagent les unes dans les autres, lorsqu'une pression quelconque les maintient en contact ; et il faut, pour faire glisser deux surfaces l'une sur l'autre, détruire la résistance que ces aspérités opposent au mouvement. Cette résistance est souvent considérable, elle est comparable aux forces mêmes qui sont en jeu dans les machines. C'est pour cela que l'application d'un travail convenable est nécessaire, non-seulement pour produire, mais aussi pour entretenir le mouvement d'une machine.

3o *Le frottement de roulement,* ou *de seconde espèce.* Cette résistance au mouvement est beaucoup moindre que la précédente, on le comprend aisément.

4o *La résistance des milieux.* Comme une machine se meut, en général, dans l'air ou dans l'eau, elle communique aux molécules de ces milieux un mouvement qui ne peut se produire qu'aux dépens de la force motrice.

Nous n'avons pas à exposer ici complétement comment agissent ces diverses résistances : nous nous bornerons à étudier la seconde, c'est-à-dire, *le frottement de glissement,* ou simplement le frottement, qui est de beaucoup la plus importante.

§ I. *Lois expérimentales du frottement.*

439. DU FROTTEMENT.—Lorsqu'un corps pesant repose sur une surface plane horizontale, l'expérience prouve qu'une force horizontale F, d'une certaine intensité, est nécessaire pour le mettre en mouvement. Il faut donc admettre, que, dans le cas où la force est trop faible pour produire le mouvement, la réaction de la surface sur le corps se compose, non-seulement de la pression normale, mais encore d'une force tangentielle égale et contraire à la force appliquée. C'est cette réaction tangentielle qui constitue le *frottement.* A mesure que la force F croît, le frottement, toujours égal et contraire à F, croît également ; mais il arrive un instant où il cesse de croître ; alors il est détruit par cette force, et le mouvement commence. La valeur de la force F, à ce moment, est la mesure du *frottement au départ.*

Lorsqu'un corps pesant se meut sur un plan horizontal, en vertu d'une vitesse acquise, l'expérience prouve que la vitesse diminue, et finit par s'annuler ; tandis qu'elle devrait demeurer constante, si la réaction du plan était tout entière normale. Il faut donc admettre encore, que, pendant le mouvement, le corps éprouve de la part de la surface une réaction tangentielle. Cette réaction est le *frottement pendant le mouvement*. Si l'on appliquait au corps une force tangentielle capable d'entretenir son mouvement uniforme, cette force détruirait, à chaque instant, le frottement pendant le mouvement ; et elle pourrait, par conséquent, lui servir de mesure.

Nous admettrons donc que, lorsque deux surfaces sont en contact, il existe, outre la pression normale N qu'elles exercent l'une sur l'autre, une force tangentielle F, toujours opposée au mouvement qui a lieu ou qui tend à se produire. Nous représenterons par f le rapport entre le frottement et la pression normale, à un moment donné, en sorte que $F = fN$: on nomme ce rapport le *coefficient de frottement*. On considère plus particulièrement sa valeur : 1° à l'instant où le mouvement commence : c'est alors le coefficient de frottement *au départ ;* 2° pendant que l'une des surfaces glisse sur l'autre : c'est le coefficient de frottement *pendant le mouvement.*

Si l'on composait en une seule les deux forces N et fN, la direction de leur résultante $N\sqrt{1 + f^2}$ ferait, avec la normale, un angle dont la tangente serait $\dfrac{fN}{N} = f$. On représente cet angle par φ ; et on le nomme *l'angle de frottement*. On a donc, par définition, $\tang\varphi = f$. On considère spécialement l'angle de frottement au départ, et l'angle de frottement pendant le mouvement. On verra tout à l'heure quelles sont les lois qui régissent φ et f.

440. EXPÉRIENCES D'AMONTONS.—Les premières recherches sur le frottement ont été faites par *Amontons*. Ce physicien se servait d'un plan mobile autour d'une charnière horizontale : il plaçait un corps sur ce plan, et faisait tourner lentement le plan autour de la charnière, jusqu'au moment où le corps, sollicité par son poids, venait à glisser le long du plan incliné. A cet instant, la composante du poids, parallèle à la ligne de plus grande pente, devenait supérieure au frottement, et pouvait lui servir de mesure. Donc, en désignant l'inclinaison du plan par i, le poids du corps par P, le frottement par F, et la pression normale par N, on avait :

$$F = P \sin i, \quad N = P \cos i, \quad F = N \operatorname{tang} i. \quad (1)$$

Or Amontons trouvait que l'angle i était constant, quel que fût le poids du corps, les autres circonstances restant les mêmes : il en concluait que le *frottement est proportionnel à la pression normale*.

441. APPAREIL DE COULOMB.—Mais les expériences d'Amontons renfermaient trop de résultats contradictoires pour être acceptées par la science. Et ce fut *Coulomb* qui, le premier, en 1781, démontra les véritables lois du frottement. Sur deux

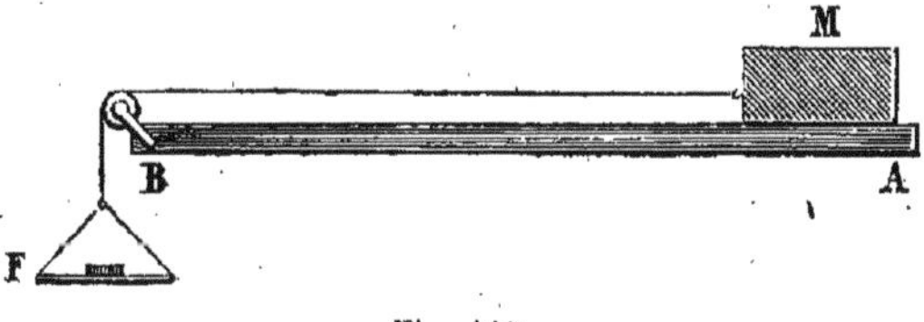

Fig. 105.

madriers horizontaux juxta-posés AB (fig. 105), était fixé un troisième madrier en chêne, long de 8 pieds, large de 16 pouces. Un traîneau M, en forme de caisse, de 18 pouces de large, qu'il chargeait de poids, pouvait glisser sur ce dernier madrier, et le parcourir dans sa longueur. Une corde flexible, attachée au traîneau, venait, dans une direction horizontale, s'enrouler sur la gorge d'une poulie très-mobile B, placée, entre les deux premiers madriers, à l'un des bouts de l'appareil; elle portait à son autre extrémité un plateau F, également chargé de poids, et qui pouvait descendre verticalement dans un puits ayant une profondeur de quatre pieds.

Coulomb chargeait d'abord le traîneau; puis il accumulait graduellement les poids sur le plateau, jusqu'au moment où le mouvement commençait. Le traîneau chargé lui donnait la mesure de la pression normale exercée, et le plateau chargé lui permettait de déterminer la force de traction horizontale qui produisait le mouvement, force égale et contraire au frottement du fond de la caisse sur le madrier. Coulomb observait ensuite la loi du mouvement, en mesurant, à l'aide d'un pendule battant les demi-secondes, le temps que le chariot mettait à atteindre les points de repère marqués sur le madrier.

Pour varier la nature des surfaces frottantes, il clouait sur le madrier supérieur deux longuerines de l'une des matières à éprouver, et sous le fond de la caisse des patins de l'autre matière. Pour varier leur étendue, il changeait la forme des patins.

442. LOIS DU FROTTEMENT.—Voici à quelles lois de nombreuses expériences ont conduit Coulomb.

PREMIÈRE LOI : *Le frottement est, pour certains corps, plus grand au départ que pendant le mouvement : pour d'autres corps, il est le même.* Les corps durs, élastiques, tels que le fer, l'acier, etc., sont de la dernière catégorie ; les bois, les cuirs, corps mous et compressibles, font partie de la première. Il était facile de vérifier cette loi. En effet, la charge du plateau, au moment du départ, était la mesure de l'intensité du frottement initial. Or, pour certains corps, sous l'action de cette charge, une vitesse initiale, donnée au chariot, se maintenait constante : donc le frottement ne variait pas. Pour d'autres, cette vitesse allait s'accélérant ; donc le frottement au départ diminuait pendant le mouvement.

443. DEUXIÈME LOI : *Le frottement pendant le mouvement est indépendant de la vitesse.* Pour le prouver, Coulomb chargeait le plateau du poids nécessaire pour entretenir un mouvement uniforme donné : puis il imprimait au système une vitesse différente, et il constatait que le mouvement demeurait uniforme. Mais on peut arriver à la même conséquence, en étudiant le mouvement varié qui résulte d'une charge quelconque du plateau. En effet, en mesurant, comme nous l'avons dit, les espaces parcourus et les temps employés à les parcourir, et en construisant et discutant la courbe des espaces (n° 40), on reconnaît que le mouvement du chariot est uniformément accéléré ; et l'on peut, par suite, déterminer l'accélération γ de ce mouvement par la formule $\gamma = \dfrac{2e}{t^2}$ (n° 37). Or désignons par P le poids du plateau et de sa charge, par Q le poids du traîneau et de sa charge : le plateau possédant une accélération γ et une masse $\dfrac{P}{g}$, la force qui le fait descendre est $\dfrac{P\gamma}{g}$

(n⁰ 178); la tension T de la corde détruit le reste de son poids $P - \dfrac{P\gamma}{g}$, et lui est égale; ainsi l'on a :

$$T = P - \frac{P\gamma}{g}. \quad (2)$$

Cette tension, abstraction faite de la masse de la corde et de celle de la poulie, se transmet sans perte au chariot; et c'est l'excès de cette force sur le frottement F qui met le chariot en mouvement. D'un autre côté, le chariot ayant une masse $\dfrac{Q}{g}$ et une accélération γ, la force qui le meut est $\dfrac{Q\gamma}{g}$; donc on a :

$$T - F = \frac{Q\gamma}{g}. \quad (3)$$

Éliminant T entre les équations (2) et (3), on a :

$$F = P - \frac{(P + Q)\gamma}{g}; \quad (4)$$

formule à laquelle on arriverait immédiatement, en remarquant que, d'une part, le système en mouvement est une masse $\dfrac{P+Q}{g}$, possédant une accélération γ, et que, d'autre part, la force qui le met en mouvement est $P - F$; de sorte que

$$P - F = \frac{P+Q}{g}\gamma. \quad (4)$$

Cette formule montre bien que le frottement est constant, pendant toute la durée du mouvement, quelle que soit la vitesse initiale; et elle permet d'en calculer la valeur [1].

444. TROISIÈME LOI : *Le frottement au départ et le frottement pendant le mouvement sont, l'un et l'autre, proportionnels à la pression,* pourvu toutefois que cette pression ne soit pas trop considérable. La formule (4) fournit le moyen de vérifier numériquement cette loi, et de démontrer que le rap-

---

[1] Il faut remarquer ici avec soin, comme nous l'avons déjà mentionné une fois (n⁰ 374), que la tension T n'est pas égale au poids P, parce que le mouvement n'est pas uniforme, et qu'il y a une partie de ce poids employée à accélérer le mouvement.

port $\dfrac{F}{Q}$ ne varie pas, quand les surfaces frottantes restent les mêmes, quel que soit le poids P du plateau chargé. C'est ce rapport que nous avons représenté par f, et qu'on nomme le *coefficient de frottement*. Ainsi l'on a toujours

$$F = fQ. \quad (5)$$

445. QUATRIÈME LOI : *Le frottement au départ et le frottement pendant le mouvement sont tous deux indépendants de l'étendue des surfaces en contact.* Cette loi se vérifie immédiatement en variant l'étendue des surfaces, sans changer leur nature. Elle est d'ailleurs une conséquence de la précédente. Car supposons qu'un même corps glisse sur un même plan, en mettant successivement en contact avec ce plan des surfaces d'étendue différente, dont le rapport est m; la même pression sera répartie dans le premier cas sur une surface m fois plus grande que dans le second ; chaque élément superficiel supportera par suite une pression m fois plus petite, et son frottement sera m fois moindre ; mais les éléments étant m fois plus nombreux, le frottement total sera le même.

Cependant, si l'une des surfaces prenait la forme d'un couteau tranchant qui lui permît de pénétrer dans l'autre, la loi précédente ne serait plus applicable.

446. CINQUIÈME LOI : *Le frottement varie avec la nature et le degré de poli des surfaces en contact, et avec la nature des enduits dont elles peuvent être revêtues.* On verra, par le tableau que nous allons donner, dans quelles proportions considérables peut varier le frottement, lorsqu'on fait varier la nature ou le poli des surfaces frottant à sec, combien les enduits diminuent le frottement dans les machines bien graissées, et comment ces enduits font disparaître à peu près toute différence entre les diverses surfaces.

447. APPAREIL ET EXPÉRIENCES DE M. MORIN.—M. Morin a repris, en 1831, les expériences de Coulomb ; et il a vérifié les lois découvertes par le célèbre physicien, en employant des appareils d'une précision plus grande. Le principal perfectionnement qu'il a apporté à la méthode de son devancier, con-

siste dans l'appareil qui lui a servi à étudier les lois du mouvement du chariot. Un large disque en cuivre, recouvert d'une
feuille de papier, était fixé à l'axe de la poulie qui transmettait
au traîneau l'action de la charge du plateau, et il tournait avec
elle. Un pinceau imbibé d'encre de Chine, disposé en avant du
disque, recevait d'un mécanisme d'horlogerie un mouvement
uniforme de rotation autour d'un axe parallèle à celui de la
poulie, et traçait sur le papier une courbe dont la nature dé-
pendait des deux mouvements. C'est de l'étude de cette courbe
que M. Morin concluait la loi du mouvement du traîneau. En
effet, soient O le centre du disque (fig. 106), et I celui du petit

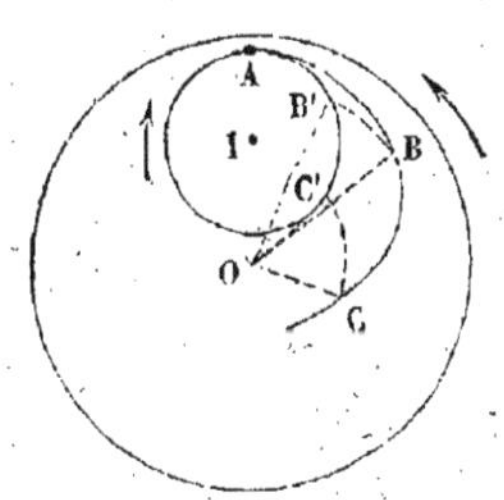

Fig. 106.

cercle que décrirait le pinceau sur le disque immobile. Supposons que le mouvement d'horlogerie fasse parcourir au
pinceau les arcs égaux AB′, B′C′,... chacun en une seconde. Et soit ABC... la
courbe que trace réellement le pinceau
sur le disque, en vertu du double mouvement. Au départ, le pinceau est en A :
au bout d'une seconde, il est en B′; mais, à cause du mouvement du disque, c'est le point B qui est venu se placer sous sa
pointe : le disque a donc tourné de l'angle B′OB pendant la
première seconde. Au bout de deux secondes, le pinceau est
en C′; mais il a marqué alors le point C sur le disque; celui-ci
a donc tourné de l'angle C′OC pendant la deuxième seconde.
On voit qu'on peut obtenir les angles dont le disque a tourné
pendant chacune des secondes du mouvement, en décrivant,
du point O comme centre, les arcs B′B, C′C,...., jusqu'à la rencontre de la courbe ABC. Or ces angles sont proportionnels
aux arcs décrits par un point quelconque de la circonférence
de la poulie, et, par suite, aux chemins parcourus par le traîneau. Leur lecture faisait donc connaître les espaces parcourus
en fonction du temps : et comme ces espaces étaient trouvés
proportionnels aux carrés des temps, M. Morin en concluait que
le mouvement du traîneau était uniformément accéléré. D'ailleurs la valeur de l'angle décrit pendant la première seconde
lui faisait connaître le chemin parcouru dans le même temps

par le traîneau : en doublant ce chemin, il obtenait l'accélération γ.

448. TABLEAU RÉSUMÉ DES COEFFICIENTS DE FROTTEMENT USUELS.—Les expériences de M. Morin ont porté sur un grand nombre de corps et d'enduits différents ; il les a multipliées pendant trois années; on peut en lire les détails dans ses Mémoires insérés aux tomes IV et VI des *Savants étrangers*. Nous nous bornerons à donner quelques-uns des résultats qu'il a obtenus, et qui doivent servir dans les mouvements des machines.

SURFACES EN CONTACT.	COEFFICIENT f DE FROTTEMENT.	
	Au départ.	Pendant le mouvement.
Bois sur bois, à sec.	0,50	0,36
Bois sur bois, mouillés d'eau.	0,68	0,25
Bois sur bois, enduits de savon sec.	0,36	0,14
Bois sur bois, enduits de suifs.	0,19	0,07
Bois sur métaux, à sec.	0,60	0,42
Bois sur métaux, mouillés d'eau.	0,65	0,24
Bois sur métaux, enduits de suif ou de saindoux.	0,12	0,07
Cordes ou chanvre en brin sur bois, à sec.	0,63	0,45
Cordes ou chanvre en brin sur bois, mouillés d'eau.	0,87	0,33
Courroies en cuir sur bois, à sec.	0,47	0,30
Courroies en cuir sur métal, à sec.	0,54	0,30
Courroies en cuir sur métal, et onctueuses.	0,28	0,18
Métaux sur métaux, à sec.	0,18	0,18
Métaux sur métaux, avec saindoux.	0,10	0,09

§ II. *Application au mouvement et à l'équilibre d'un corps pesant sur un plan incliné.*

449. CONDITIONS D'ÉQUILIBRE D'UN CORPS PESANT, PLACÉ SUR UN PLAN INCLINÉ, ET SOUMIS A LA SEULE ACTION DE LA PESANTEUR ET DU FROTTEMENT.—Considérons un corps pesant, de poids P, placé, sans vitesse initiale, sur un plan incliné d'un angle i sur l'horizon ; et soit f le coefficient de frottement au départ, qui convient aux surfaces en contact. La force P se décompose en deux autres; l'une, P cos i, est perpendiculaire au plan; elle est détruite par sa résistance, et elle mesure la pression normale : l'autre, P sin i, est parallèle au plan, et tend à faire descendre le corps le long du plan. Le corps descendrait donc, s'il n'était pas retenu par le frottement, qui s'exerce toujours en sens contraire de tout mouvement qui tend à se produire. Or ce frottement au départ serait fP cos i (n° 444), et serait de sens contraire à la composante P sin i. Donc, *tant que l'on aura* P sin $i < f$P cos i, ou tang $i < f$, ou $i < \varphi$ (n° 439), la gravité ne sera pas suffisante pour faire descendre le corps : *il restera en équilibre sur le plan incliné. L'équilibre subsistera encore, mais il sera sur le point de cesser, si l'on a*, tang $i = f$, ou $i = \varphi$. Mais *si l'on a*, tang $i > f$, ou $i > \varphi$, la gravité l'emportera, et *le corps glissera le long du plan incliné.*

450. MOUVEMENT UNIFORME D'UN CORPS PESANT, ANIMÉ D'UNE VITESSE INITIALE DIRIGÉE VERS LE BAS.—Supposons maintenant que le corps pesant soit animé d'une vitesse initiale v_0, dirigée vers le bas, suivant la ligne de plus grande pente ; et désignons par f' le coefficient de frottement pendant le mouvement. Le frottement est, dans ce cas, dirigé vers le haut, et égal à f'P cos i. Par conséquent la force qui sollicite le corps, parallèlement au plan, est la différence entre P sin i et f'P cos i. Si cette différence est nulle, c'est-à-dire si l'on a, P sin $i = f'$P cos i, ou tang $i = f'$, le corps se meut en vertu de la seule vitesse initiale v_0; *le mouvement est uniforme.* C'est d'ailleurs, comme on va le voir, le seul cas où le mouvement puisse être uniforme.

451. CAS DU MOUVEMENT UNIFORMÉMENT ACCÉLÉRÉ.—Lorsque l'on a P sin $i > f'$P cos i, ou tang $i > f'$, la force, qui sollicite le corps, est P sin $i - f'$P cos i; elle est constante : et, comme elle est dirigée vers le bas, c'est-à-dire de même sens que la vitesse initiale, *le mouvement est uniformément accéléré.* D'ailleurs, en désignant par φ' l'angle du frottement qui convient au mouvement, c'est-à-dire, en posant, tang $\varphi' = f'$, cette force a pour expression, P (sin i - tang φ' cos i), ou P $\dfrac{\sin (i - \varphi')}{\cos \varphi'}$

et, si m est la masse du mobile, l'accélération qu'elle lui imprime est :

$$\gamma = \frac{P}{m}\,\frac{\sin(i - \varphi')}{\cos\varphi'}, \quad \text{ou} \quad \gamma = g\,\frac{\sin(i - \varphi')}{\cos\varphi'}. \qquad (6)$$

Par suite, les équations du mouvement sont (nᵒˢ 30 et 33) :

$$v = v_0 + g\,\frac{\sin(i - \varphi')}{\cos\varphi'}\,t, \quad e = v_0 t + \tfrac{1}{2}g\,\frac{\sin(i - \varphi')}{\cos\varphi'}\,t^2. \qquad (7)$$

En comparant ces formules à celles de la chute verticale des corps (nᵒ 44), on voit que l'accélération est diminuée dans le rapport de $\sin(i - \varphi')$ à $\cos\varphi'$; par suite, la vitesse et l'espace parcouru, à l'époque t, sont plus petits : mais la nature du mouvement reste la même; et l'on comprend que Galilée a pu, au moyen de cet appareil, étudier plus facilement les lois de la chute des graves.

452. CAS DU MOUVEMENT UNIFORMÉMENT RETARDÉ.—Lorsque l'on a, au contraire, $P\sin i < f'P\cos i$, ou $\tang i < f'$, la force qui sollicite le corps, est $f'P\cos i - P\sin i$, ou $P\dfrac{\sin(\varphi' - i)}{\cos\varphi'}$; elle est constante, mais dirigée vers le haut, c'est-à-dire, en sens contraire de la vitesse initiale : *le mouvement est donc uniformément retardé, dirigé vers le bas*, et ses équations sont :

$$\left.\begin{aligned} \gamma = -g\,\frac{\sin(\varphi' - i)}{\cos\varphi'}, \quad v = v_0 - g\,\frac{\sin(\varphi' - i)}{\cos\varphi'}\,t, \\ e = v_0 t - \tfrac{1}{2}g\,\frac{\sin(\varphi' - i)}{\cos\varphi'}\,t^2. \end{aligned}\right\} \qquad (8)$$

La vitesse diminuant, à mesure que le temps s'écoule, devient nulle, lorsque l'on a :

$$t = \frac{v_0}{g}\,\frac{\cos\varphi'}{\sin(\varphi' - i)}; \qquad (9)$$

alors l'espace parcouru est :

$$e = \frac{v_0^2}{2g}\,\frac{\cos\varphi'}{\sin(\varphi' - i)}, \qquad (10)$$

et le mobile s'arrête. Il persiste d'ailleurs, à partir de ce moment, dans son état de repos, puisque l'on a, $\tang i < f'$, et, à plus forte raison, $\tang i < f$.

C'est le cas qui se présente, en particulier, lorsque le plan est horizontal ; alors $i = 0$; les formules du mouvement (équations 8) deviennent :

$$\gamma = -gf', \quad v = v_\circ - gf' t, \quad e = v_\circ t - \tfrac{1}{2} gf' t^2, \quad (11)$$

et le corps s'arrête, lorsque l'on a :

$$t = \frac{v_\circ}{gf'}, \quad e = \frac{v_\circ^2}{2\,gf'}. \quad (12)$$

453. MOUVEMENT D'UN CORPS PESANT, ANIMÉ D'UNE VITESSE INITIALE DIRIGÉE VERS LE HAUT.—Supposons à présent, que la vitesse initiale $v_\circ$ soit dirigée vers le haut. Le frottement $f'P \cos i$, toujours dirigé en sens contraire du mouvement, est alors dirigé vers le bas ; et il s'ajoute à la composante $P \sin i$. La force qui sollicite le mobile, est donc $P \sin i + f'P \cos i$, ou $P \dfrac{\sin (i + \varphi')}{\cos \varphi'}$; et elle est dirigée vers le bas, en sens contraire de la vitesse initiale. Donc, *le mouvement est uniformément retardé, dirigé vers le haut* ; et ses équations sont :

$$\left. \begin{aligned} &\gamma = -g \frac{\sin (i + \varphi')}{\cos \varphi'}, \quad v = v_\circ - g \frac{\sin (i + \varphi')}{\cos \varphi'} t, \\[2mm] &\qquad e = v_\circ t - \tfrac{1}{2} g \frac{\sin (i + \varphi')}{\cos \varphi'} t^2. \end{aligned} \right\} \quad (13)$$

Le mobile monte donc d'abord ; puis il s'arrête, lorsque la vitesse devient nulle, c'est-à-dire, lorsque l'on a :

$$t = \frac{v_\circ}{g} \frac{\cos \varphi'}{\sin (i + \varphi')}, \quad \text{et} \quad e = \frac{v_\circ^2}{2g} \frac{\cos \varphi'}{\sin (i + \varphi')}. \quad (14)$$

Et alors, si l'angle i est inférieur ou égal à φ, angle du frottement au départ, le corps persiste indéfiniment dans son repos (n° 449).

Si, au contraire, on a, $i > \varphi$, le corps redescend sous l'action de la force $P \sin i - f'P \cos i$, ou $P \dfrac{\sin (i - \varphi')}{\cos \varphi'}$; car le frottement change de sens à ce moment, et la gravité l'emporte. *Le mouvement vers le bas est donc uniformément accéléré*, comme dans le cas du n° 451 ; mais il n'y a plus de vitesse initiale, et les équations de ce mouvement sont, en comptant les espaces e, à partir du haut du plan :

$$\gamma = g\,\frac{\sin(i-\varphi')}{\cos\varphi'}, \quad v = g\,\frac{\sin(i-\varphi')}{\cos\varphi'}\,t, \left.\vphantom{\begin{array}{c}a\\a\\a\end{array}}\right\} \quad (15)$$
$$e = \tfrac{1}{2}\,g\,\frac{\sin(i-\varphi')}{\cos\varphi'}\,t^2.$$

On voit que les équations de ce second mouvement ne sont pas les mêmes que celles du premier (équations 13). Il faut donc bien se garder de croire que le mouvement ascendant et le mouvement descendant peuvent être représentés par le même système de formules.

Si, par exemple, on veut calculer la vitesse que possède le mobile, lorsqu'il est revenu à son point de départ, il faut d'abord prendre pour e la valeur fournie par la formule (14), et la substituer dans la dernière des formules (15), ce qui donne :

$$t^2 = \frac{v_0^2}{2g}\,\frac{\cos\varphi'}{\sin(i+\varphi')}\,\frac{2}{g}\,\frac{\cos\varphi'}{\sin(i-\varphi')},$$

ou

$$t^2 = \frac{v_0^2}{g^2}\,\frac{\cos^2\varphi'}{\sin(i+\varphi')\sin(i-\varphi')};$$

puis il faut substituer cette valeur de t dans la seconde des formules (15), ce qui donne :

$$v^2 = v_0^2\,\frac{\sin(i-\varphi')}{\sin(i+\varphi')}. \quad (16)$$

Ainsi la vitesse est, au retour, moindre qu'au départ : ce qui doit être, puisque le frottement a agi comme résistance, dans le mouvement descendant ainsi que dans le mouvement ascendant.

454. ÉQUATION DU TRAVAIL ET DES FORCES VIVES.—Il est facile d'établir, dans les différents cas que nous venons d'examiner, l'équation du travail et des forces vives, et de vérifier ainsi que la demi-variation de force vive est égale à la somme algébrique des travaux des forces extérieures (n° 387). En effet, le système en mouvement se réduit ici à un seul corps, dont la masse $m = \dfrac{P}{g}$, et dont la vitesse initiale est v_0. Lorsque la vitesse est devenue v, à l'époque t, la demi-variation de force vive est $\frac{P}{2g}\,(v^2 - v_o^2)$. Si l'espace parcouru parallèlement au plan incliné est e, le travail du poids P est P $\sin i.e$; il est positif ou négatif, suivant que la composante P $\sin i$ agit dans le sens du mouvement ou en sens contraire. Le travail du frottement est f' P $\cos i.e$, et il est toujours négatif. Ainsi l'équation du travail et des forces vives est :

$$\frac{P}{2g}\,(v^2 - v_o^2) = e\,\mathrm{P}\,(\pm \sin i - f' \cos i),$$

ou $\qquad \dfrac{v^2 - v_o^2}{2g} = e\,\dfrac{\sin (\pm i - \varphi')}{\cos \varphi'}; \quad (17)$

formule dans laquelle on prend le signe $+$ ou le signe $-$, suivant que le travail de P $\sin i$ est moteur ou résistant.

455. APPLICATION DE CETTE FORMULE AUX DIVERS CAS.—Appliquons cette formule aux différents cas. 1° Dans le cas du n° 450, le mouvement est uniforme, $v = v_o$, la variation de la force vive est nulle. D'un autre côté, le travail de P $\sin i$ est moteur ; il faut prendre le signe supérieur : mais $i = \varphi'$; donc le second membre est nul comme le premier. Ainsi, dans ce cas, le travail est nul ; ce qui doit être.

2° Dans le cas du n° 451, on tire des formules (7),

$$v^2 - v_o^2 = 2\,ge\,\frac{\sin (i - \varphi')}{\cos \varphi'};$$

donc le premier membre de l'équation (17) est $\dfrac{e \sin (i - \varphi')}{\cos \varphi'}$; mais c'est aussi la valeur du second ; car le mobile descend dans ce cas, et le travail de P $\sin i$ est moteur. Le travail développé dans ce mouvement est :

$$T = \mathrm{P}\,e\,\frac{\sin (i - \varphi')}{\cos \varphi'}, \quad (18)$$

e ayant la valeur (7).

3° Dans le cas du n° 452, au moment où le mobile s'arrête, on a, $v = 0$, et le premier membre se réduit à $-\dfrac{v_o^2}{2g}$; c'est-à-dire que la force vive initiale $\dfrac{\mathrm{P}v_o^2}{2g}$ a diminué de sa valeur, et s'est annulée. Quant au second membre, en prenant i avec le signe $+$, puisque le corps descend, et en y remplaçant e par sa valeur (10), il devient :

$$\frac{v_o^2}{2g}\,\frac{\cos\varphi'}{\sin(\varphi'-i)}\,\frac{\sin(i-\varphi')}{\cos\varphi'}, \quad \text{ou} \quad -\frac{v_o^2}{2g}.$$

L'égalité existe donc encore ici; et le travail résistant développé a pour expression, $\quad T=-\dfrac{P v_o^2}{2g}.\quad$ (19)

4° Lorsque la vitesse initiale est dirigée vers le haut (cas du n° 453), le travail de $P\sin i$ devient résistant; et il faut prendre i dans la formule (17) avec le signe $-$. Si l'on demande le travail développé pendant l'ascension du mobile, les deux membres de l'équation (17) deviennent tous deux, en vertu des formules (14), égaux à $-\dfrac{v_o^2}{2g}$, et le travail résistant est, $T=\dfrac{-P v_o^2}{2g}$, ce qui devait être.

Mais si l'on suppose $i>\varphi$, cas auquel le mobile redescend le long du plan, après s'être arrêté un instant, et si l'on demande le travail développé lorsqu'il est revenu au point de départ, il faut prendre pour v^2 la valeur fournie par la formule (16); ce qui donne :

$$v^2-v_o^2=v_o^2\,\frac{\sin(i-\varphi')-\sin(i+\varphi')}{\sin(i+\varphi')}=\frac{-2v_o^2\cos i\sin\varphi'}{\sin(i+\varphi')}.$$

Ainsi la demi-variation de force vive est $-\dfrac{P v_o^2\cos i\sin\varphi'}{g\sin(i+\varphi')}.$

Pour calculer le second membre de l'équation (17), il faut le décomposer en deux parties, l'une $e\,\dfrac{\sin(-i-\varphi')}{\cos\varphi'}$ correspondante au mouvement ascendant, l'autre $e\,\dfrac{\sin(i-\varphi')}{\cos\varphi'}$ correspondante au mouvement descendant, et les ajouter, ce qui donne : $e\,\dfrac{\sin(i-\varphi')-\sin(i+\varphi')}{\cos\varphi'}$; puis, remplacer e par la valeur (14), ce qui donne l'expression,

$$\frac{v_o^2}{2g}\,\frac{\sin(i-\varphi')-\sin(i+\varphi')}{\sin(i+\varphi')}, \quad \text{ou} \quad \frac{-v_o^2\cos i\sin\varphi'}{g\sin(i+\varphi')}.$$

Ainsi le travail développé est résistant et a pour expression :

$$T = \frac{-\,P v_o^2 \cos i \sin \varphi'}{g \sin (i + \varphi')}. \quad (20)$$

L'égalité subsiste donc encore.

On aurait pu d'ailleurs arriver à cette expression, en remarquant que, dans ce double mouvement, le travail de la force $P \sin i$ est nul, comme étant composé de deux parties égales et de signes contraires ; et qu'il ne reste que le travail développé par le frottement, travail résistant en descendant aussi bien qu'en montant. Ce travail a pour valeur $-P f' \cos i \times 2e$; ou [en remplaçant e par sa valeur (14), et f' par $\tang \varphi'$],

$$\frac{-\,P \tang \varphi' \cos i.v_o^2 \cos \varphi'}{g \sin (i + \varphi')},$$

expression qui ne diffère pas de l'expression (20).

456. PORTION DE TRAVAIL ABSORBÉE PAR LE FROTTEMENT.—Il n'est pas moins facile de calculer la portion de travail absorbée par le frottement. En effet, dans tous les cas, ce travail s'obtient en multipliant l'intensité du frottement $P f' \cos i$ par le chemin parcouru par l'un des points de contact. Il est ainsi :

Dans le premier cas (n° 450),

$$P f' \cos i.e, \quad \text{ou} \quad P e \sin i, \quad \text{car} \quad i = \varphi' ;$$

Dans le deuxième cas (n° 451),

$$P f' \cos i.e, \quad \text{ou} \quad P e \tang \varphi' \cos i ;$$

Dans le troisième cas (n° 452),

$$P f' \cos i \cdot \frac{v_o^2}{2g} \cdot \frac{\cos \varphi'}{\sin (\varphi' - i)}, \quad \text{ou} \quad \frac{P v_o^2 \cos i \sin \varphi'}{2g \sin (\varphi' - i)} ;$$

Dans le quatrième cas (n° 453), après le retour,

$$\frac{P v_o^2 \cos i \sin \varphi'}{g \sin (i + \varphi')},$$

comme on l'a vu.

§ III. *Application à la poulie fixe.*

457. EXPOSÉ DE LA QUESTION.—Pour étudier le frottement dans la poulie fixe, nous supposerons que l'axe fixe O (fig. 107) pénètre dans la machine par une ouverture circulaire concentrique, d'un diamètre un peu plus grand, appelée *œil*, et soutient ainsi tout l'appareil. Nous admettrons que le poids Π de la poulie est appliqué sur l'axe même, c'est-à-dire, que nous ne tiendrons pas compte de la différence entre l'œil et l'axe, afin de simplifier les calculs. La puissance P et la résistance Q agissent en sens contraire aux extrémités d'un cordon qui s'enroule sur la gorge.

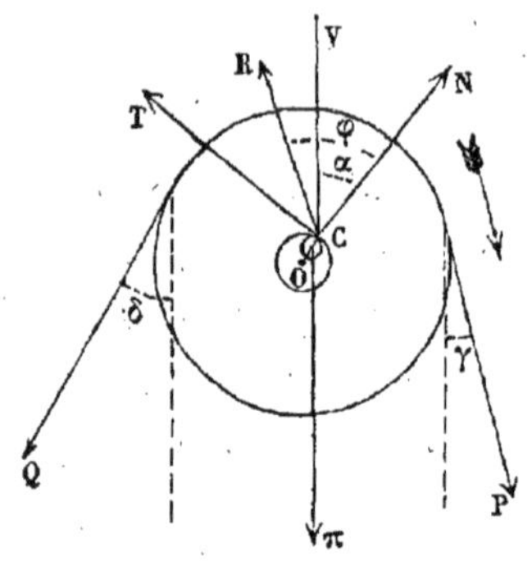

Fig. 107.

Lorsqu'il y a repos, le point de contact entre l'œil et l'axe est sur la verticale qui passe par le centre O. Mais lorsque le mouvement a lieu dans le sens de la flèche, le point de contact s'éloigne et vient en un point C. Nous avons alors à considérer la réaction normale N, dirigée suivant OCN, et la réaction tangentielle T, dirigée suivant la tangente CT. D'ailleurs, le mouvement est uniforme ; donc, les réactions N et T doivent faire équilibre aux forces P, Q, Π : et comme ces dernières sont toutes trois dans un même plan perpendiculaire à l'axe, les deux forces N et T sont aussi dans ce plan.

Nous désignerons par φ, comme à l'ordinaire, l'angle du frottement; on a, comme on sait, $f = \tang \varphi$, $T = fN$. Nous appellerons, en outre, α l'angle VON de la verticale avec la normale, et γ et δ les angles des forces P et Q avec la verticale. Enfin r et ρ seront les rayons de la poulie et de son axe.

458. ÉQUATIONS D'ÉQUILIBRE.—Nous pouvons traiter la poulie comme un corps entièrement libre, soumis à l'action de cinq forces P, Q, Π, N, fN, situées dans le même plan. Les conditions d'équilibre sont au nombre de trois (n° 356). Si nous prenons pour origine le point O, et pour axes une verticale et une horizontale, les sommes des composantes, estimées suivant chacun de ces axes, devront être nulles, ainsi que la somme de leurs moments par rapport à l'origine. On aura donc :

$$P \cos \gamma + Q \cos \delta + \Pi - N \cos \alpha - Nf \sin \alpha = 0, \quad (1)$$

$$P \sin \gamma - Q \sin \delta + N \sin \alpha - Nf \cos \alpha = 0, \quad (2)$$

$$Pr - Qr - Nf\rho = 0. \quad (3)$$

En faisant passer N dans le second membre, dans les deux premières équations, puis, en les ajoutant après les avoir élevées au carré, on trouve :

$$N^2(1 + f^2) = (P \cos \gamma + Q \cos \delta + \Pi)^2 + (P \sin \gamma - Q \sin \delta)^2,$$

d'où l'on tire :

$$N = \frac{1}{\sqrt{1+f^2}} \sqrt{(P \cos \gamma + Q \cos \delta + \Pi)^2 + (P \sin \gamma - Q \sin \delta)^2} \quad (4)$$

Divisant ensuite l'équation (2) par l'équation (1), on trouve :

$$\frac{f \cos \alpha - \sin \alpha}{f \sin \alpha + \cos \alpha} = \frac{P \sin \gamma - Q \sin \delta}{P \cos \gamma + Q \cos \delta + \Pi},$$

ou, en remplaçant f par $\dfrac{\sin \varphi}{\cos \varphi}$, et simplifiant,

$$\tang (\varphi - \alpha) = \frac{P \sin \gamma - Q \sin \delta}{P \cos \gamma + Q \cos \delta + \Pi}. \quad (5)$$

Les équations (4) et (5) font connaître l'intensité et la direction de la réaction normale N, quand on connaît le coefficient f ou l'angle φ, ainsi que les forces P et Q.

On en conclut immédiatement la valeur de la réaction tangentielle fN et sa direction.

Si l'on élimine N entre les équations (3) et (4), il vient :

$$P - Q = \frac{f}{\sqrt{1+f^2}} \frac{\rho}{r} \sqrt{(P \cos \gamma + Q \cos \delta + \Pi)^2 + (P \sin \gamma - Q \sin \delta)^2}. \quad (6)$$

C'est la relation entre la puissance et la résistance qui exprime les conditions de leur équilibre, en ayant égard au frottement.

459. SIMPLIFICATION.—On voit que, pour déterminer la valeur de la puissance P en fonction de la résistance Q, on a à résoudre une équation du second degré. Mais il n'est pas nécessaire d'en trouver les racines exactes : on procède par approximations successives. On néglige d'abord le poids Π comme ayant une valeur très-faible par rapport à la charge : la formule (6) devient :

$$P = Q + \frac{f}{\sqrt{1+f^2}} \frac{\rho}{r} \sqrt{P^2 + Q^2 + 2PQ \cos (\gamma + \delta)}. \quad (7)$$

Puis on prend, pour première approximation, $P = Q$; ce qui revient à supposer nul le terme relatif au frottement, terme ordinairement très-petit, à cause du facteur $\frac{\rho}{r}$. Remplaçant alors, sous le radical, P par Q, et remarquant que $\frac{f}{\sqrt{1 + f^2}} = \sin\varphi$, on obtient, avec une approximation toujours suffisante,

$$P = Q + \frac{2\rho}{r} \sin\varphi . Q \cos\tfrac{1}{2}(\gamma + \delta),$$

ou
$$P = Q\left[1 + \frac{2\rho}{r}\sin\varphi . \cos\tfrac{1}{2}(\gamma + \delta)\right]. \quad (8)$$

En substituant cette valeur de P dans les formules (4) et (5), et en y négligeant Π, on a l'intensité et la direction de la réaction N, en fonction de la résistance Q.

460. CAS PARTICULIER.—Si les deux forces P et Q sont verticales, $\gamma = 0$, $\delta = 0$; les formules (4) et (5) se réduisent à

$$N = (P + Q + \Pi)\cos\varphi, \qquad \alpha = \varphi, \quad (9)$$

et la formule (6) devient :

$$P = Q + \frac{\rho}{r}(P + Q + \Pi)\sin\varphi;$$

de sorte que l'on a rigoureusement, dans ce cas,

$$P = \frac{Q(r + \rho\sin\varphi) + \Pi\rho\sin\varphi}{r - \rho\sin\varphi}. \quad (10)$$

461. TRAVAIL ABSORBÉ PAR LE FROTTEMENT.—On peut, en commençant la division, mettre la formule (10) sous la forme

$$P = Q + \frac{2\rho\sin\varphi}{r - \rho\sin\varphi}\left(Q + \frac{\Pi}{2}\right);$$

et, si l'on multiplie les deux membres par la hauteur verticale ε, dont le point d'application de la résistance Q s'élève dans un temps très-court, on a :

$$P\varepsilon = Q\varepsilon + \frac{2\rho\varepsilon\sin\varphi}{r - \rho\sin\varphi}\left(Q + \frac{\Pi}{2}\right). \quad (11)$$

Or Pε est le travail moteur, Qε est le travail résistant utile, et $\dfrac{2\,\rho\varepsilon\sin\varphi}{r-\sin\varphi}\left(Q+\dfrac{\Pi}{2}\right)$ est le travail dû au frottement.

462. REMARQUE.—Ce travail, absorbé par le frottement, n'est pas la partie la plus importante des résistances passives. La *roideur des cordes* a, dans ce cas, une influence bien plus grande. Les expériences de Coulomb démontrent que cette résistance absorbe un excès de la force motrice, qui croît en raison directe de la charge et d'une certaine puissance du diamètre de la corde, et en raison inverse du rayon de la poulie. Nous n'insisterons pas sur ce point, qui sort des limites du programme.

CHAPITRE VI.

EXERCICES ET APPLICATIONS [1].

————

465. PREMIER PROBLÈME.—*Un corps, dont le poids est Q, est placé sur un plan incliné à l'horizon d'un angle i; une force P, agissant dans une direction IP₁ qui fait un angle θ avec le plan, oblige le fardeau à remonter uniformément le long de ce plan. On demande l'expression de cette force, et la direction la plus favorable que l'on peut lui donner* (fig. 103, p. 247).

La force P et le poids Q sont dans un même plan perpendiculaire à la trace horizontale du plan incliné. Désignons par φ l'angle du frottement pendant le mouvement, et par N la réaction normale du plan contre le corps. Les forces qui agissent, à un instant quelconque du mouvement, sont P, Q, N et le frottement N tang φ dirigé suivant IL'. Puisque le mouvement est uniforme, ces forces se font équilibre. On a donc, en les décomposant successivement suivant deux axes, l'un parallèle, l'autre perpendiculaire au plan incliné :

$$\left. \begin{array}{l} \text{P} \cos\theta - \text{Q} \sin i - \text{N} \tang\varphi = 0, \\ \text{Q} \cos i - \text{P} \sin\theta - \text{N} = 0. \end{array} \right\} \quad (1)$$

On tire de là, en éliminant N,

$$\text{P} (\cos\theta + \sin\theta \tang\varphi) - \text{Q} (\sin i + \cos i \tang\varphi) = 0,$$

d'où

$$\text{P} = \text{Q} \frac{\sin (i + \varphi)}{\cos (\theta - \varphi)}. \quad (2)$$

La force P, nécessaire pour entretenir le mouvement uniforme ascendant, varie avec l'angle θ; elle atteint son minimum, lorsque $\cos (\theta - \varphi) = 1$, c'est-à-dire, lorsque $\theta = \varphi$: alors *sa direction est perpendiculaire à celle de la réaction oblique, résultante du frottement et de la réaction normale.*

464. SECOND PROBLÈME.—*Une tige pesante AB appuie ses deux extrémités, l'une sur un plan vertical, l'autre sur un plan horizontal : elle est perpendiculaire à l'intersection des deux plans. On propose de déterminer la position de la tige lorsqu'elle est sur le point de glisser* (fig. 108).

————

[1] La plupart des problèmes que nous résolvons ici, sont empruntés à l'excellent recueil de M. *Jullien*, intitulé : *Problèmes de mécanique rationnelle.*

Coupons les deux plans par un plan vertical contenant la tige AB; et soit
XOY la section. Le poids P, les réactions normales N et N′ exercées par les
plans, les frottements F et F′ en A et B,
agissent dans ce plan. Soit G le centre de
gravité de AB; posons $AG = a$, $BG = b$.
Soient, en outre, f et f' les coefficients de
frottement au départ, sur les deux plans
OX et OY. Soit enfin α l'angle maximum
ABO que la tige fait avec le plan vertical,
au moment où elle va perdre son équilibre.
On sait qu'à cet instant, qui est celui du
départ, on a : $\quad F = fN, \quad F' = f'N'.$

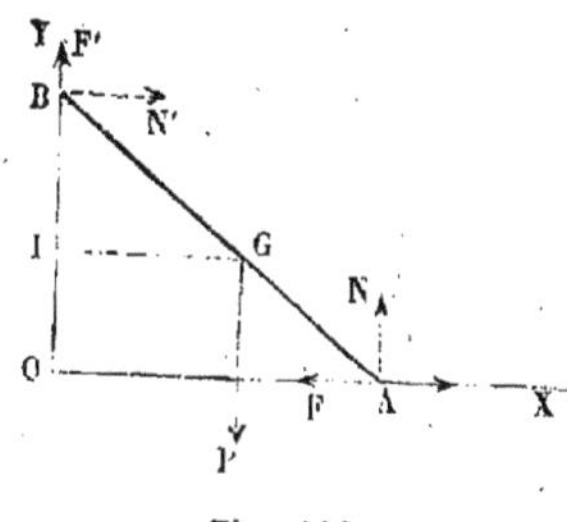
Fig. 108.

Or l'équilibre existe entre les cinq forces P, N, N′, F, F′; si donc on les
décompose successivement, parallèlement à Ox et Oy, et si l'on prend leurs
moments par rapport au point O, on aura les trois conditions suivantes :

$$F - N' = 0, \qquad \text{ou} \quad fN = N', \qquad (3)$$

$$P - N - F' = 0, \quad \text{ou} \quad P = N + f'N', \quad (4)$$

$$P \times GI + N' \times OB - N \times OA = 0,$$

ou $\quad Pb \sin \alpha + N'(a+b) \cos \alpha - N(a+b) \sin \alpha = 0; \quad (5)$

car, les directions des forces F et F′ passant en O, leurs moments sont nuls.

En combinant les deux équations (3) et (4), on obtient :

$$N = \frac{P}{1 + ff'}, \qquad N' = \frac{Pf}{1 + ff'};$$

et substituant ces valeurs dans l'équation (5), on a :

$$Pb \sin \alpha + \frac{Pf(a+b) \cos \alpha}{1 + ff'} - \frac{P(a+b) \sin \alpha}{1 + ff'} = 0;$$

et, après quelques réductions,

$$\tan \alpha = \frac{f(a+b)}{a - bff'}. \quad (6)$$

Au concours d'admission à l'École polytechnique, en 1855, on avait proposé de résoudre la question précédente, en supposant la tige homogène.
Dans ce cas particulier, on a, $a = b$, et la formule (6) devient :

$$\tan \alpha = \frac{2f}{1 - ff'}, \quad (7)$$

Si l'on suppose, en outre, que les deux plans sont composés de la même
matière, de sorte que $f' = f$, on a :

$$\tan \alpha = \frac{2f}{1 - f^2}. \quad (8)$$

Par conséquent, si l'on pose $f = \text{tang}\,\varphi$, on a enfin, $\text{tang}\,\alpha = \text{tang}\,2\varphi$, ou $\alpha = 2\varphi$. Ainsi *l'angle limite α est double de l'angle du frottement.*

465. TROISIÈME PROBLÈME.— *Une barre* ACB, *dont le poids est* Q, *appuyée sur un étai* CD, *est soutenue par une force* P *qui agit à l'extrémité* A, *dans une direction donnée. On propose de déterminer la position de la barre, lorsqu'elle est sur le point de glisser dans le sens* BA (fig. 109).

Désignons par θ l'angle que la barre fait avec l'horizon, au moment où elle va glisser, et par α l'inclinaison de la force P sur l'horizon. Soient N la

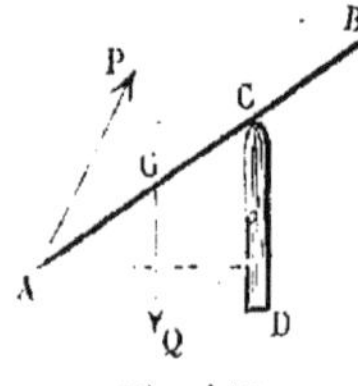

Fig. 109.

pression normale de l'étai, et f le coefficient de frottement au départ. Soit, enfin, G le centre de gravité de la barre; posons $AG = a$, $GC = x$. Il s'agit de déterminer x et θ.

A l'instant que l'on considère, le frottement est fN; et il y a équilibre entre les forces P, Q, N et fN. Si l'on projette ces forces successivement sur un axe horizontal et sur un axe vertical, et si l'on prend leurs moments par rapport au point C, on a les conditions :

$$P \cos \alpha - N \sin \theta + fN \cos \theta = 0, \qquad (9)$$

$$Q - P \sin \alpha - N \cos \theta - fN \sin \theta = 0, \quad (10)$$

$$P\,(a + x) \sin (\alpha - \theta) - Qx \cos \theta = 0 ; \quad (11)$$

car les forces N et fN ont un moment nul.

On tire des équations (9) et (10), en éliminant N, et en posant $f = \text{tang}\,\varphi$,

$$\text{tang}\,(\theta - \varphi) = \frac{P \cos \alpha}{Q - P \sin \alpha}, \quad \text{ou} \quad \text{tang}\,\theta = \frac{Q \sin \varphi + P \cos (\alpha + \varphi)}{Q \cos \varphi - P \sin (\alpha + \varphi)}. \quad (12)$$

Lorsque θ est connu, on substitue sa valeur dans l'équation (11), qui fournit alors la valeur d'x.

466. QUATRIÈME PROBLÈME.— *Deux plans inclinés* AB, AB', *sont adossés l'un à l'autre : une petite poulie fixe est placée en* D, *à une hauteur* h *au-dessus de leur arête commune* A. *Cette poulie reçoit un fil très-délié, dont la longueur est* l, *et aux extrémités duquel sont attachés deux poids* P *et* P' : *ces poids reposent sur les deux plans. On demande quelle est leur position, lorsque le premier est sur le point de glisser dans le sens* AB (fig. 110).

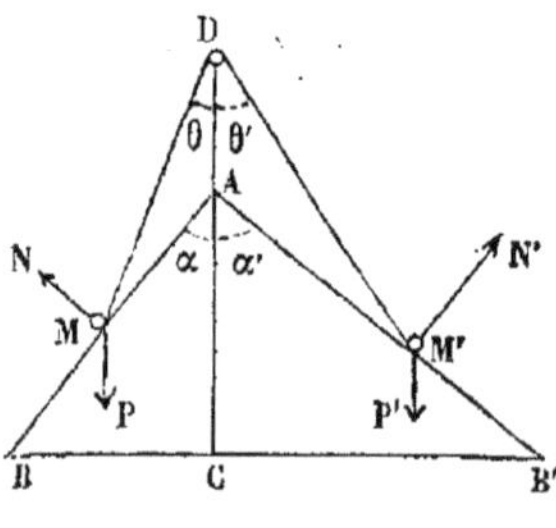

Fig. 110.

Désignons par α et α' les inclinaisons des deux plans sur la verticale, et par θ et θ' les angles des deux parties du cordon avec la verticale. Soient, de plus, N et N' les réactions normales exercées par les plans sur les poids; et $f = \text{tang}\,\varphi$ et

$f' =$ tang φ' les coefficients de frottement au départ. Il faut déterminer θ et θ'.

D'abord les triangles DAM, DAM', donnent :

$$DM = \frac{h \sin \alpha}{\sin (\alpha - \theta)}, \quad DM' = \frac{h \sin \alpha'}{\sin (\alpha' - \theta')} ;$$

donc, en ajoutant,

$$\frac{h \sin \alpha}{\sin (\alpha - \theta)} + \frac{h \sin \alpha'}{\sin (\alpha' - \theta')} = l. \quad (13)$$

D'un autre côté, au moment dont il s'agit, les frottements sont fN suivant MA et f'N' suivant M'B', puisque le système va perdre son équilibre et se mouvoir dans le sens M'DM. Désignons par T la tension du fil. Les forces, qui maintiennent le poids M en équilibre, sont P, N, fN et T : projetons ces forces successivement sur une parallèle à AB, puis sur une perpendiculaire; il vient :

$$\left. \begin{array}{l} P \cos \alpha - f N - T \cos (\alpha - \theta) = 0, \\ P \sin \alpha - N - T \sin (\alpha - \theta) = 0. \end{array} \right\} \quad (14)$$

Projetons de même successivement les forces P', N', f'N' et T, qui maintiennent M' en équilibre, d'abord sur une parallèle à AB', puis sur une perpendiculaire; et nous aurons :

$$\left. \begin{array}{l} P' \cos \alpha' + f' N' - T \cos (\alpha' - \theta') = 0, \\ P' \sin \alpha' - N' - T \sin (\alpha' - \theta') = 0. \end{array} \right\} \quad (15)$$

Éliminant N entre les équations (14), et N' entre les équations (15), on a :

$$P (\cos \alpha - f \sin \alpha) - T [\cos (\alpha - \theta) - f \sin (\alpha - \theta)] = 0,$$
$$P' (\cos \alpha' + f' \sin \alpha') - T [\cos (\alpha' - \theta') + f' \sin (\alpha' - \theta')] = 0.$$

Puis, éliminant T entre ces deux dernières, on a :

$$\frac{\cos (\alpha - \theta) - f \sin (\alpha - \theta)}{\cos (\alpha' - \theta') + f' \sin (\alpha' - \theta')} = \frac{(\cos \alpha - f \sin \alpha) P}{(\cos \alpha' + f' \sin \alpha') P'},$$

ou, en remplaçant f par tang φ et f' par tang φ',

$$\frac{\cos (\alpha + \varphi - \theta)}{\cos (\alpha' - \varphi' - \theta')} = \frac{P \cos (\alpha + \varphi)}{P' \cos (\alpha' - \varphi')}. \quad (16)$$

Cette équation, jointe à l'équation (13), donne les valeurs de θ et de θ'.

467. CINQUIÈME PROBLÈME.—*Une barre homogène AB, dont le poids est P, et la longueur* l, *repose, par une de ses extrémités* A, *sur un plan horizontal HH'; son autre extrémité* B *est soutenue par un fil, qui s'enroule sans frottement sur une poulie fixe* C, *et supporte un poids* Q. *On demande d'étudier les conditions de l'équilibre de ce système* (fig. 111).

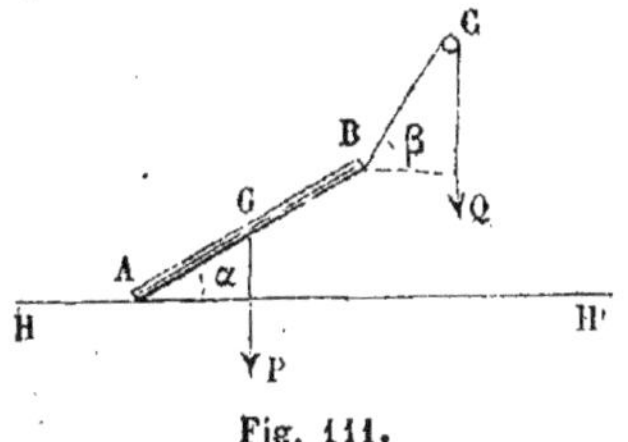

Fig. 111.

Soient α et θ les inclinaisons de la barre et du fil sur l'horizon, N la pression normale exercée par le plan sur la barre, F le frottement dans le sens H'H, et $f = \tang \varphi$ le coefficient de frottement au départ. Comme l'équilibre existe par hypothèse, la tension du fil détruit le poids Q, et lui est égale. D'un autre côté, si le mouvement n'est pas sur le point de se produire, le frottement F n'obtient pas la valeur maximum fN, qu'il a au moment du départ. Nous représenterons par f'N sa valeur, dans l'état qui nous occupe, f' étant inférieur à f.

Les forces qui agissent sur le système sont donc P, Q, N et f'N. Projetons-les d'abord sur une horizontale, puis sur une verticale; puis prenons leurs moments par rapport au point A ; nous aurons :

$$\left. \begin{aligned} &Q \cos 6 - f'N = 0, \\ &P - Q \sin 6 - N = 0, \\ &\frac{P a \cos \alpha}{2} - Q a \sin (6 - \alpha) = 0. \end{aligned} \right\} \quad 17)$$

On élimine N entre les deux premières équations, et il vient :

$$Q (\cos 6 + f' \sin 6) - f' P = 0 ;$$

ou, en posant, $f' = \tang \varphi'$,

$$Q \cos (6 - \varphi') = P \sin \varphi'. \quad (18)$$

D'ailleurs, la dernière des équations (17) donne :

$$2Q \sin (6 - \alpha) = P \cos \alpha. \quad (19)$$

On a ainsi deux équations (18) et (19) entre les trois inconnues α, 6, φ'. Pour chaque valeur donnée à φ' entre 0 et φ, elles fourniront les valeurs correspondantes de α et de 6, c'est-à-dire la position d'équilibre du système.

Par exemple, l'hypothèse $\varphi' = 0$, faite dans l'équation (18), donne :

$$Q \cos 6 = 0, \quad \text{ou} \quad 6 = \frac{\pi}{2} ;$$

et cette valeur, substituée dans l'équation (19), donne :

$$2 Q \cos \alpha = P \cos \alpha, \quad \text{ou} \quad \alpha = \frac{\pi}{2}.$$

Le poids Q reste alors arbitraire, pourvu qu'il soit inférieur au poids de la barre. S'il arrivait que l'on eût $2Q = P$, l'angle α pourrait être quelconque, l'angle 6 restant droit.

468. SIXIÈME PROBLÈME.—*On place une sphère homogène, dont le poids est P, dans l'intérieur d'un angle dièdre dont l'arête est horizontale, et qui est formé par deux lames rectangulaires homogènes, égales entre elles, libres de tourner autour de l'arête commune. Les bords supérieurs des deux lames sont réunis par un fil dont on augmente graduellement la tension. On demande la valeur de cette tension, lorsque la sphère commence à prendre un mouvement ascendant.*

Les forces qui agissent dans ce système sont, outre le poids P de la sphère et la tension T du fil, les poids égaux Q des deux lames, les réactions normales N et N', et les frottements F et F' qu'elles exercent sur la sphère. Dans l'état d'équilibre, les deux lames sont également inclinées de part et d'autre sur l'horizon, puisque le centre de gravité du système doit être dans le plan vertical qui contient l'arête fixe. D'ailleurs, alors, à cause de la symétrie, $N = N'$, $F = F'$.

Il est évident que les composantes horizontales des réactions normales des deux lames se détruisent, puisque ces réactions sont égales et également inclinées à l'horizon. Il en est de même des composantes horizontales des frottements. Quant aux composantes verticales, elles s'ajoutent ; celles des pressions normales sont dirigées vers le haut, et celles des frottements vers le bas. Donc, si l'on projette sur la verticale les forces qui agissent sur la sphère, on a :

$$P + 2\,F \cos \alpha - 2\,N \sin \alpha = 0, \qquad (20)$$

$2\,\alpha$ étant l'angle dièdre des deux lames.

Chaque lame est aussi en équilibre sous l'action des forces qui la sollicitent, et qui sont : son poids Q, la tension T du fil et la pression N de la sphère sur sa face intérieure. Désignons par l la longueur du côté incliné de la lame, et par r le rayon de la sphère, et prenons les moments de ces trois forces par rapport à l'arête fixe : nous trouvons immédiatement :

$$T\,l \cos \alpha - \frac{Q\,l \sin \alpha}{2} - N\,r \cot \alpha = 0. \qquad (21)$$

Ces deux équations expriment les conditions d'équilibre, tant que la sphère ne commence pas à prendre un mouvement ascendant. Mais à mesure que T augmente, la réaction N augmente aussi, d'après l'équation (21) ; et par conséquent, d'après l'équation (20), le frottement F augmente également. Mais le frottement ne peut dépasser une certaine limite sans que le mouvement se produise. Si l'on désigne par f ou $\tan \varphi$ et par f' ou $\tan \varphi'$ les coefficients de frottement au départ pour les deux lames, on sait que le frottement F ne peut dépasser $f\,N$ sur la première lame, $f'N$ sur la seconde. Si donc on a $f < f'$, le mouvement commencera, lorsque la tension T aura une valeur telle que $F = f\,N$: la sphère glissera sur la première lame, et roulera sur la seconde. Et comme l'équilibre ne cessera qu'à ce moment, les équations (20) et (21) seront encore applicables, en y remplaçant F par $f\,N$; et l'on aura d'abord :

$$P = 2\,N\,(\sin \alpha - f \cos \alpha), \qquad \text{d'où} \qquad N = \frac{P \cos \varphi}{2 \sin (\alpha - \varphi)}. \qquad (22)$$

Puis,
$$2\,T\,l \cos \alpha = Q\,l \sin \alpha + \frac{P\,r \cot \alpha \cos \varphi}{\sin (\alpha - \varphi)},$$

d'où,
$$T = \frac{Q}{2} \tan \alpha + \frac{P\,r \cos \varphi}{2\,l \sin \alpha \sin (\alpha - \varphi)}. \qquad (23)$$

469. SEPTIÈME PROBLÈME.—*Une tige pesante* AB *peut se mouvoir librement et sans frottement autour de son extrémité* A *comme pivot ; son autre extrémité* B *s'appuie sur un plan vertical* P, *et le frottement s'exerce entre ce plan et la barre. On propose de déterminer la position de cette tige, lorsqu'elle va perdre son équilibre* (fig. 112).

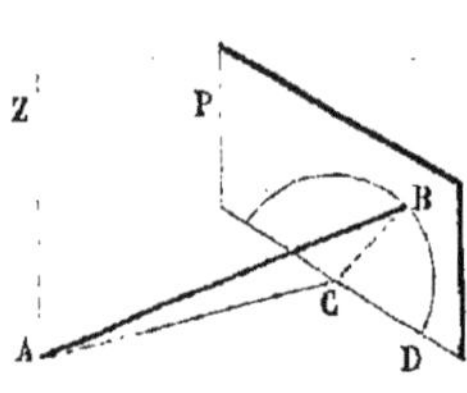

Fig. 112.

Abaissons du point A une perpendiculaire AC sur le plan P ; le point B décrit sur ce plan un cercle dont le point C est le centre. Dans ce mouvement, l'angle CAB reste constant ; désignons-le par α. Le rayon CB fait, avec l'horizon, un angle variable BCD $= \theta$.

Les forces qui agissent, à un instant donné, sont le poids P de la tige, la pression normale N exercée par le plan sur ce corps, le frottement F dirigé suivant la tangente au cercle, en sens inverse du mouvement qui tend à se produire, et enfin la réaction du point fixe A.

Puisqu'il y a équilibre, la somme des moments des forces, par rapport à un axe vertical AZ, doit être nulle d'elle-même. Or le moment du poids P, par rapport à cet axe auquel il est parallèle, est égal à zéro (n° 249). Comme la force N est parallèle à CA, sa plus courte distance à l'axe est CB.cos θ, et son moment est N.CB.cos θ. Quant au frottement F, sa projection sur un plan perpendiculaire à l'axe est F sin θ, et sa plus courte distance à l'axe est AC : donc son moment est F.AC.sin θ. Donc on doit avoir :
$$\text{N.CB.cos } \theta = \text{F.AC.sin } \theta.$$
D'ailleurs, dans le triangle rectangle ABC, BC $=$ AC tang α ; donc :
$$\text{N tang } \alpha \cos \theta = \text{F sin } \theta.$$
Enfin, au moment où la tige va perdre son équilibre, F $= f$N ; donc :
$$\text{tang } \alpha \cos \theta = f \sin \theta, \quad \text{d'où} \quad \text{tang } \theta = \frac{1}{f} \text{ tang } \alpha. \quad (24)$$
Cette formule fournit la condition cherchée. On voit que l'angle θ est d'autant plus petit que f est plus grand ; et que, si $f = 0$, $\theta = \dfrac{\pi}{2}$, ce qui doit être.

470. HUITIÈME PROBLÈME.—*Une planche rectangulaire et homogène, dont le poids est* P, *repose sur un cylindre circulaire dont l'axe est horizontal, de telle sorte que la droite qui joint les milieux de deux côtés opposés du rectangle coïncide avec l'arête la plus élevée du cylindre. On demande quel est le plus grand poids* Q *que l'on puisse suspendre au milieu de l'un des deux autres côtés de la planche, sans la faire glisser* (fig. 113).

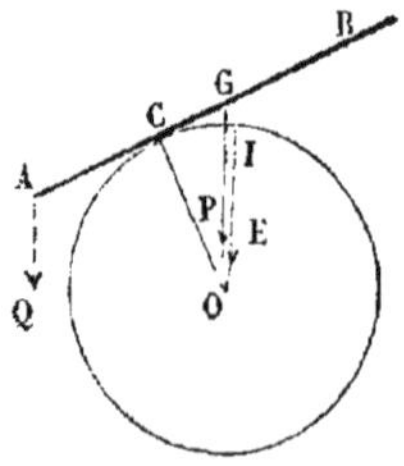

Fig. 113.

Coupons le cylindre par un plan perpendiculaire à son axe, et passant par le centre de gravité de la planche. Nous pourrons nous borner à étudier ce qui se passe dans ce plan. Or, soit O la section du cylindre : l'effet du poids Q est de faire rouler la planche sur le cylindre, de sorte qu'elle vient occuper une position inclinée AB, dans laquelle son centre de gravité G s'élève.

Soient $2l$ la longueur AB de la planche, r le rayon de la section cylindrique, et $f = $ tang φ le coefficient de frottement au départ. Désignons, en outre, par α l'inclinaison de la planche à l'horizon. Les forces qui agissent sont les poids P et Q, la réaction normale N et le frottement fN dirigé suivant CB. Donc, si l'on projette ces forces sur une horizontale, on aura :

$$N \sin \alpha = f\text{N} \cos \alpha, \quad \text{ou} \quad \text{tang } \alpha = f. \quad (25)$$

Ainsi *l'angle α est égal à l'angle φ du frottement.* D'un autre côté, si l'on prend les moments des forces par rapport au point C, on aura :

$$Q.CA.\cos \alpha = P.GC \cos \alpha.$$

Or AC $= l - $ CG. Mais si l'on mène le rayon vertical OI, CG est égal à l'arc CI ou à $r\varphi$; car, lorsque la planche était horizontale, le point G était en I, et elle n'a fait que rouler sur le cylindre. Donc AC $= l - r\varphi$: donc enfin :

$$Q (l - r\varphi) = Pr\varphi, \quad \text{ou} \quad \frac{Q}{P} = \frac{r\varphi}{l - r\varphi}; \quad (26)$$

c'est la relation cherchée.

471. EXERCICES PROPOSÉS.—Voici quelques problèmes à résoudre :

1° *Un cylindre elliptique, homogène, dont l'axe est horizontal, appuie sa surface convexe sur deux plans, l'un vertical et poli, l'autre horizontal et dépoli. Il est sur le point de glisser lorsque le grand axe de l'ellipse de base fait un angle de 45° avec l'horizon. On demande le coefficient de frottement sur le plan horizontal.*

Il n'y a de frottement, d'après l'énoncé, que sur le plan horizontal. Les forces qui agissent, dans ce cas, sont donc le poids P du corps, les réactions normales N et N′ des deux plans, et le frottement au départ fN sur le premier plan. On peut supposer que ces forces sont toutes situées dans un même plan perpendiculaire à l'axe du cylindre. On établira, comme à l'ordinaire, les trois équations d'équilibre ; et, en éliminant les deux pressions, on trouvera, $f = \dfrac{e^2}{2}$, e étant l'excentricité de l'ellipse de base.

2° *Une demi-sphère homogène, de poids P, peut rouler sur un plan horizontal : mais le frottement l'empêche de glisser. Un poids Q, appliqué en un point de la circonférence de la base, fait rouler le corps, jusqu'à ce que la base soit inclinée de 30° à l'horizon. Alors l'équilibre s'établit. On demande le rapport du poids Q au poids P.*

Comme les deux forces sont dans un même plan vertical passant par le point de contact de la demi-sphère et du plan, il suffit d'écrire que les moments des deux forces, par rapport à ce point, sont égaux. Et, si l'on se rappelle que le centre de gravité de l'hémisphère est sur le rayon perpendiculaire à la base et à une distance du centre égale aux $\frac{3}{8}$ de ce rayon, on trouve :

$$Q = \frac{P\sqrt{3}}{8}.$$

3º *Un point pesant est placé sur la circonférence d'un cercle situé dans un plan vertical, et sur laquelle le frottement est égal à la pression. On demande quelle est la plus basse des positions où le point peut rester immobile.*

En établissant les conditions d'équilibre entre le poids P, la pression normale N et le frottement F, on voit aisément que le rayon qui aboutit au point cherché fait un angle de 45º avec la verticale.

4º *Une planche rectangulaire et homogène, située dans un plan vertical, repose, par l'un de ses côtés, sur un plan dépoli dont l'inclinaison à l'horizon croît graduellement. Dans quelle position du plan la planche commencera-t-elle à glisser le long du plan, ou à tourner autour de son sommet inférieur ?*

On doit trouver que la planche commence à glisser lorsque l'inclinaison i sera égale à l'angle φ du frottement. Mais il faut, pour cela, que $\tan\varphi$ soit plus petite que le rapport du côté de la planche, en contact avec le plan, au côté adjacent. Si $\tan\varphi$ est plus grande que ce rapport, elle tournera autour de son sommet inférieur, avant de glisser.

5º *Un corps pesant est en repos sur un plan horizontal ; une force P est impuissante à le mettre en mouvement. Mais si le corps est déjà en mouvement, la même force P, appliquée perpendiculairement à la direction de sa vitesse, peut être suffisante pour le dévier de cette direction. On demande d'expliquer ce fait.*

FIN.

TABLE DES MATIÈRES.

Cette table est la reproduction du programme officiel. Les additions sont indiquées par un astérisque.

	Pages.
PRÉFACE.	V
INTRODUCTION.	1

LIVRE I.—Du mouvement d'un point, considéré géométriquement, indépendamment de ses causes.

CHAPITRE Ier.
DU MOUVEMENT UNIFORME D'UN POINT MATÉRIEL.

Mouvement uniforme.—Vitesse.	4

CHAPITRE II.
DU MOUVEMENT VARIÉ D'UN POINT MATÉRIEL.

Mouvement varié.—Vitesse à un moment donné : comment elle se détermine par le calcul ou par le tracé d'une tangente à une courbe, quand l'espace est une fonction donnée du temps.	8

CHAPITRE III.
DU MOUVEMENT UNIFORMÉMENT VARIÉ D'UN POINT MATÉRIEL.

Mouvement uniformément varié.—La vitesse s'accroît de quantités proportionnelles aux temps écoulés.	13
L'expérience sur la chute des corps dans le vide en fournit un exemple. —Valeur de l'accélération g dans ce cas.	17

CHAPITRE IV.
DE L'ACCÉLÉRATION DANS LE MOUVEMENT RECTILIGNE VARIÉ.

De l'accélération dans le mouvement rectiligne varié en général, quand la vitesse est donnée, en fonction du temps, par une équation ou par une courbe.	22
Méthodes de quadrature approximative.	28

CHAPITRE V.
DE LA PROJECTION DES VITESSES.

Projection sur un axe d'un point mobile dans l'espace. La vitesse de la

Pages.

projection du point est égale à la projection de sa vitesse dans l'espace. 34

CHAPITRE VI.
DE LA COMPOSITION ET DE LA DÉCOMPOSITION DES MOUVEMENTS ET DES VITESSES.

Composition et décomposition des vitesses, déduites de la considération des mouvements relatifs. 38

CHAPITRE VII.
DE L'ACCÉLÉRATION EN GÉNÉRAL.

Ce qu'on entend par accélération totale et par accélération tangentielle dans le mouvement curviligne d'un point. 52
Composition et décomposition des accélérations. 55

CHAPITRE VIII.
EXERCICES ET APPLICATIONS. 59

LIVRE II.—De l'effet des forces appliquées à un point matériel libre.

CHAPITRE Ier.
NOTIONS GÉNÉRALES SUR L'INERTIE ET SUR LES FORCES.

Loi de l'inertie relative au point matériel. 67
Effets divers des forces.—Conditions de l'égalité de deux forces d'après les effets qu'elles produisent sur un même corps ou système matériel. 69
Comparaison des forces aux poids à l'aide du dynamomètre.—Le kilogramme peut être pris pour unité de force. 70

CHAPITRE II.
DE L'EFFET D'UNE FORCE AGISSANT SUR UN POINT MATÉRIEL ISOLÉ.

On admet, comme principe expérimental, que l'effet d'une force sur un point matériel est indépendant du mouvement antérieurement acquis par ce point, c'est-à-dire que le mouvement du point s'obtient par la composition du mouvement rectiligne dû à sa vitesse acquise, et du mouvement que la force lui communiquerait, s'il partait du repos. 74
Démontrer qu'il résulte de ce principe qu'une force constante, agissant sur un point matériel partant du repos, lui imprime un mouvement uniformément accéléré.—Cas où le point matériel possède une vitesse initiale dans le sens de la force ou dans le sens contraire.—Réciproquement, si un point matériel est animé d'un mouvement rectiligne uniformément accéléré, il est soumis à une force constante. 75

Pages.

Exemples relatifs à la pesanteur.—Le mouvement parabolique des projectiles est une autre conséquence du principe énoncé ci-dessus. . 77

CHAPITRE III.

DE L'EFFET DE PLUSIEURS FORCES AGISSANT SUR UN POINT MATÉRIEL ISOLÉ.

Indépendance mutuelle des effets simultanés de plusieurs forces agissant sur un point matériel isolé. 81

Deux forces constantes, appliquées successivement à un même point matériel partant du repos ou animé d'une vitesse initiale de même direction que la force, sont entre elles comme les accélérations qu'elles produisent.—Conséquence relative au cas où l'une des forces est le poids même du mobile. 82

CHAPITRE IV.

DE LA MASSE D'UN CORPS ET DE LA FORCE D'INERTIE.

Définition de la masse. 84

Relation entre les forces, les masses et les accélérations. 85

De la force d'inertie.—Son expression et ses effets. Sa mesure en kilogrammes pour diverses accélérations. 87

Introduction de la masse dans les équations du mouvement rectiligne ou curviligne d'un point soumis à l'action de la pesanteur ou d'une force constante quelconque.—Notions qui en dérivent relativement au travail et à la force vive. 88

CHAPITRE V.

COMPOSITION, DÉCOMPOSITION ET ÉQUILIBRE DES FORCES APPLIQUÉES A UN POINT MATÉRIEL ISOLÉ.

Composition et décomposition des forces appliquées à un même point matériel libre, déduites du principe de l'indépendance des effets simultanés des forces. 92

Condition de l'équilibre des forces appliquées à un même point. Elle est indépendante de l'état de repos ou de mouvement du point. . 96

* CHAPITRE VI.

EXERCICES ET APPLICATIONS. 99

LIVRE III.—Du travail des forces appliquées à un point mobile.

CHAPITRE Ier.

DU TRAVAIL ÉLÉMENTAIRE D'UNE FORCE.

Travail élémentaire d'une force appliquée à un point mobile.—Deux manières de l'évaluer, suivant qu'on projette la force sur la direction de l'élément du chemin décrit, ou l'élément de chemin sur la direction de la force.—Travail élémentaire moteur,

284 TABLE DES MATIÈRES.

Pages.

travail élémentaire résistant.—Le travail élémentaire d'une force,
normale à l'élément du chemin décrit, est nul. 106

CHAPITRE II.

DU TRAVAIL TOTAL D'UNE FORCE.

Travail total d'une force constante, dirigée dans le sens du chemin
parcouru, ou qui reste parallèle à elle-même.—Travail de la pesanteur dans le mouvement d'un point matériel sur une courbe quelconque. 108

Travail total d'une force variable, dirigée ou non dans le sens du chemin décrit par son point d'application : il s'obtient par une quadrature ou à l'aide d'un tracé approximatif. 110

Ce qu'on entend par effort moyen.—Unité de travail.—Kilogrammètre. 112

* Relation entre le travail et la force vive. 113

CHAPITRE III.

DU TRAVAIL DE PLUSIEURS FORCES APPLIQUÉES AU MÊME POINT.

Le travail élémentaire de la résultante de deux ou d'un plus grand
nombre de forces est égal à la somme algébrique des travaux élémentaires des composantes.—Extension de ce théorème au travail
continu des forces. 116

Théorème des moments. Ce théorème a lieu pour les projections sur
un plan quelconque de forces concourantes dans l'espace.—Ce qu'on
nomme moment d'une force par rapport à un axe. 118

Quand trois forces se font constamment équilibre, la somme algébrique de leurs travaux est nulle.—Extension de ce théorème à l'équilibre d'un nombre quelconque de forces appliquées à un point.—
Théorème relatif aux moments de ces forces par rapport à un axe
quelconque dans l'espace. 122

* CHAPITRE IV.

EXERCICES ET APPLICATIONS. 124

LIVRE IV.—Des forces appliquées à un corps solide.

CHAPITRE Ier.

NOTIONS SUR LA CONSTITUTION DES CORPS.

Notions relatives à la solidité des corps.—Hypothèse de l'invariabilité des distances mutuelles des éléments de ces corps.—Cas où cette
hypothèse peut être admise. 138

Pages.

CHAPITRE II.

PRINCIPES RELATIFS AU DÉPLACEMENT DU POINT D'APPLICATION D'UNE FORCE.

On admet qu'on peut, sans changer l'état de repos ou de mouvement d'un corps, transporter le point d'application d'une force en un point quelconque de sa direction, pourvu que le second point soit supposé lié invariablement avec le premier.—Vérification de ce principe au moyen du dynamomètre appliqué aux extrémités d'une corde ou d'une verge soutenant verticalement un poids —Le travail de la force ainsi transportée est aussi le même pour tout déplacement élémentaire de la droite d'application.   141

CHAPITRE III.

COMPOSITION ET ÉQUILIBRE DES FORCES CONCOURANTES OU PARALLÈLES.

Composition et équilibre des forces concourantes appliquées à un corps solide.   145

Cas où les forces sont parallèles.—Cas d'un couple.   147

Le moment de la résultante d'un système de forces parallèles par rapport à un plan quelconque est égal à la somme des moments des composantes.—Centre des forces parallèles.   154

CHAPITRE IV.

DES CENTRES DE GRAVITÉ.

Centre de gravité : sa recherche se réduit à une question de géométrie quand le corps est homogène.—La notion du centre de gravité ne suppose pas nécessairement la solidité du corps : elle s'applique à un système quelconque de points matériels.—Cas où le corps a un plan de symétrie, un axe ou un centre de figure.—Notion du centre de gravité d'une ligne ou d'une surface considérées comme composées d'éléments dont le poids est proportionnel à leur étendue.   160

* Centres de gravité des lignes.   163

Centre de gravité d'un triangle : il est le même que celui du système de trois sphères homogènes égales qui auraient leurs centres aux trois sommets.—Centre de gravité d'un polygone.—Cas particulier d'un trapèze et d'un quadrilatère.   164

Centre de gravité du tétraèdre ; il est le même que celui du système de quatre sphères homogènes égales qui auraient leurs centres aux quatre sommets, et se trouve au point d'intersection des droites qui joignent les milieux des arêtes respectivement opposées.—Centre de gravité de la pyramide, du cône.   169

* Propriétés des centres de gravité.   173

Pages.

Le travail de la pesanteur sur un corps ou sur un système de corps est le même que si la masse de ces corps se trouvait concentrée en leur centre de gravité général.—Application relative à l'élévation des fardeaux 174

CHAPITRE V.

COMPOSITION GÉNÉRALE ET ÉQUILIBRE DES FORCES APPLIQUÉES
A UN CORPS SOLIDE.

Composition générale des forces appliquées à un corps solide invariable. —Leur réduction à deux forces équivalentes, dont l'une passe par un point donné. 176

Pour l'équilibre, ces forces doivent être égales et contraires, et la somme algébrique des travaux des forces proposées doit être nulle pour tout déplacement fictif ou virtuel du corps.—En déduire les six équations d'équilibre. 178

* Équilibre des forces appliquées à un système gêné. 186

* Relation entre le travail et la force vive. 189

* CHAPITRE VI.

EXERCICES ET APPLICATIONS.   192

LIVRE V.—Des machines.

CHAPITRE Ier.

NOTIONS GÉNÉRALES.

Les machines ont, en général, pour but de transmettre, sous certaines conditions, l'action et le travail des forces.—Influence des résistances dites *passives*; le travail moteur est toujours plus grand que le travail utile.—Notions élémentaires relatives aux machines simples, sollicitées uniquement par une puissance et une résistance.— Ce que l'on gagne en force, on le perd en temps ou en chemin. . 212

CHAPITRE II.

DU LEVIER.

Équilibre et travail des forces appliquées au levier. 219

Des balances : conditions à remplir pour qu'elles ne soient ni folles ni paresseuses.—Mesure de leur sensibilité. 223

CHAPITRE III.

DU TREUIL ET DE LA POULIE.

Équilibre et travail des forces appliquées au treuil. 231

Équilibre et travail des forces appliquées à la poulie fixe ou mobile. . 235

Moufles. 241

Pages.

CHAPITRE IV.
DU PLAN INCLINÉ.

Équilibre et stabilité d'un corps pesant posé sur un plan fixe horizontal ou incliné.—Réaction du plan.—Moments et degrés divers de stabilité. 244

CHAPITRE V.
DU FROTTEMENT.

Lois expérimentales du frottement : 1º à l'instant du départ, 2º pendant le mouvement.—Expériences de Coulomb relatives au frottement des corps. 253

Mouvement uniforme et équilibre d'un corps sur un plan incliné, en supposant ce corps uniquement soumis à l'action de la pesanteur et au frottement du plan.—Cas du mouvement uniformément accéléré. —Équation du travail et des forces vives.—Portion du travail absorbée par le frottement. 260

Frottement dans la poulie fixe. 267

CHAPITRE VI.
EXERCICES ET APPLICATIONS.   272

TABLE DES MATIÈRES. 281

Paris.—Imprimé chez Bonaventure et Ducessois, 55, quai des Augustins.

Garcet, H.
Éléments de mécanique
* 2 8 7 1 3 *

9 782013 553896